球团矿生产技术

主　编　张一敏
副主编　郭宪臻
参编人　陈铁军　王昌安
　　　　张汉泉　刘　涛

北　京
冶金工业出版社
2013

内 容 简 介

本书结合当前铁矿球团生产发展现状,在系统介绍链算机—回转窑、带式球团和竖炉球团等各球团矿生产工艺及相关理论的同时,对近期发展起来的球团新工艺、新技术、新设备及先进操作规程进行了较详尽的描述。对球团工艺过程检测和球团产品质量检验等内容,也给予了一定篇幅的介绍。

本书可供从事球团矿生产的各级工程技术人员阅读,亦可作为从事这方面教学、科研人员的参考书。

图书在版编目(CIP)数据

球团矿生产技术/张一敏等编 . —北京:冶金工业出版社,2005.8 (2013.2 重印)

ISBN 978-7-5024-3760-2

Ⅰ. 球… Ⅱ. 张… Ⅲ. 球团矿—生产工艺
Ⅳ. TF046.6

中国版本图书馆 CIP 数据核字(2005)第 051576 号

出 版 人 谭学余
地　　址 北京北河沿大街嵩祝院北巷 39 号,邮编 100009
电　　话 (010)64027926 电子信箱 yjcbs@ cnmip. com. cn
责任编辑 曾 媛 美术编辑 李 新 版式设计 张 青
责任校对 石 静 责任印制 牛晓波
ISBN 978-7-5024-3760-2
冶金工业出版社出版发行;各地新华书店经销;三河市双峰印刷装订有限公司印刷
2005 年 8 月第 1 版,2013 年 2 月第 3 次印刷
787mm×1092mm 1/16;15.25 印张;364 千字;231 页
38.00 元
冶金工业出版社投稿电话:(010)64027932 投稿信箱:**tougao@cnmip. com. cn**
冶金工业出版社发行部 电话:(010)64044283 传真:(010)64027893
冶金书店 地址:北京东四西大街 46 号(100010) 电话:(010)65289081(兼传真)
(本书如有印装质量问题,本社发行部负责退换)

前　言

现代高炉对炉料几近苛刻的要求以及钢铁短流程的兴起，球团矿在冶炼过程中的重要作用日趋显现。目前，全世界球团矿总生产能力约为 3.181 亿 t/a，其中炼铁用球团矿生产能力为 2.36 亿 t/a，直接还原用球团矿生产能力为 7200 万 t/a。我国在过去的 20 年中，钢铁工业取得了重大进步，已成为世界钢铁生产大国。迄今为止，全国球团矿总生产能力为 3000 万 t/a，随着一批链算机—回转窑球团矿生产线的建成，未来几年中，球团矿总生产能力将达到 7000 万 t/a 左右，其中 50% 将为链算机－回转窑和带式机生产的优质球团矿。我国铁矿球团工业进入了空前快速发展时期。

为满足当前球团生产及技术发展的需要，编著者受冶金工业出版社委托，编写了《球团矿生产技术》一书。书中论述了链算机—回转窑球团、带式球团和竖炉球团等主要球团矿的生产工艺及相关理论，对近期发展起来的一些球团生产新工艺、新技术、新设备也给予了一定篇幅的介绍。考虑到球团工艺过程检测和球团产品质量检验在球团矿生产中的重要地位，本书在上述两方面也给予了相应的描述。此外，为使读者能够较全面了解当前国内外球团工业发展状况，本书在一开始对国内外球团生产现状、发展趋势，以及钢铁工业现状对铁矿资源的要求等进行了较为深入的分析与探讨，试图以此引起广大球团工作者对我国球团工业发展的关注和兴趣。本书可供从事球团矿生产的厂矿企业工程技术人员阅读，亦可作为从事这方面教学、科研人员的参考书。

本书由张一敏任主编，郭宪臻任副主编。其中第 1 章、第 4 章、第 9 章和第 3 章的 3.3 节由张一敏编写；第 2 章由刘涛编写；第 5 章由张汉泉编写；第 6 章、第 8 章由陈铁军编写；第 7 章、第 3 章的 3.1 和 3.2 节由王昌安编写；郭宪臻参加了部分章节的编写和审定工作。全书由张一敏做最后统稿、修改和审定。

在成书过程中得到了武钢大冶铁矿和程潮铁矿球团厂、南钢球团厂、安钢球团厂、马钢球团厂、承钢球团厂以及武汉科技大学的黄晶、庹必阳、张敏、李会娟、白志刚等的大力支持与协助，在此一并致以衷心感谢。

由于编著者水平所限，有不足之处，敬请读者赐教与斧正。

编著者
2005 年 5 月于武汉

目　　录

1 国内外球团生产状况

1.1 国外球团生产状况

1.1.1 国外球团生产

铁矿球团是 20 世纪早期开发出的一种细粒铁精矿的造块方法。它是富矿资源日益枯竭、贫矿资源大量开发利用的结果。随着现代高炉炼铁对精料提出的几近苛刻的要求,以及钢铁冶炼短流程的兴起,球团矿在钢铁工业中的作用愈加重要,已成为一种不可或缺的优质冶金炉料。近些年来,国际市场上球团矿涨价幅度远高于铁矿块矿和粉矿,这种情况在一定时期内仍将保持上升趋势。目前,全世界有近 20 多个国家生产球团矿,球团矿总生产能力约为 3.181 亿 t/a,其中炼铁高炉用球团矿生产能力为 2.36 亿 t/a,占 76.6%,直接还原用球团矿生产能力为 7200 万 t/a,占 23.4%,全世界球团年出口量约为 9000 万 t/a。北美球团矿年产量最高,每年生产能力约为 1.002 亿 t,加拿大的球团矿 80% 供出口,而美国球团矿基本上供本国钢铁厂消费。目前正在建设的球团厂生产能力为 1575 万 t/a,主要生产国家有俄罗斯、美国、巴西、加拿大、瑞典和墨西哥等。

(1) 俄罗斯。苏联在 20 世纪 60 年代和 70 年代用细磨铁精矿生产烧结矿,实际生产中弊端很多,后转向大规模发展球团矿,现已达到每年 7320 万 t 的生产能力,居世界首位。

(2) 美国。球团矿年生产能力为 6361.1 万 t,由于 LTVSteel Mining No.2 ~ 3 Pellet 停产,现在年生产能力为 5611.1 万 t,生产能力居世界第二位。早在 20 世纪 40 年代和 50 年代,美国钢铁工业的迅速发展导致富矿资源枯竭,60 年代和 70 年代,美国依据本国资源情况,加大对储量丰富的铁燧岩型贫铁矿的开发力度,发展球团矿生产,满足了美国钢铁工业需要,成为国际上利用贫矿资源实现铁矿工业现代化的典范。

(3) 巴西。巴西球团矿年生产能力为 3760 万 t,占拉美地区近一半的生产能力。巴西铁矿储量十分丰富,是世界上最大的铁矿输出国之一。除了大量的富矿粉外,为了合理地处理采矿中产生的细粒粉矿,在 20 世纪 60 年代和 70 年代后期兴建了大规模的球团矿综合生产企业。随着直接还原技术的成熟和生产规模的迅速扩大,为了满足市场需要,在拉美地区直接还原用球团矿的生产能力有了很大的发展,约占全世界的 50%。目前正在卡拉加斯地区建设新球团厂,年生产能力为 600 万 t。最大的球团矿生产企业为巴西 CVRD 矿业公司,年生产能力为 1800 万 t。为了满足国际原料市场的需要,该公司不断开发新的球团矿品种,生产化学成分、物理性能不同的具有优良冶金性能的球团矿。巴西 CVRD 公司多种球团矿性能指标见表 1-1。

(4) 委内瑞拉。委内瑞拉直接还原用球团矿年生产能力为 690 万 t,占委内瑞拉球团年总生产能力 990 万 t 的 70%。其生产的球团主要供国内用户,委内瑞拉是世界上最大的直接还原铁生产国。

表 1-1　巴西 CVRD 公司多种球团矿性能指标

质量参数	高炉球团矿			直接还原用球团矿	
	(1) LS/HB	(2) LS/HB	(3) HS/HB	(4) DRPM	(5) DRPH
Fe/%	65.89	65.26	63.56	68.00	66.91
SiO_2/%	2.39	2.27	3.78	1.15	1.46
Al_2O_3/%	0.50	0.48	0.59	0.50	0.52
CaO/%	2.64	3.26	3.49	0.68	1.54
MgO/%	0.04	0.05	1.11	0.26	0.59
P/%	0.024	0.023	0.023	0.023	0.024
S/%	0.002	0.002	0.006	0.001	0.002
CaO/SiO_2	1.10	1.20	0.93	0.59	1.05
抗磨强度(<0.5 mm)/%	4.10	3.50	5.40	4.70	5.50
抗压强度/N·个$^{-1}$	3 016	3 479	2 773	2 999	3 156
孔隙率/%	26.10	25.50	31.67	30.89	30.25
容积密度/t·m^{-3}	2.11	2.13	1.19	2.01	2.00
水分/%	1.63	1.32	1.82	1.38	1.78
粒度组成					
6~16 mm/%	97.0	98.4	97.9	97.6	97.2
<5 mm/%	0.60	0.50	0.60	0.70	0.70

注:(1),(2)—低 SiO_2 高碱度;(3)—高 SiO_2 高碱度;(4)—直接还原用中碱度;(5)—直接还原用高碱度。

(5)瑞典。瑞典 LKAB 公司是欧盟最大的铁矿生产企业。在 LKAB 公司经营的 100 年历程中,该公司经历了从生产简单产品的常规采矿生产变成为以球团矿为其主要产品的高技术矿石加工企业。LKAB 公司在其 2200 万 t 的铁矿石生产能力中,80% 用于出口,而其中的 70% 左右为球团矿。该公司生产的橄榄石球团矿被认为是世界上最好的球团矿之一,质量指标和化学成分见表 1-2。瑞典的球团矿年生产能力为 1520 万 t,其中直接还原用球团矿不仅是亚洲和中东地区直接还原生产厂的宝贵原料,而且也是欧洲钢铁工业如德国、比利时、卢森堡等国钢铁工业的重要原料。

表 1-2　LKAB 公司橄榄石球团矿质量指标和化学成分

化学成分/%				元素组成/%		物理性能	
Fe_3O_4	1.1	TiO_2	0.18	Fe	66.0	视密度/t·m^{-3}	3.7
Fe_2O_3	93.2	V_2O_5	0.20	Mn	0.05	容积密度/t·m^{-3}	2.0~2.1
MnO	0.06	P_2O_3	0.09	Ca	0.001	水分/%	1.5
CaO	0.23	Na_2O	0.04	P	0.04	转鼓指数(ISO)	
MgO	2.0	K_2O	0.04	S	0.005	>6.3 mm/%	95
Al_2O_3	0.28			F	0.004	<0.5 mm/%	4
SiO_2	2.7	合计	100.12	Cl	0.001	抗压强度/N·个$^{-1}$	2455

(6)墨西哥。墨西哥球团矿的年生产能力为1320万t,其中直接还原用球团矿为480万t,用于本国钢铁工业和直接还原铁厂使用。

(7)伊朗。伊朗是亚洲最大的球团矿生产国,其生产的900万t球团矿全部是直接还原用球团矿,供本国电炉钢厂生产直接还原铁使用。

(8)印度。印度每年生产球团矿770万t,其中170万t为直接还原用球团矿,并将会进一步增长。

综观国外球团工业发展现状不难看出,绝大部分的细磨铁精矿均用来制造球团矿,且已形成商品化模式,球团以多品种的商品形式销售给钢铁生产企业使用。选矿、球团工艺往往紧密相连,既简化了工艺流程,又减少了重复的设施,节省了投资,在工艺结构上基本上形成了"采—选—球"生产链。国外主要球团矿化学成分见表1-3。

表1-3 国外主要球团矿化学成分 (%)

球团矿名	TFe	SiO_2	CaO	MgO	Al_2O_3	S	FeO	CaO/SiO_2
巴西 CVRD 球团矿	65.87	2.45	2.57	0.08	0.55	0.005	0.57	1.04
	66.11	3.01	0.88	1.00	0.60	0.005	0.25	0.29
巴西 Fertcce 球团矿	65.20	3.00	2.40	0.10	1.00	0.01	0.40	0.80
巴西 Bomowo 球团矿	65.40	2.50	2.00	0.10	1.20	0.004	0.30	0.80
加拿大 IOC 球团矿	61.40	4.99	4.43	1.88	0.30	0.01	0.37	0.89
	65.70	4.90	0.50	0.30	0.30	0.01	0.40	0.10
加拿大 QCM 球团矿	65.20	5.30	0.40	0.40	0.50	0.001	0.40	0.07
	66.00	2.10	2.10	1.00	0.40	0.012	0.40	1.00
智利球团矿	65.50	3.64	1.94	0.05	0.39	0.01	0.50	0.53
秘鲁球团矿	65.60	4.32	0.51	0.85	0.42	0.011	1.30	0.12
瑞典 LKAB 球团矿	67.50	0.95	1.05	0.75	0.25	0.002	0.40	1.10
	66.50	2.00	0.20	1.45	0.45	0.002	0.90	0.10
美国 Ckvelend-Cliffe 球团矿	61.50	4.95	4.36	1.88	0.47	0.003	0.50	0.88
	66.10	4.60	0.22	0.32	0.16	0.002	0.50	0.05
印度 KIOLC 球团矿	65.00	3.50	0.10	0.05	1.25	0.030	0.40	0.03
印度 MANDOVI 球团矿	64.00	2.20	2.60	0.10	2.30	0.010	0.50	1.18
	66.50	1.15	0.60	0.35	2.00	0.008	0.50	0.52
印度球团矿	66.80	3.67	0.84	0.45	0.52	—	0.90	0.23
澳大利亚球团矿	63.40	5.40	0.55	0.09	2.84		0.40	0.10
澳大利亚 DHP 球团矿	60.20	3.90	5.38	2.05	—		—	1.38

1.1.2 国外球团发展趋势

A 国外球团设备现状

国外球团焙烧设备,近10年来主要是带式焙烧机和链箅机-回转窑二者竞相发展,增长较快。20世纪70年代,当时世界上投产的最大的带式焙烧机有效面积达到704 m^2,建在巴西萨马尔科公司(Samarco S. A.)乌布角(Ponta Ubu)球团厂,共有两台 704 m² 带式焙烧机,每台生产能力为 500 万 t/a(处理富赤铁精矿)。不过 10 年,巴西 CVRD 公司又于 1980 年建成了两台有效面积各为 780.4 m² 的 7 号和 8 号带式焙烧机。成为迄今为止,世界上带式机面积最大、球团产量最高的球团生产企业,年产能力可达到 2500 万 t。伊朗 NISCO 也拥有焙烧面积 780 m² 的大型带式机生产线。20 世纪 70 年代末,世界上投产的最大的一套链算机—回转窑建在美国克利夫兰-克利夫斯公司蒂尔登球团厂,回转窑直径 7.6 m、长48.0 m,生产能力 400 万 t/a(处理浮选赤铁精矿)。目前,链算机—回转窑设备单套能力可分别达到 500(处理赤铁矿)～600 万 t/a(处理磁铁矿)。表 1-4 为目前世界各球团矿生产国采用不同的球团设备所达到的生产能力,以及不同设备生产的球团矿所占的比例。从中不难看出当前球团设备的发展现状。

表 1-4　世界各球团矿生产国采用不同球团设备所达到的生产能力及比例

国 别	球团矿生产能力/万 t·a⁻¹	占世界比例/%	不同生产设备的比例/%		
			带式机	链算机—回转窑	竖炉
荷 兰	440	1.38	100.00	—	—
挪 威	140①		—	100.00	—
瑞 典	1590	5.00	26.50	73.50	0
土耳其	150	0.47	—	100	0
小 计	2180	6.85	32.34	67.75	
加拿大	2650	8.33	100.00	—	—
美 国	6600	20.75	80.53	57.67③	11.80②
巴 西	4090	12.86	100.00	—	—
智 利	440	1.38	—	100.00	—
墨西哥	1370	4.31	100.00	—	—
秘 鲁	350	1.10	100.00	—	—
委内瑞拉	990	3.11	66.67	33.33	—
小 计	16490	51.84	69.44	25.71	4.85
澳大利亚	350	1.10	50.00	50.00	—
巴 林	400	1.26	—	100.00	—
印 度	770	2.42	100.00	—	—
伊 朗	900	2.83	100.00	—	—
日 本	400	1.26	—	100	—
小 计	2820	8.87	65.43	34.57	—
俄罗斯	7320	23.01	83.61	16.39	—
中 国	3000	9.43	11.20	6.60	82.20
全世界合计	31810	100.00	66.43	26.17	7.40

①该厂 1997 年停机;②该厂 2001 年初停机;③位于七岛的链—回球团厂于 2002 年 7 月恢复生产。

B　国外球团设备发展趋势

目前世界球团生产(包括中国在内),带式机球团矿生产能力为 2.05 亿 t/a,占世界总能力的 66.43%,链算机—回转窑球团矿生产能力为 8060 万 t/a,占世界总能力的 26.17%,竖炉球团矿生产能力为 2300 万 t/a,占世界的 7.4%。从带式机、链算机—回转窑设备如此大的采用比例不难得出,设备大型化是目前国内外球团技术发展的一个重要标志,是未来球团工业发展的总趋势。它在相当程度上反映出一个时期内的球团工艺水平和机械制造水平,同时也从侧面反映出球团的科学研究水平。

与带式机、链算机—回转窑设备大型化发展相对比,早在 20 世纪 70 年代,竖炉球团就已停滞不前,走向逐步衰落。当时美国、加拿大的一些竖炉球团厂接连关闭(如美国皮里奇厂、格雷斯厂、康沃尔厂、加拿大马尔莫拉厂、希尔顿厂等),日本川崎公司千叶球团厂的竖炉球团设备已全部拆除。竖炉发展受限制的主要原因是,竖炉自身条件难以大型化。尽管国外竖炉已从最早的单炉面积 7.81 m^2 增大到目前的 25 m^2,但如继续使其进一步的大型化,几乎是不可能的。

1.2 我国球团生产状况与资源需求

1.2.1 我国球团生产状况

我国球团生产发展在相当长时期内一直处于企业数量少、规模小、水平低,"小而散"的生产状态,所生产的球团矿品位低、冶金性能差、质量不稳定,无法满足高炉生产需要。随着我国炼铁工业逐渐形成的以高碱度烧结矿合理配用酸性球团矿为主要形式的高炉炉料结构的确立,尤其是现代炼铁工艺对原料的苛刻要求,促使球团矿成为高炉炉料的重要组成部分。近十多年来,我国球团矿生产得到较快发展,年产量达到 3000 万 t,但仍仅占高炉炉料的 10% 左右,与国外高达 50% 甚至更高比例相比,相差甚远,我国球团生产具有良好发展前景。据不完全统计,截止到 2003 年底,不包括地方小球团,全国约有 40 家企业的近 70 多条各式球团生产线生产或在建,其中 63 座竖炉球团矿产量为 2400 万 t,5 年中净增产量 1600 万 t,2 台带式焙烧机产量为 325.3 万 t,3 座链算机—回转窑生产装置球团矿产量为 193.3 万 t(不含 2003 年 6 台投产设备产量),所占比例分别为 82.2%、11.2% 和 6.6%。在上述的球团生产中,大多数企业的技术经济指标得到了显著提高,我国球团矿生产进入了空前快速发展时期。表 1-5、表 1-6 分别为 2003 年全国竖炉球团厂主要生产技术经济指标和 2003 年全国带式球团厂和链算机—回转窑球团厂主要生产技术经济指标。

表 1-5 2003 年全国竖炉球团厂主要生产技术经济指标

(一) 生产作业率

指标 \ 厂名	球团矿总产量 /t	合格率 /%	一级品率 /%	成品率 /%	作业率/% 日历	作业率/% 实际	日产量/t 日历	日产量/t 实际	利用系数/ t·(m^2·h)$^{-1}$	竖炉热耗 /MJ·t^{-1}
1. 杭州(1×8)①	4886687	99.36			95.84	96.96	1333	1391	7.25	823
2. 济南(8+10+14)②	1579790	70.05	66.38	93.94	87.19	95.49		4328	6.90	915
3. 安阳(8+9.5)	741700	63.12	34.07		85.13	91.50	2864	3197		
4. 莱芜(8+9)	943119				96.10	96.36	2584		7.00	

（一）生产作业率

指标\厂名	球团矿总产量/t	合格率/%	一级品率/%	成品率/%	作业率/% 日历	作业率/% 实际	日产量/t 日历	日产量/t 实际	利用系数/t·(m²·h)⁻¹	竖炉热耗/MJ·t⁻¹
5. 萍乡(2×5)	516385				91.73	95.13	1414		6.43	921
6. 大冶(2×8)	660004	98.67	44.29			75.55		1197	5.54	
7. 本溪(2×16)	625490	100.00	97.08	84.65	92.75	98.75	1714		4.81	
8. 宣化(2×8)	690607	71.30	43.78	98.15	76.79	88.18	2463	2145	5.51	1221
9. 南京(2×8)	908225			92.00	97.40		2527		6.85	
10. 首钢铁矿(1×8)	354132	98.91	85.01		84.36	92.37	965	1044	6.03	
11. 新疆(1×8)	440812	84.98		91.61	91.04	91.37	1178	1208	6.91	
12. 马钢球团(2×8)	861168	96.59		92.58	91.52	96.40	2359	2485	6.71	756
13. 涟源(2×8)	664292	96.83	47.10		76.01	88.91	1820	2394	6.24	820
14. 马钢一烧(2×8)	908100	99.50			92.20	94.89	2488	2699	7.03	900
15. 湘潭(1×4)	294845				94.18	94.71	808	858	8.93	422

（二）成品球团矿性能

指标\厂名	劳动生产率/t·(人·a)⁻¹	工序能标煤/kg·t⁻¹	TFe/%	FeO/%	S/%	R(CaO/SiO₂)	抗压强度/N·个⁻¹	转鼓指数(>6.3 mm)/%	筛分指数(<5 mm)/%	粒度(10~16 mm)/%
1. 杭州	4055	40.78	62.50	0.59	0.010	0.34	3880	92.18		88.10
2. 济南		46.22	64.10	0.33	0.007	0.20	2970	89.49	1.63	95.04
3. 安阳		37.22	61.35	0.46	0.030	0.22		82.30		
4. 莱芜	3113	46.12	62.92	1.34	0.005	0.16				
5. 萍乡	3442		62.34		0.095	0.11	1940			
6. 大冶	1879	61.19	62.72	0.56	0.020	0.21	2300			
7. 本溪	2554	62.09		0.37		0.03		92.04	2.10	
8. 宣化	1511	57.70	63.54	1.30	0.004	0.03	2460	89.41	4.29	
9. 南京		41.58	64.28	0.40	0.017	0.22	3760	94.98	2.58	
10. 首钢铁矿		42.04	61.68	0.55	0.002	0.22	2100	86.03	1.12	85.06
11. 新疆		41.93	63.72	1.76	0.014	0.27	2030	91.57	1.60	64.31
12. 马钢球团	2062	46.60	62.43	0.91	0.005	0.09	2690	92.79	1.22	82.58
13. 涟源	2372	39.25	63.88	0.35	0.010	0.22	3250	90.77	1.87	
14. 马钢一烧		43.67	62.46	0.94	0.005	0.10	2880	92.54	0.79	86.22
15. 湘潭	4153	16.28	62.59		0.006		2270	88.97	1.20	

（三）消耗及成本

指标 厂名	消耗及成本						备注
	精矿粉 /kg·t⁻¹	膨润土 /kg·t⁻¹	水 /m³·t⁻¹	电 /KW·h·t⁻¹	加工费 /元·t⁻¹	成本 /元·t⁻¹	
1. 杭州	1082	26.36		42.00	64.22	385.88	
2. 济南	976	29.00	0.17	30.53	79.66	358.38	
3. 安阳	960	40.38		29.02			
4. 莱芜	972	33.17		31.16	42.97	341.16	
5. 萍乡	1074	29.70	2.70	18.30	32.00	364.70	
6. 大冶	977	21.41	2.02	46.08			
7. 本溪	1125	56.00	1.86	24.35			
8. 宣化	994	25.00	0.78	46.06			重油:15.01kg/t
9. 南京	1089	15.10	0.85	34.30			
10. 首钢铁矿	960	30.10	0.93	26.64			
11. 新疆	1031	32.60	0.29	25.17			
12. 马钢球团	1067	26.00					
13. 涟源	1055	32.37	1.53	30.84		408.68	
14. 马钢一烧	1038	25.00	15.03	28.64	84.11	365.11	
15. 湘潭	955	24.00	3.79	18.15		373.00	

（四）操作指标

指标 厂名	操作指标						煤气量		助燃风量		冷却风量	
	温度/℃		压力/kPa									
	燃烧室	干燥室	燃烧室	煤气	助燃风	冷却风	m³/h	m³/t	m³/h	m³/t	m³/h	m³/t
1. 杭州	1148	519	13.15	23.00	17.29	28.33	12948	223	12207	211	32423	559
2. 济南	1153		8.53	14.31		17.09	12132		14942		54711	
3. 安阳	1010		8.95	21.76	29.12	19.63			13800		33500	
4. 莱芜	1125		12.86	24.83		19.97	12850		9750			
5. 萍乡	1061			19.80	17.27	11.65	7279	234	7804			
6. 大冶	1127	501	5.07	11.83	11.98	26.07	6422		6878		42639	
7. 本溪	1112		10.10	15.30	14.50		8537		5607		25756	
8. 宣化	1035	551	12.92	28.18	27.07	21.49	13292	276	13461	280	42986	893
9. 南京	1125	546	8.41	17.64	23.03	17.76	11850	206	15300	265	38349	665
10. 首钢铁矿	1200	550	5.00		13.00				13000		38000	
11. 新疆	1020	515	13.00	19.51	20.50	20.19	8932		11700	202	42196	896
12. 马钢球团			12.60	24.10	19.90	28.40	11256	210	13214	245	32266	605
13. 涟源	1037	370	11.00	18.00	15.00	22.00	10335	207	14100	283	41810	838
14. 马钢一烧	1032	507	12.66	25.40	19.65	26.05	10700		12192		33936	
15. 湘潭	1070	510	12.00	25.00	18.00	22.00						

①(1×8)—1 座 8 m² 竖炉;②(8+10+14)—8 m²、10 m²、14 m² 竖炉各 1 座,表示方法类同。

表 1-6　2003 年全国带式球团厂和链箅机—回转窑球团厂主要生产技术经济指标

（一）作业率

指标＼厂名	焙烧设备			产量/万 t	作业率/%		日产量/t	
	带式机/m²	链箅机 宽×长/m×m	回转窑 直径×长/m×m		日历	实际	日历	实际
鞍钢烧结总厂	321.6			214.530	85.78	86.82	5867.20	5938.34
包钢烧结厂	162.0			110.750	88.77			
承钢烧结厂		2.4×28.9	3.0×30.0	39.160	89.36	89.39	1073.00	1201.00
首钢球团厂		4.0×42.0	4.2×35.0	108.951	79.93			
新兴铸管公司		2.8×36.0	2.6×30.0	45.214	91.81	91.81	1349.00	1349.00

（二）能量消耗

指标＼厂名	气体燃料消耗		液体燃料消耗		固体燃料消耗		利用系数 /t·(m²·h)⁻¹	合格率 /%	成品率 /%
	热值 /MJ·m⁻³	用量 /m³·t⁻¹	热值 /MJ·kg⁻¹	用量 /kg·t⁻¹	热值 /MJ·kg⁻¹	用量 /kg·t⁻¹			
鞍钢烧结总厂							0.886	97.59	
包钢烧结厂							0.819	97.69	
承钢烧结厂	10.45	114.60			19.76	18.92	6.990	33.67	83.15
首钢球团厂						16.56	11.230	100.00	
新兴铸管公司	3.60	333.50					10.590	93.25	

（三）单位消耗

指标＼厂名	劳动生产率 /t·(人·a)⁻¹	热耗 /MJ·t⁻¹	单位消耗				加工费 /元·t⁻¹	成本 /元·t⁻¹
			精矿粉 /kg·t⁻¹	膨润土 /kg·t⁻¹	水 /m³·t⁻¹	电 /kW·h·t⁻¹		
鞍钢烧结总厂	12824.00	685.00	990.00	14.00	0.12	47.86		
包钢烧结厂	571.81	912.00	1089.11	19.20	0.81	66.15		
承钢烧结厂	1383.00	1751.00	1188.00	45.20	0.48	37.94	136.02	385.52
首钢球团厂			959.29	17.78		37.74		
新兴铸管公司	2818.00	1273.00	997.00	21.00	0.20	38.09	62.36	504.81

（四）成品球团性能

指标＼厂名	工序能(标煤) /kg·t⁻¹	成品球团性能						
		TFe/%	FeO/%	S/%	CaO/SiO₂	抗压强度 /N·个⁻¹	转鼓/%	筛分/%
鞍钢烧结总厂	42.77	64.56	0.53	0.002	0.060	2426.0	92.97	3.83
包钢烧结厂	60.24	63.51	3.24		0.107		87.47	
承钢烧结厂	75.99	59.67	4.29		0.117	1870.0	91.07	
首钢球团厂	33.64	65.18	0.85		0.040	2115.0		0.66
新兴铸管公司	64.05	63.48	2.81	0.012	0.110	2105.0		2.98

1.2.2 我国球团发展趋势

1.2.2.1 国内球团设备现状

国内球团设备正在快速向世界球团设备发展模式靠近,现在的以竖炉球团矿为主,将变为以链箅机—回转窑(含带式机)球团矿和竖炉球团矿各占一半的生产格局。我国现有 63 座以上的竖炉在生产,总面积超过 520 m^2,具有近 3000 万 t/a 的生产能力。随着我国炼铁高炉大型化和合理高炉炉料需要高质量酸性球团矿的要求,急需要建设一批大型球团厂。首钢将原生产金属化球团矿的链—回设备改造为氧化球团矿生产装置的顺利投产,标志着我国球团设备的发展方向。首钢 200 万 t/a、鞍钢弓矿 1 号 200 万 t/a、武钢程潮 120 万 t/a、柳钢 120 万 t/a、莱钢 30 万 t/a 的链箅机—回转窑球团生产装置于 2003 年相继建成投产,形成了 730 万 t/a 球团矿的生产能力。鞍钢弓矿 2 号球团、柳钢 2 号球团、太钢球团、攀钢球团、昆钢和信阳等链—回球团生产装置在 2004 年也已建成和在建之中。武钢程潮的 500 万 t/a 球团、杭钢 300 万 t/a 球团、沙钢 2×240 万 t/a 球团、新疆 100 万 t/a 球团项目均在设计之中。这些项目建成之后链箅机—回转窑球团矿的总生产能力将超过 3200 万 t/a ,国内目前的两台带式机生产能力为 330 万 t/a,共有 3500 万 t/a 生产能力。全国球团矿总生产能力将达到 7000 万 t/a 左右,其中 50% 将为链—回和带式机生产的优质球团矿。将为高炉提供 20% 左右的酸性炉料,为炼铁高炉的高产低耗创造有利的原料条件。

1.2.2.2 国内球团设备发展趋势

国内为适应钢铁工业和炼铁技术不断发展的需要,必须重视现代球团工业建设,应坚持技术上的高起点,瞄准世界先进水平,在球团厂建设中,应采用先进的生产工艺和高效、大型球团设备。我国铁矿原料供应稳定性差,成分复杂多变,加之焙烧球团的热源目前主要依靠燃煤,高热值的燃气和燃油供应相对困难。因此,采用链箅机—回转窑这类大型设备,无疑更能满足和达到球团生产要求。此外,采用链箅机—回转窑和带式焙烧机工艺应尽可能多地采用新技术和新设备,如采用鼓风干燥,以及高效的废热利用和短胖窑等。坚持发展单机(窑)的大型化,是我国今后改善球团矿生产总体质量和改进一系列技术经济指标,包括作业率、投资和提高劳动生产率的最基本、最有效的措施。

与主机大型化的同时,各相关工艺设备也向着大型化方向发展。如由鞍山冶金设计研究院设计、沈阳重型机械集团有限公司制造的我国第一台 69 m^2 鼓风环式球团冷却机在首钢矿业公司球团厂已成功应用。这是我国第一台用于大型球团工艺的环冷机,它的问世,使我国球团环冷机跨入了世界先进行列,它有效地解决了冷却环节的瓶颈问题,消除了冷却环节对系统生产能力的制约,使首钢球团厂的年产量由原来的 65 万 t 增加到 100 万 t,对我国链箅机—回转窑球团生产具有重要影响。

此外,采用新型辅助设备是取消薄弱工艺环节,改善生产过程,提高作业效率的不可缺少的措施,如适当采用润磨和辊磨设备。我国年产铁精矿 1 亿 t 左右,地方中小矿山产量占 50% 以上,这部分矿石多属分散小规模、好采、好选的铁矿,我国一半以上竖炉球团厂以这些精矿为原料。这部分铁精矿的显著特点是,精矿粒度偏粗。为了改善生产质量、降低膨润土消耗量,全国约有 15 个厂设有润磨机,以提高 -0.074mm 粒级比例,润磨机的使用有效保证了竖炉生产所需求的生球质量。

对于一些新建大型球团厂,如柳钢、武钢、杭钢和沙钢也同样存在类似问题。在建厂中,借鉴国外生产经验增设了高压辊磨机。高压辊磨机由两个辊子组成,当铁精矿进入两辊间受挤压时,其大部分棱角被破坏,或沿解理面解理,形成较细颗粒,这对精矿的成球性将产生明显影响。该设备在球团工艺流程中容易配置,且操作简单。巴西 CVRD、瑞典 LKAB、印度库德雷穆克球团厂均设有高压辊磨机,用于提高铁精矿细度和增大铁精矿的比表面积。

1.2.3　我国钢铁工业现状与球团原料进步

1.2.3.1　国内外铁矿资源状况及特点

我国已经探明的铁矿储量为 515.41 亿 t,工业储量 225.82 亿 t,经济可采储量为 115 亿 t,人均占有量为 31.8t。按金属量计算,我国铁矿储量排全球第 9 位,而按人均占有量则排在世界第 39 位。在全部储量中,98% 为贫矿,平均含铁量 32.67%,贫、细、杂是我国铁矿资源的明显特点。

铁矿资源主要分布在鞍山、本溪地区(储量 114.3 亿 t),冀东地区(储量 49 亿 t),山西的太古岚地区(储量 32.8 亿 t),以及四川西昌、湖北大冶和内蒙古的白云鄂博等地区。矿石开采难度较大,地下开矿比例占 26.52%。我国铁矿石,按自产铁矿量供应年产钢 1 亿 t 计算,现有可采储量保障年限为 30 ~ 33 年,远低于世界铁矿石可采年限的 150 年。

国外铁矿资源储量丰富。主要集中在俄罗斯、美国、澳大利亚、加拿大、巴西、印度和瑞典等国,其中俄罗斯(含独联体国家)637 亿 t,占 40.7%,美国 161 亿 t,占 10.9%,澳大利亚 160 亿 t,占 10.8%,加拿大 119 亿 t,占 8.1%,巴西 111 亿 t,占 7.5%,印度 54 亿 t,占 3.766,南非 40 亿 t,占 2.7%,瑞典 30 亿 t,占 2.0%,其他 317 亿 t,占 13.5%,总储量约 1500 亿 t,含铁量 1010 亿 t。

国外铁矿资源的特点是:(1)大型矿床多。如澳大利亚哈默思利铁矿,巴西的卡那贾斯;(2)富矿多。如巴西铁矿平均铁品位 61.8%,澳大利亚铁矿平均铁品位 60.8%,印度 60.3%;(3)稳定矿床多,如澳大利亚和巴西的许多矿床成分十分稳定;(4)持续生产能力强。

1.2.3.2　我国钢铁工业现状对铁矿资源的要求

在过去 20 年中,我国钢铁工业已经取得了重大进步,中国已成为世界钢铁大国。但是,这种增长仍然不能满足市场的需求,尤其是对高附加值钢材的需求,就中国钢铁工业的竞争力而言,中国尚不属于钢铁强国。

目前,我国铁矿石的自给率为 50% ~60%,年产铁矿石 2.6 亿 t 左右,是世界最大的铁矿石生产国。2001 年我国钢产量为 1.51 亿 t,2002 年为 1.823 亿 t,2003 年为 2.2234 亿 t,2004 年我国钢产量已达到了 2.67 亿 t,短短 4 年产量翻了一番。而铁矿石 2001 年我国产量为 2.17 亿 t,2002 年为 2.31 亿 t,2003 年为 2.61 亿 t,按照矿铁比 3.6 计算,其增长幅度远不能保证钢产量的增长需求。为此,2001 年我国进口铁矿石 9239 万 t,2002 年进口 1.12 亿 t,2003 年进口 1.4813 亿 t,2004 年 1 ~10 月进口铁矿石累计达到 1.67 亿 t,成为超越日本、欧盟的全球最大的铁矿石进口国,其铁矿石的消费量将近全球铁矿石消费量的三分之一。据预测,2005 年全国炼钢能力将达 3.66 亿 t, 2010 年将达 4.45 亿 t。对此,2005 年要进口铁矿石 1.82 亿 t (比 2002 年增加 7000 万 t),至 2010 年则要进口 3.42 亿 t (比 2002 年增加 2.3 亿 t),对铁矿石的需求总量将继续稳步增长,预计将达 5.4 亿 t。这显然是困难的,我国铁矿资源及生产能力明显不足,铁矿石的限制因素将是本世纪我国钢铁工业面临的一大挑战。

在铁矿石生产国中,巴西和澳大利亚铁矿石年产量均维持在1.5亿t左右。其他主要铁矿生产国还有俄罗斯、印度、美国、乌克兰、加拿大以及南非等国,年产量分别在7500~3000万t。由于铁矿石生产的不断扩大,世界铁矿石贸易活跃,每年铁矿石贸易量在4亿t以上,这将对我国钢铁工业的快速发展产生有利影响。

1.2.3.3　我国球团原料进步

A　我国球团原料长期存在的问题

我国铁矿球团生产长期存在着铁精矿粒度粗、水分大、膨润土配加量偏高等问题。据有关资料的不完全统计,我国铁矿球团生产的膨润土配加量1999~2003年平均为3.55%,个别球团厂高达8%以上,而国外球团矿生产的膨润土配加量均低于1.0%。这样高的配加量,对于球团矿生产的经济效益将会产生严重影响。我国63座竖炉球团,2台带式机球团和3套链算机—回转窑球团厂(不含2003年6套投产设备产量),其原料存在以下几个方面的问题:

(1) 含铁品位低。全国球团厂1999~2003年铁精矿的含铁品位平均为64.90%,其中含铁品位最高的是首钢球团厂和密云球团厂,TFe大于67.70%,含铁品位最低的仅为57.0%。

(2) SiO_2含量高。全国球团厂铁精矿SiO_2含量平均为5.50%,SiO_2含量最高的达到8.0%。

(3) 铁精矿的粒度粗。全国球团厂铁精矿的平均粒度(-0.074 mm)为65.75%,最粗的铁精矿粒度-0.074 mm不足50.0%。

(4) 膨润土配加比例高。由于用于球团的铁精矿粒度偏粗,成球性差,导致配加膨润土比例偏高。这不仅增加了成品球的SiO_2含量,而且还进一步降低了成品球的含铁品位。目前,全国球团厂成品球平均含铁品位为62.86%,比铁精矿的平均品位降低了2.16%,成品球的SiO_2含量根据膨润土配比测算平均为8.31%,比铁精矿的SiO_2含量平均高2.81%。

(5) 水分高。绝大多数球团厂水分不小于10%。上述国内原料状况与国外相比差距甚大。国外铁精矿在追求最大效益化的前提下,最大可能地大幅度提高铁精矿质量,实现铁精矿的高品位、低杂质。通常TFe>66%、$SiO_2$2%~4%、$Al_2O_3$1%~2%、S<0.1%、P<0.05%。为此,国外许多选矿厂不惜成本进行深选,如加拿大格里非思选矿厂,处理含铁29%的低品位铁燧岩,通过深选将铁精矿含铁品位提高到66.5%。美国共和选矿厂将含铁37%的原矿经选别后,得到含铁61.7%的铁精矿。

B　我国球团原料进步的方向

如何改变我国现有球团原料状况,是摆在我国球团工业面前的一个重要任务。它不仅关系到我国铁矿球团的发展速度,而且也关系到球团矿的质量和企业的经济效益。结合我国球团原料具体状况,应采取如下措施,以实现我国球团原料的进步。

(1) 加强原矿的细磨深选。我国铁矿石的特点是贫、细、杂。所谓贫是指原矿中铁品位低,我国铁矿石平均品位为32%,属贫矿范围;细是指原矿中目的矿物与非目的矿之间的嵌布粒度细,通常情况下难以将其单体解离;所谓杂是指原矿中的有害元素SiO_2、Al_2O_3等杂质含量高,SiO_2绝大多数在6.5%以上,而国外铁精矿SiO_2一般在4%以下。要想获得高铁低硅的高质量铁精矿必须从原矿着手进行细磨深选后方能满足球团矿生产要求,通常要求用于造球的铁精矿粒度 -0.074 mm 不小于 90%（或 -0.043 mm 不小于 85%），比表面积不小于 1800 m^2/kg。目前，我国铁精矿的粒度普遍对球团生产不利，所得球团质量达不到相应指标。

2002 年以来，我国大型选矿厂采取提铁降硅新工艺，使精矿品位大幅度提高，SiO_2 降至 5% 以下，而精矿粒度变得更细，更适合球团矿生产。如鞍钢弓长岭铁矿采用提铁降硅工艺后 2002 年年均精矿品位在 68.9% 以上，SiO_2 降至 4%，-0.074 mm 粒级达到 95% 左右，-0.044 mm 粒级达到 70% 左右。所生产的球团矿 TFe65%，抗压强度 2500N/个，生产能力已达 200 万 t/a；首钢迁安矿山通过细磨深选工艺，将铁精矿品位由原来的 67.0% 最高提高到 68.0%。

（2）增设润磨、辊磨，强化造球，减低膨润土用量。根据各球团厂精矿具体性质，在造球之前实时增设润磨或辊磨工艺，不仅可提高铁精矿细度，而且可大为改善铁精矿在造球过程中的成球性，以达到减低膨润土用量，提高生球质量，增大成球率的目的。

为了改善生产质量、降低膨润土消耗量，全国约有 15 家球团厂设有润磨机，以提高 -0.074 mm 粒级比例，使用膨润土用量得以降低，保证了球团生产所需求的生球质量。近期来，一批新建大型球团厂，如柳钢、武钢、杭钢和沙钢还借鉴国外生产经验，增设了高压辊磨机。实践证明，高压辊磨机对精矿特性能产生显著的影响，对于制造高品质球团矿的大型球团厂的生产工艺过程具有举足轻重的作用。

（3）采用先进过滤设备，严格控制铁精矿水分。铁精矿造球的最佳水分应小于 10%，水分过高，除对于成球过程不利，不能造球外，还可能导致膨润土用量的增加，不仅影响球团的铁品位，而且也将给生产过程带来诸多麻烦。为此，应从选矿着手解决水分过高问题。近几年来，许多大型选矿厂采用国产的陶瓷过滤机有效地解决了精矿水分问题。如武钢矿业公司金山店铁矿和大冶铁矿在采用陶瓷过滤机后，可将铁精矿水分控制在 5% 以下，为球团生产创造了有利条件。

（4）使用进口高品位铁精矿，改善球团原料质量。不言而喻，国外铁精矿的优良品质对于我国球团原料质量的改善具有重要意义。如巴西铁精矿，经细磨后非常适于制造球团矿。我国不少企业正在利用进口铁精矿生产球团矿，尤其在港口建厂生产，在某种意义上可缓解生产对环境的污染问题，经济上也是合理的。在现有的竖炉球团生产中配加少量的巴西铁精矿改善球团矿质量，已取得成功经验。使用进口铁精矿的重要一点是，可有效提高球团品位，如智利磁铁矿精矿 TFe68% ~ 69%，SiO_2 < 2%，CaO、MgO 含量均在 1% 左右，-0.074 mm 粒级大于 95%，-0.044 mm 粒级大于 60%。我国新建的链算机—回转窑球团厂，如柳钢 II 期球团工程、武钢矿业公司 500 万 t/a 球团厂，杭钢大榭 300 万 t/a 球团厂、沙钢 2×240 万 t 球团厂，所使用的原料拟采用 80% 或 100% 进口赤铁精矿。南京钢铁公司 2002 年使用巴西赤铁精矿比例曾高达 41.5%，最高月使用比例达到 50%，均取得了明显效果。

（5）建立我国完整的球团用铁精矿评价标准，推进我国球团原料进步。铁矿石（铁精矿）质量高低应严格采用 Fe、SiO_2、Al_2O_3、S、P、Pb、Zn、As 的含量作为评价标准。一般情况下，至少以 Fe、SiO_2、Al_2O_3 含量进行评价。它们含量的多少均直接影响着球团矿质量、环境保护、高炉炼铁等。国外十分重视这部分评价体系和标准的建立，对铁精矿的 SiO_2、Al_2O_3、S、P 等含量有着系统严密的分析和指标。我国在以往的标准执行中，往往忽略这一点。有的企业其至仅用全铁（TFe）一项指标进行评价，显然是错误的，对于促进原料进步十分不利。铁品位相同的精矿,SiO_2、Al_2O_3 含量不同,其影响和价值是不同的。这种情况的出现,反映出人们对贯彻高炉"精料方针"认识不足。它不仅直接影响着球团原料质量的提高,同时也直接影响到冶金铁矿山的可持续发展。

思 考 题

1. 我国球团技术未来的发展方向?
2. 我国钢铁工业现状对球团工业的影响及要求?

2 球团原料与燃料

铁矿球团原料主要包括:含铁原料、黏结剂、添加剂等;燃料包括:气体燃料、液体燃料和固体燃料。

2.1 含铁原料

现代球团对原料的适应范围更加广泛。最初,生产铁矿球团所用的原料仅限于磁铁精矿。近年来,赤铁精矿、褐铁精矿、混合精矿以及富铁矿粉都已经大量用做球团原料。绝大部分含铁原料是天然铁矿石,它们或者是富矿粉,或者是由贫矿经选矿而得到的精矿。

2.1.1 天然铁矿石

自然界中含铁矿物已知的约有300多种,目前能够用做炼铁原料的有20多种,球团生产中所使用的主要含铁矿物是磁铁矿、赤铁矿和褐铁矿。

  A 磁铁矿

磁铁矿系未风化和未氧化的变质沉积矿床中或岩浆地区交代矿床中的主要含铁矿物。其化学式为 Fe_3O_4,常常也写成 $FeO \cdot Fe_2O_3$,理论含铁量为72.4%。磁铁矿石的组织致密坚硬,一般呈块状或粒状。密度为 $4.9 \sim 5.2 \ cm^3/g$,硬度为 $5.5 \sim 6.5$,难还原。一般外表颜色为钢灰色和黑灰色,黑色条痕,具有磁性。

自然界中纯磁铁矿石很少见到,由于氧化作用部分磁铁矿石被氧化成赤铁矿石,但仍保持磁铁矿的结晶形态,所以这种矿石称做假象赤铁矿和半假象赤铁矿。

为了衡量磁铁矿的氧化程度,通常以全铁(TFe)与氧化亚铁(FeO)的比值这一概念来区分。对于纯磁铁矿,其理论比值为2.33,比值越大,说明铁矿石的氧化程度越高。

  当 TFe/ FeO < 2.7 为原生磁铁矿

    TFe/ FeO = 2.7 ~ 3.5 为混合矿石

    TFe/ FeO > 3.5 为氧化矿石

应当指出,这种划分只是对于矿物成分简单、铁矿石由较单一的磁铁矿和赤铁矿组成的铁矿床才适用。如果矿石中含有硅酸铁、硫化铁和碳酸铁等,因其中的 FeO 不具有磁性,如计算时把它列入 FeO 内就会出现偏差。

磁铁矿石中的脉石主要为石英、硅酸盐与碳酸盐,有时有少量黏土。此外,矿石中还会含有黄铁矿和磷灰石,有时还含有闪锌矿和黄铜矿。含钛(TiO_2)和钒(V_2O_5)较多的磁铁矿称做钛磁铁矿或钒钛磁铁矿。

一般开采出来的磁铁矿石含铁量为30% ~ 60%,当含铁量大于45%,粒度为 5 ~ 8 mm 时,可直接供炼铁用;小于 5 mm 球团原料则作为烧结原料用。当含铁量低于45%,或有害杂质超过规定,不能直接利用,必须经过选矿处理。在球团焙烧过程中磁铁矿氧化为赤铁矿。在这一反应中,每千克磁铁矿大约放热 497 kJ,这一补充热量对焙烧过程有益。

B 赤铁矿

赤铁矿是最常见的也是数量最多的一种铁矿石。俗称"红矿",化学式为 Fe_2O_3。理论含铁量70%。

赤铁矿中有非常致密的结晶组织,也有很分散的粉状。晶形多为片状和板状。片状表面有金属光泽,明亮如镜的称做镜铁矿,细小片状的称做云母片状赤铁矿。铁赭石(或称做红土状赤铁矿)为红色粉末状,没有光泽。

此外,还有胶体沉积形成的鲕状、豆状和肾形集合体赤铁矿,结晶的赤铁矿外表颜色为钢灰色和铁黑色,其他为暗红色,但条痕均为暗红色。

赤铁矿的密度为 $4.8 \sim 5.3$ cm^3/g,硬度则不一样。结晶赤铁矿硬度为 $5.5 \sim 6.0$,土状、粉末状硬度很低。一般较磁铁矿易还原和破碎。

赤铁矿石所含的杂质(硫、磷、砷)较磁铁矿、褐铁矿要少,冶炼性能也比它们优越。赤铁矿的主要脉石成分为 SiO_2、Al_2O_3、CaO 和 MgO 等。

赤铁矿在自然界中大量存在,但纯净的较少,常与磁铁矿、褐铁矿等共生。

实际开采出来的赤铁矿含铁在 $40\% \sim 60\%$,含铁量大于 40%,粒度小于 5 mm 或 8 mm 可以作为烧结或球团原料。当含铁小于 40% 或含有害杂质过多时,须经选矿处理。赤铁矿还是焙烧球团的最终氧化形态。

C 褐铁矿

褐铁矿是含结晶水的 Fe_2O_3,化学式可用 $mFe_2O_3 \cdot nH_2O$ 表示,它实际上是由针铁矿($Fe_2O_3 \cdot H_2O$)、水针铁矿($2Fe_2O_3 \cdot H_2O$)、氢氧化铁和泥质物的混合物所组成。自然界中褐铁矿绝大部分以 $2Fe_2O_3 \cdot 3H_2O$ 形态存在。其外表颜色为黄褐色、暗褐色和黑色。黄褐色条痕,密度 $3.0 \sim 4.2$ cm^3/g,硬度 $1 \sim 4$,无磁性。

由于褐铁矿是由其他铁矿石风化后生成的,所以结构松软,密度较小,含水量大。

自然界中褐铁矿的富矿很少,一般含铁量为 $37\% \sim 55\%$,其脉石主要为黏土及石英等。含硫、磷、砷等一般较高。当褐铁矿的品位低于 35% 时,需要进行选矿。

在球团焙烧过程中,褐铁矿转变为三价铁氧化物 Fe_2O_3。这一过程系吸热反应,因此要补充增大耗热量。经过干燥和预热之后,褐铁矿变成一种很松散的多孔结构,这就需要在高温下有一段更长的焙烧时间。

铁矿石的分类及特性见表2-1。

表2-1 铁矿石的分类及特性

矿石名称	含铁矿物名称和化学式	矿物中的理论含铁量/%	矿石密度/g·m⁻³	颜 色	条 痕	冶炼性能		
						实际含铁量/%	有害杂质	强度及还原性
磁铁矿(磁性氧化铁矿石)	磁性氧化铁 Fe_3O_4	72.4	5.2	黑色或灰色	黑色	$45 \sim 70$	S、P 高	坚硬、致密、难还原
赤铁矿(无水氧化铁矿石)	赤铁矿 Fe_2O_3	70.0	$4.9 \sim 5.3$	红色至淡灰色甚至黑色	红色	$55 \sim 60$	少	较易破碎、软、易还原

矿石名称	含铁矿物名称和化学式	矿物中的理论含铁量/%	矿石密度/g·m⁻³	颜色	条痕	冶炼性能		
						实际含铁量/%	有害杂质	强度及还原性
褐铁矿(含水氧化铁矿石)	水赤铁矿 $2Fe_2O_3 \cdot H_2O$	66.1	4.0~5.0	黄褐色、暗褐色至浅黑色	黄褐色	37~55	P 高	疏松、大部分属软矿石、易还原
	针赤铁矿 $Fe_2O_3 \cdot H_2O$	62.9	4.0~4.5					
	水针铁矿 $3Fe_2O_3 \cdot 4H_2O$	60.9	3.0~4.4					
	褐铁矿 $2Fe_2O_3 \cdot 3H_2O$	60.0	3.0~4.2					
	黄针铁矿 $Fe_2O_3 \cdot 2H_2O$	57.2	3.0~4.0					
	黄赭石 $Fe_2O_3 \cdot 3H_2O$	55.2	2.5~4.0					
菱铁矿(碳酸岩铁矿石)	碳酸铁 $FeCO_3$	48.2	3.8	灰色带黄褐色	灰色或带黄色	30~40	少	易破碎最易还原(焙烧后)

2.1.2　铁矿石精矿

化学成分不适宜冶炼的各种铁矿石,在造球之前,要经过选矿处理。在选别的过程中,各种有害成分大部分被分离出去。除了脉石之外,像磷、砷、钛、铬、氯化物、氟化物以及有色金属等有害成分,有一部分对冶炼不利,还有一部分对球团质量有影响,因此需要通过选矿处理降低其含量。

对于不同的铁矿石,所采用的选别方法也是不同的。磁铁矿最常用的选矿方法是磁选法,有时还配合采用浮选法。通过选别后得到的细粒级的高品位磁铁精矿,是球团的主要原料。

因天然的赤铁矿石不带磁性,所以在进行选矿时一般采用重选法、磁化焙烧－磁选法、浮选法或采用联合流程来处理。选别后得到的细粒级的高品位赤铁精矿,作为球团的原料。而褐铁矿目前主要采用重力选矿法和磁化焙烧－磁选法两种。重选法投资省、上马快,但其精矿产品往往含水量高,且矿石中的结晶水没有排除,因此会给球团生产带来很大的困难。焙烧－磁选法设有焙烧工序,故其产品中不含结晶水,机械夹带的水分也较低,因此对球团的生产有利。球团用铁精矿质量见表 2-2。

表 2-2　球团用铁精矿质量指标　　　　　　　　　　　　　　　　　　　　　　(%)

名　称	TFe	SiO₂	Al₂O₃	S	P	-200 目	水　分
国　外	>66	2~4	1~2	<0.1	<0.05	>90	<10
国　内	>65	2~7	1~3	<0.2	<0.05	>70	<11

2.2　二次含铁原料

在某些情况下,除了粉矿和精矿外,有些从其他热处理加工或者化学加工过程中获得的含铁物料也可以单独地或同上述矿石混合用来制成球团。这些含铁原料就是二次含铁原料。其中包括:硫酸渣、浸出处理残渣、厂内含铁尘泥(转炉尘、高炉尘、电炉尘、炼钢炼铁污泥)、厂内含铁废渣(钢渣、轧钢皮屑)等。过去这些副产品被当作废物而抛弃,既造成资源浪费又污染环境。这些副产品都可以作为球团的原料而加以利用。

2.2.1 硫酸渣

硫酸渣即黄铁矿或磁黄铁矿在生产硫酸过程中产生的含铁废渣。黄铁矿或磁黄铁矿在焙烧过程中(S 氧化为气体 SO_2),根据所调节的焙烧气氛不同,铁分或者氧化为 Fe_2O_3(过氧焙烧),或者氧化为 Fe_3O_4(欠氧焙烧),得到高气孔率的氧化物。

硫酸渣中主要成分为铁氧化物(Fe_2O_3、Fe_3O_4),TFe 一般为 30% ~ 50%;另外含有 SiO_2、残留硫分(一般为 0.5% ~ 2%)、金属(如 Cu、Pb、Zn)的硫酸盐和氧化物等。硫酸渣属人造矿渣,其物化特性及结构构造与同名自然矿物相异;由于硫酸渣铁含量较低,且其中含有不适合冶炼的化学成分,必须经过选别后才可作为造球原料;硫酸渣采用常规分选方法无法获得到满意结果,目前国内外尚无有效针对性分选提纯方法。针对硫酸渣的特性,武汉科技大学研制出专门用于硫酸渣分选提纯的设备和相关分选工艺流程,并成功的进行了工业化应用。表 2-3 给出了我国部分硫酸企业硫铁矿烧渣的化学组成。

表 2-3　我国部分硫酸企业硫铁矿烧渣的化学组成　　　　　　(%)

编 号	TFe	Cu	Pb	S	SiO_2	Zn
1	48.0 ~ 50.0	—		1.0 ~ 1.5	14.0 ~ 17.0	—
2	31	—	0.015 ~ 0.04	0.3	41.0	0.04 ~ 0.08
3	47.0	0.16	0.054	0.5	18.0	0.19
4	55.0	—	—	0.5	12.0	—

2.2.2 其他二次含铁原料

可被球团利用的其他二次含铁原料包括:高炉尘、转炉尘、平炉尘、轧钢皮、转炉渣、平炉渣。厂内含铁粉尘的化学成分见表 2-4。

表 2-4　厂内含铁粉尘的化学成分　　　　　　(%)

厂内含铁粉尘	TFe	SiO_2	Al_2O_3	CaO	MgO	MnO	S
高炉尘	34.80	10.20	2.70	1.10	1.20	1.20	0.400
转炉尘	64.10	1.80	0.20	5.20	0.60	1.50	0.100
转炉渣	12.00	20.50	6.40	42.50	3.50	4.20	0.600
平炉渣	37.93	21.44	1.58	11.22	4.49	—	0.116
平炉尘	55.40	3.16	1.47	1.87	4.33	—	1.866
轧钢皮	64.00	3.00	1.90	3.20	0.30	1.30	0.100
筛下球团碎粉	64.80	4.30	0.80	0.60	0.90	0.10	0.020

细颗粒含铁尘泥中的平炉尘和转炉泥,粒度细(-325 目大于 90%),颗粒形状多呈球状或水滴状,表面性质特殊,吸附分子水和毛细水量均较大,但毛细水迁移速度极慢。用通常方法和手段造球困难。配加部分粗颗粒精矿或粗颗粒尘泥,雾化喷水均匀润湿,适当延长造球时间,在圆盘造球机上可获得形状规则、强度较高的生球。结块的转炉泥配加部分轧钢铁鳞经磨混后,加水润湿造球,也可获得性能良好的生球,生球爆裂温度为 300 ~ 400℃,经低温干燥,球团抗压强度可达 147 ~ 245N/个。以上两种球团经干燥焙烧后,球团抗压强度分别可达 2156 N/个和 1881.6 N/个。

2.3　黏结剂与添加剂

2.3.1　黏结剂

球团用黏结剂按其物理状态和化学性质,可分为无机黏结剂和有机黏结剂两类。

2.3.1.1　无机黏结剂

无机黏结剂主要是含钙、铝和硅等元素的黏结剂,其中包括膨润土、水玻璃、消石灰、石灰石、水泥和白云石。目前我国使用的无机黏结剂几乎全部为膨润土,以下重点介绍膨润土。

膨润土的主要矿物成分蒙脱石($Al(SiO_4 \cdot O_{10})(OH)_2 \cdot nH_2O$)具有层状结构、阳离子吸附交换能力和很强的水化能力,其晶格结构分层排列如图 2-1 所示。蒙脱石晶层间能够吸收大量水分,吸水后晶层间距明显增大,膨润土剧烈膨胀,这是膨润土的最重要特性之一。

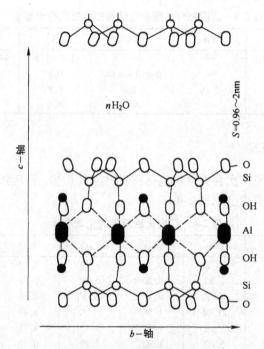

图 2-1　蒙脱石结构图

天然膨润土由于离子的交换作用,结构会变得比较复杂。通常它是由 15~20 个互相叠加的层组成的,层厚约为 0.96~2 nm 左右。层与层之间可以互相滑动,每一层是由带负电荷的硅氧化合物(四面体)组成。各层之间由铝的氢氧化物(八面体)隔开,硅氧四面体结晶结构可以按离子交换的方式结合钙和镁的阳离子等。

根据层间阳离子的不同,膨润土主要分为钙基膨润土和钠基膨润土。可用于球团黏结剂的优质膨润土,蒙脱石含量应在 80% 以上,表 2-5、表 2-6 列出不同产地膨润土化学成分和物理特性。自然界中膨润土主要以钙基膨润土的形式存在,一般来说钙基膨润土膨胀能力差,而且在水溶液中黏度也较小。而钠基膨润土则具有更好的黏结性能,因此常对钙基膨润土进行人工钠化处理。通常利用原土中的 Ca^{2+} 和 Mg^{2+} 可被 Na^{2+} 置换的离子交换特性,采用碳酸钠等将钙基膨润土进行钠化。活化后的钠基膨润土膨胀度加大,根据活化程度不同,膨胀度可以达到 600% ~ 900%,而天然钙基膨润土的膨胀度仅有 200% ~ 300%。

表 2-5 膨润土的化学全量分析 (%)

名 称	SiO_2	Al_2O_3	Fe_2O_3	CaO	MgO	K_2O	Na_2O	TiO_2	P_2O_5	MnO	H_2O	烧损
浙江仇山	65.57	16.14	4.13	1.89	3.46	0.57	0.40	0.12	0.01	0.04	5.65	7.51
浙江平山(1)	72.19	14.50	1.29	1.43	2.15	1.65	2.01	0.06	0.02	0.01	3.40	4.44
辽宁黑山	68.40	13.95	1.69	1.51	2.48	0.90	0.45	0.08	0.018	0.026	—	8.94
浙江平山(2)	68.64	15.48	1.08	1.47	2.43	1.26	1.79	0.08	0.021	0.031	—	7.55
美国怀俄明	60.40	20.95	6.76	1.00	2.59	0.42	2.29	0.12	0.070	0.004	—	6.74

表 2-6 膨润土的物理性能 (%)

名 称	胶质价/%	膨胀倍数	吸蓝量/$g \cdot 100g^{-1}$	蒙脱石含量/%	吸水率/%		阳离子交换量/$mmol \cdot 100g^{-1}$				碱性系数	pH 值	粒度-200目/%	备注
					2 h	24 h	EMg^{2+}	EK^+	ECa^{2+}	ENa^+				
浙江仇山	72	11	35.7	80.8	130	132	8.80	2.9	58.6	1.0	0.06	—	97.0	Ca 基
浙江平山(1)	98	18	25.0	56.6	—	147	1.90	1.2	18.7	39.1	1.96	9.8	98.0	Na 基
辽宁黑山	100	15	32.0	72.7	152	158	14.40	4.3	50.8	1.4	0.08	—	98.5	Ca 基
浙江平山(2)	100	16	29.0	66.0	124	223	2.60	1.7	21.9	44.0	1.81	10.0	98.5	Na 基
美国怀俄明	100	92	33.0	75.0	224	467	1.88	2.0	10.0	50.0	4.33	9.7	100	Na 基

膨润土对改善生球特别是干球强度的作用机理,通常被认为是膨润土和液相界面上有较高的电动电位,而导致产生较有力的黏结作用。但也有人认为,提高生球强度与膨润土的离子交换能力有关。离子交换能力高的,其生球强度提高的越明显。膨润土可提高生球的落下强度,在造球过程中起调节水分的作用,并提高生球的爆裂温度。如何评价某种膨润土对球团生产的作用,国内外尚无完整的合乎科学理论的统一标准做法,球团厂目前是以蒙脱石含量来衡量膨润土质量情况。根据竖炉球团生产的实践、经验和实验,得出了这样一条关系规律,即膨润土在内在质量基本不变的条件下,蒙脱石含量愈高,其粒度愈细,水分愈低,弥散度愈高,其单位使用量就愈少。为此,确定膨润土技术条件为:蒙脱石含量至少应大于 60%,粒度小于 0.074 mm 粒级的大于 98%,水分小于 10%。

2.3.1.2 有机黏结剂

有机黏结剂来源广泛,包括沥青类物质,如煤焦油或沥青;植物类产品,如从各种植物中提取的淀粉,或者是化学加工后的最终产品,如糖浆或木质磺酸盐类。由于膨润土的添加会造成球团铁品位的下降,寻找新型黏结剂代替膨润土,以提高铁矿球团的含铁品位,早已成为国内外瞩目的研究课题。有机黏结剂比传统的无机黏结剂具有用量小、带入有害杂质少、环境污染小等优点。

A 羧甲基纤维素钠(又称 CMC)

它是一种阴离子型线性高分子物质,外观是白色或微黄色粉末,无味、无臭、无毒、不易燃、不霉变、易溶于冷热水中成为黏稠性溶液,具有独特的理化特性,它集增稠、悬浮、乳化稳定和流变特性等功能于一体。

羧甲基纤维素钠是纤维素羟基(以 Cell – OH 代表)和氯乙酸钠在特定条件下反应生成的。羧甲基纤维素钠由于在球团固结过程中被燃烧,实质上对球团矿化学成分没有影响。它无毒,即不含磷、硫和氮。羧甲基纤维素钠在球团中的用量通常为 0.04% ~ 0.1%,由于佩利多主要是羧甲基纤维素钠,以下重点介绍佩利多(Peridur),佩利多是荷兰恩卡公司的专利产品。

研究结果表明:用 0.1% 佩利多代替 0.625% 膨润土,可使球团矿还原度提高 0.22 ~ 0.28% /min,气孔率提高,生球、干球、成品球强度虽均低于膨润土球团,但能够满足工业要求。工业试验表明:佩利多用量为 0.076% 时,球团矿铁品位提高 0.2%,气孔率提高 2.2%,还原度提高 0.19% /min,抗压强度降低 313.6N/个。

B　海藻酸钠(又称褐藻酸钠)

海藻酸钠是从褐藻类植物——海带中加碱提取碘化合物时的副产品,再经磨粉加工而制得的一种多糖类碳水化合物。海藻酸钠是我国近年来发展最快的一种增稠剂,被用于球团过程。我国有丰富的海带资源,为发展海藻酸钠提供了良好的条件,现已约有 20 个生产厂分布在沿海各省,年生产能力达到 1000t,最近又从马尾藻中提取海藻胶获得成功,扩大了原料来源。

从黏结剂的用量来看,羧甲基纤维素钠的用量为膨润土的 1/10,而海藻酸钠的用量约为 1/2.5。从提高球团矿含铁品位,改善球团矿的还原性能来说,海藻酸钠也不及羧甲基纤维素钠。

C　聚丙烯酰胺及其共聚物

聚丙烯酰胺及其共聚物可在许多相反目的的领域中应用。它既用做絮凝剂,又是分散剂;既是增稠剂,又是液化剂;既是黏合剂,又是清洗剂等。聚丙烯酰胺及其共聚物用途的多重性,是由于它受不同相对分子质量,不同共聚单体,不同官能团等多重因素影响的结果。高相对分子质量的聚丙烯酰胺及其共聚物最重要的用途之一是用做固液分离的絮凝剂和各种物料的黏结剂。

英国布拉德弗尔德同族胶体有限公司研制的 Alcotac 黏结剂是加工丙烯酰胺和丙烯酸的单体(异分子聚合物)后得到的。没有改性的聚合物溶于水是典型的絮凝剂,改性后成了良好的黏结剂。其中一种型号的成分是丙烯酰胺和丙烯酸钠的阴离子异分子聚合物。该聚合物混有碳酸钠(比例为 10:1)。Alcotac FE8 的用量为 0.033% ~ 0.04%,球团矿粒度均匀,9.5 ~ 12.5 mm 的占 75% ~ 80%,焙烧后球团矿抗压强度大于 2000N/个,产生粉末少,还原性好。

D　KLP 球团黏结剂

KLP 球团黏结剂是在深入研究了上述各种黏结剂的优点后,开发成功的新型黏结剂,系专利产品。KLP 球团黏结剂是有机高分子盐类物质,它具有羧甲基纤维素钠(Peridur)和由丙烯酰胺、丙烯酸单体加工而成的黏结剂(Alcotac)的优点,相对分子质量大,具有阴离子的极性基团,由于系一种长链的聚合分子,吸水性很强,能够显著增加水溶液的黏度。它能产生胶质体,从而提高生球的爆裂温度和干球的强度。由于它能在球团固结过程中燃烧,使它在取代或部分取代膨润土时,能显著提高成品球团矿的含铁品位,由于它有氧(化)速催化的能力,因而能加速球团的固结,提高成品球团矿的强度。

E Wkd 系列黏结剂

由武汉科技大学研制的 Wkd 系列球团黏结剂是一种有机高分子新型黏结剂。Wkd-1 是一种可溶于水的高分子化合物,它在水溶液中是一种可塑性亲水胶体,常温下分子侧链中存在的—COOH,—OH 等活性基团,能与矿物颗粒表面的离子、极性分子形成离子键或共价键及氢键等化合键力再加上线性分子的桥联作用,能够显著增加生球的强度。另外,Wkd-1 黏结剂由于在球团固结过程中进行燃烧,不残留于球团化学成分之中,实质上对球团的化学成分无影响,可显著提高球团的含铁品位。Wkd-2 是一种具有多种功能的复合黏结剂,它既能起到黏结作用,提高球团特别是生球的强度;同时又能起到熔剂作用,调整球团矿碱度,改善球团矿冶金性能等。Wkd 系列黏结剂无毒,无污染,不含磷、硫等有害元素。

2.3.2 添加剂

添加剂的使用是为了改善球团的化学成分,特别是其造渣成分。有些添加剂还具有黏结性,如石灰及钙镁化合物、返料、黏结性特别高的矿石以及含硅成分(石英、石英岩或石英含量高的岩石)。

添加剂应用较多的是石灰石和消石灰。石灰石作为球团原料添加之前,要磨细,使其粒度达到比表面积约为 $2500 \sim 4000 \ cm^2/g$。通常采用干磨方式。添加石灰石的目的主要是为了调节球团碱度。

消石灰(氢氧化钙)作为一种黏结剂已经受到欢迎。它是由生石灰经加水消化而获得的。与使用膨润土的情况相同,消石灰也要装在密闭容器内运输。消石灰既是黏结剂,又是碱性添加剂。

白云石或含白云石的石灰石有时也作为补充的碱性添加剂使用。白云石是与方解石同晶形的混合晶体。在球团焙烧过程中,碱性添加剂首先同酸性脉石成分反应,从而在铁氧化物颗粒之间生成中性或碱性基质。

我国石灰石技术条件见表 2-7,我国白云石化学组成见表 2-8。

表 2-7 石灰石技术条件

级 别	CaO/%	MgO/%	SiO_2/%	不熔杂质/%	P_2O_5/%	SO_3/%
I	≥52	≤3.5	<1.75	<2.15	≤0.02	≤0.25
II	≥50	≤3.5	<3	<3.75	≤0.04	≤0.25
III	≥49	≤3.5	<4	<5	≤0.06	<0.35

表 2-8 白云石化学组成

组 成	CaO	MgO	SiO_2	Al_2O_3	Fe_2O_3	CO_2
质量分数/%	26~35	17~24	1~5	0.5~3.0	0.1~3.0	43~46

2.4 燃料

球团厂所用的燃料有气体、液体和固体。对它们的要求总的原则是价廉质优,来源广泛,易于调节,发热值高,有害杂质(硫、挥发分、酸性脉石等)含量低。

2.4.1　气体燃料

气体燃料在运输及使用上均比较方便。

A　焦炉煤气

经清洗过滤后的焦炉煤气,其焦油含量为 0.005 ~ 0.02 g/m^3(煤气温度为 25 ~ 30℃时),干煤气的发热值为 16747 ~ 17584 kJ/m^3。焦炉煤气成分的波动范围见表2-9。

表 2-9　焦炉煤气成分波动范围

成　分	H_2	CO	CH_4	C_mH_n	CO_2	N_2	O_2
范围/%	54 ~ 59	5.5 ~ 7	23 ~ 28	2 ~ 3	1.5 ~ 2.5	3 ~ 5	0.3 ~ 0.7

B　高炉煤气

高炉煤气是炼铁过程的副产品,含有大量的氮、二氧化碳等惰性气体(约占63% ~ 70%),因此,它的发热值不高,一般为 3559 ~ 4605 kJ/m^3。一般要求高炉煤气的含尘量不大于 30 mg/m^3,煤气温度在40℃以下。煤气压力取决于高炉构造特点及其操作制度,在一般情况下,输送到球团厂的煤气压力在 2500 ~ 3000 Pa 左右。

高炉煤气成分与高炉所采用的燃料种类、焦比、生铁品种以及操作制度有关。在一般情况下用焦炭冶炼时其煤气成分常波动在表2-10中所列的范围。

表 2-10　高炉煤气成分波动范围

成　分	H_2	CO	CH_4	N_2	CO_2
范围/%	2.0 ~ 3.0	25 ~ 31	0.3 ~ 0.5	55 ~ 58	9.0 ~ 15.5

C　混合煤气

混合煤气一般由焦炉煤气和高炉煤气混合组成。它的发热值取决于高炉、焦炉煤气混合比例,一般在 50241 ~ 12560 kJ/m^3 范围内。我国部分地区常用的混合煤气特性见表2-11。

表 2-11　混合煤气成分特性

成　分	H_2	CO	CH_4	N_2	CO_2
范围/%	7.8 ~ 38.6	13.5 ~ 25.2	2.8 ~ 16.8	23.8 ~ 52.7	5.5 ~ 11.2

D　天然气

天然气是一种发热值很高的气体燃料,它的主要可燃物质是甲烷(CH_4),含量达90%以上,发热值为 33494 ~ 37681 kJ/m^3。

从气井喷出的天然气含有大量的矿物杂质,必须经过净化后才能送往使用单位。

我国部分地区天然气的特性见表2-12。

表 2-12　天然气成分(%)及发热值

编　号	CH_4	C_2H_6	C_3H_8	CO	H_2	N_2	发热值/$kJ \cdot m^{-3}$
1	96.70	0.63	0.26	0.13	0.07	1.30	35533
2	95.84	1.50	0.41	0.02	0.10	0.92	35914
3	95.13	1.46	2.19	—	—	0.12	38502
4	84.36	8.86	4.54	—	—		42437

2.4.2　固体燃料

球团厂中常用的固体燃料是碎焦和无烟煤。碎焦是焦化厂筛分出来的或是从高炉用的焦炭中筛出的筛下产物。它具有固定碳高、挥发分少、灰分及硫分较低的优点。发热值约33494 kJ/kg。无烟煤是所有煤中固定碳最高,挥发分最少的煤,但一般灰分较高,而硫分不定,发热值为31401～33494 kJ/kg。

对固体燃料的质量要求是固定碳高、灰分少,灰分中的酸性脉石少等。一般进厂的要求见表2-13。固体燃料来源广,使用安全,但需专门设有准备过程。

表2-13　固体燃料质量指标　　　　　　　　　　　（%）

名　称	固定碳	挥发分	灰　分	硫　分	水　分	粒度/mm
碎　焦	>80	<5	<15	—	<10	<25 或 <40
无烟煤	>75	<8	15～20	尽量少	<10	<25 或 <40

2.4.3　液体燃料

常用的液体燃料为重油,是石油加工后的一种残油,呈暗黑色,密度约0.9～0.96 g/cm^3,具有发热值高(大于37681 kJ/kg),黏性大等特点。

重油作为燃料有运输便利、使用安全等优点,但需一套供油系统,与气体燃料比较,操作管理较不方便。

对重油的质量要求见表2-14。

表2-14　重油质量指标

编　号	质量指标	重油标号				备　注
		20	60	100	200	
1	恩氏黏度/E					闪点:闪点又称内燃点,是指液体表面上的蒸气和空气的混合物与火接触而初次发生蓝色火焰的闪光时温度
	80℃	≤5.0	≤11.0	≤15.5	—	
	100℃	—	—	—	5.5～9.5	
2	闪点(开口)/℃	≥80	≥100	≥120	≥130	
3	凝固点/℃	≤15	≤20	≤25	≤36	
4	灰分/%	≤0.3	≤0.3	≤0.3	≤0.3	
5	水分/%	≤1.0	≤1.5	≤2.0	≤2.0	
6	硫分/%	≤1.0	≤1.5	≤2.0	≤3.0	
7	机械杂质/%	≤1.5	≤2.0	≤2.5	≤2.5	

重油的黏度对油泵、喷油嘴的工作效率和耗油量都有影响。黏度太大,则油泵及喷嘴的效率低,喷出油的速度慢,雾化不良,燃烧不完全,影响喷嘴使用寿命,增加油的消耗量。重油黏度随温度升高而降低,加热温度一般在60～90℃,即黏度在7～10E之间。

油的闪点主要是用来决定油的易燃性等级,表明其发生爆炸或发生火灾的可能性的大小,对运输、贮存和使用的安全有很大的关系。重油加热温度应低于闪点 20~30℃ 为宜,以免引起火灾。

重油的凝固点对抽注、运输和贮存影响大,当油温低于凝固点时,它就难以流动。凝固点的高低与采用的原料及加工方法有关,且与含水量有关,水分含量越多其凝固点越高。

存在于重油中的硫,主要以有机硫化物的形态存在,如硫醇、硫醚、二硫化物等。这些硫化物气体在点火时,会残留于球团矿内,影响球团矿的质量,故重油中的含硫量越低越好。

思　考　题

1. 现代球团厂常用含铁原料的种类及其特性?
2. 目前国内外常用的黏结剂种类及其对于球团生产的重要作用?
3. 现代球团生产中燃料的重要作用?

3 造　球

造球是球团生产中的重要工序之一。它的工作好坏在很大程度上决定着成品球团矿的产量与质量。因此任何一个球团厂,造球普遍受到重视。

3.1 造球方法

3.1.1 造球基本原理

造球是细磨物料在造球设备中被水湿润,借助机械力的作用而滚动成球的过程。在工业生产中,湿料连续加到造球机中,母球在造球机中不断的滚动而被压密,引起毛细管形状和尺寸的改变,从而使过剩的毛细水被迁移到母球表面,潮湿的母球在滚动中很容易粘上一层润湿程度较低的湿料。再压密,表面又粘上一层湿料,如此反复多次,母球不断长大,一直到母球中的摩擦力比滚动时的机械压密作用力大为止,如果要使母球继续长大,必须人为地使母球的表面过分润湿,即向母球表面喷水,母球长大应满足以下 3 个条件:

(1) 机械外力的作用,使母球滚动粘附料层和压密;

(2) 有润湿程度较低的物料,能粘附在过湿的母球表面;

(3) 母球表面必须有过湿层,必要时可通过喷水实现。

不同性质的物料,生球长大的方式不一样,一般由物料亲水性质决定,亲水性好的物料以聚结长大,亲水性差的物料以成层方式长大。如石英粉以成层长大为主,石灰石粉以聚结长大为主,而铁精矿粉介于两者之间,即可聚结长大,又可以成层长大,主要受造球工艺制度和含水量决定。

当母球以成层方式长大时,由于各个母球获得物料的机会基本相等,所以生球的粒度较均匀。在连续造球过程中,当物料的水分增高和生球塑性增大,聚结长大的比例将会增加,生球的尺寸将会变大。母球长大到符合要求尺寸的生球后进入紧密阶段,该阶段是生球增加和获得最终机械强度所必需的。此时,在造球机的机械力作用下产生的滚动和搓动力,使生球内的颗粒被进一步压紧,球团强度得到提高,水分降低,密度增加,最终成为合格生球。

3.1.2 生球质量要求

对球团生产来说,生球质量是一项最重要的指标。生球在进入焙烧设备之前要经过 3 ~6 次的转运。为减少转运过程中生球的破碎,皮带机的头轮直径一般应不大于 300 mm,皮带的速度也应降低到 0.4 ~0.6 m/s。为减轻转运点对生球的冲击,通常的措施是在转运皮带机头轮安装电磁装置。此外,生球在进入焙烧设备后还要承受料层的压力。特别是竖炉,料层很高,料层下降时还有球与球和球与炉壁的搓磨作用。在气流通过料层时,球团还要受到高温气流的热冲击。根据这些,生球质量必须符合一定的要求。对湿生球的质量要求,除水分外,主要是落下强度和抗压强度。

生球落下强度一般以生球从 500 mm 高度落下至破裂时为止的落下次数表示。不同国家对生球质量要求不尽相同,通常规定直径 12.5 mm 生球质量为:生球从 500 mm 高度落下次数不小于 6 次,生球在 4.45 N 压力下,变形不大于 5% ~ 6%,生球抗压强度不小于 9 N/个;干球抗压强度不小于 45 N/个。

生球粒度一方面应满足高炉冶炼的需要,同时也应考虑造球设备和焙烧设备的条件和生产量来确定。一般高炉用的球团粒度为 5 ~ 16 mm,并应保证 6 ~ 16 mm 粒级的占 80% ~ 95%。对于竖炉,由于料柱高,考虑到所需要的透气性以及在炉中球团停留时间较长,球团粒度可适当放宽。

3.1.3　造球方法

目前,球团厂广泛采用的造球方式主要有圆筒造球法、圆盘造球法以及圆锥造球法。

3.1.3.1　圆筒造球

A　圆筒造球机的成球原理及运动特性

造球物料经给料装置进入圆筒造球机后,随着洒水管的水滴落在物料上而产生聚集,由于受到离心力的作用,物料随圆筒壁向上运动,当被带到一定高度后滚落下来,这样就形成了母球。在旋转圆筒不断的带动下,母球不断的得到滚动和搓揉(一面向前运动),使母球中的颗粒逐步密实,并把母球内的水分不断挤向表面,这时母球表面和周围的造球物料产生了一个湿度差,从而使造球物料不断地粘附在母球表面上,而使母球逐渐长大。长大的母球在继续的滚动、搓揉和挤压中受到紧密,其强度得到提高,然后随粉料和球粒同时被排出圆筒外,经过筛分,得到合格的生球。

物料在圆筒造球机中的运动特性很复杂,它除在圆筒的横向绕某一中心做回转运动之外,还沿着圆筒的轴向运动着。因此,它的运动是一条不规则的螺旋线。物料在圆筒中的运动特性与圆筒的填充率、圆筒内表面状况以及圆筒转速有关。

B　物料在造球机中的运动状态

(1)滚动状态。当圆筒造球机的转速处于最佳值时,随着物料不断给入圆筒,物料的重心与圆筒垂线的偏转角大于物料的安息角。这时物料便开始向下塌落,并形成一个滚动层以恢复其自然堆积状态,如图 3-1a 所示。

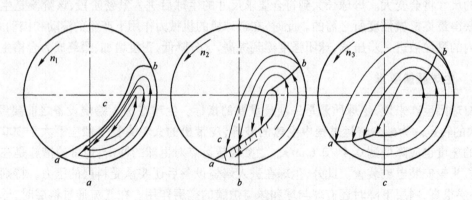

图 3-1　物料的运动状态

a—滚动状态;b—瀑布状态;c—封闭环形状态

这种运动状态下的特点是运动的物料分成上下两层。靠近圆筒壁的是未成球的或粒度很小的小球,它是一个不动层。它与圆筒壁没有相对运动,随圆筒一起向上运动。当物料达到最高点时,便立即转入滚动状态。处于滚动状态的上层物料在向下运动时,又被下层物料向上带动,这就使物料形成了滚动。物料便在这里长大和滚实。因而,这种运动状态是造球所需要的。在这种状态下的物料体积比不动料层约大10%。

(2)瀑布状态。当圆筒转速比较大时,常出现瀑布运动状态,如图3-1b所示。它的运动轨迹由3段组成:ab段是圆形曲线,bc段为抛物线,ca段为滚动段。当物料从圆形轨迹离开时,便在空气中沿抛物线运动,落在物料上以后,又继续滚动。在这个运动状态下滚动段很少。在物料向下抛落时,冲击较大,不利于造球。

(3)封闭环形状态。当圆筒的转速很快时,每个单元料层的轨迹都成了封闭的曲线。这些曲线互不相交,且没有滚动段,只有圆形线段和抛物线段,构成了一个环形。在这种运动状态下物料似乎围绕一个中心以一个相同的角速度"回转"着,如图3-1c所示。

圆筒造球机的填充率也是影响物料运动和造球的因素之一,当填充率在15%以下的条件下,产量不变,圆筒直径减小,填充率增加时,或者直径不变需要提高产量而加大充满率时,成球路程增加较快,球团的强度也随之提高。这时球团的粒度组成不均匀。当填充率超过15%时,球团的路程增加不显著。但是填充率增加太大,圆筒排料量增加,不成球或粒度不够、强度不足的球团增加,圆筒循环负荷加大。强度不足的生球经过多次转运,破碎量增大,影响焙烧设备的正常运行。实际上并没有提高圆筒造球机的产量。最佳的圆筒造球机的填充率为3%~5%,最大允许值为10%~15%。

C 圆筒造球机产量计算

研究圆筒造球机内物料运动特性的目的是确定物料在圆筒中的停留时间、计算圆筒的产量和决定圆筒的尺寸以及制定合理的操作制度。物料在圆筒中的停留时间可用下式计算:

$$T = \frac{0.037(\phi_m + 24)L}{nDS} \tag{3-1}$$

式中　L——圆筒有效长度,m;

　　ϕ_m——造球物料安息角,(°);

　　D——圆筒直径,m;

　　n——圆筒每分钟转速;r/min;

　　S——圆筒斜度。

根据物料在圆筒中的停留时间、圆筒转速和圆筒造球机的长径比(2.5~3.0),再加上圆筒的最佳填充率便可以计算出圆筒造球机的产量。

圆筒造球机的产量计算公式:

假定将圆筒从垂直回转轴方向切开,一层滚动料层长度为m,厚度为h_c,1 min 内沿圆筒内所经过的距离为πDn,它在轴向的距离为$\pi Dn\tan\alpha$。那么通过圆筒横切面单位时间的生产率$Q(\text{m}^3/\text{min})$为:

$$Q = \pi Dn\tan\alpha \cdot mh_c \tag{3-2}$$

因为$m = \frac{D}{2}\lambda\frac{2\pi}{360}$($\lambda$——用度表示);$h_c = (a\lambda - b)D$,再将物料的堆密度$\rho_H$一起代入上式

可得生产率 $G(\text{t/min})$：

$$G = \frac{\pi^2 \rho_H D^3 (a\lambda - b)\tan\alpha}{360} \tag{3-3}$$

上式中 λ、α 角与圆筒填充率和物料性质有关，而系数 a、b 与物料种类和粒度有关，应由试验来确定。对于粒度 3～5 mm 鲕状褐铁矿和相同粒度的破碎石英，$a = 8.7 \times 10^{-4}$，$b = 1.1 \times 10^{-2}$；而对于粒度为 1～2 mm 的破碎石英和 0.2～0.5 mm 的沙子，$a = 6.3 \times 10^{-4}$，$b = 5.3 \times 10^{-3}$。

从上式可看出，圆筒造球机的产量与其直径的三次方成正比。但是圆筒造球机的产量是很难用公式准确的计算出来的。因为影响它的因素很多，所以确定圆筒造球机的产量时，应对造球物料进行试验室试验，或者根据经验来确定。通常圆筒造球机的利用系数大约每平方米造球面积日产生球 7～12 t。

D　圆筒造球机技术性能及工艺参数

(1) 圆筒造球机技术性能。圆筒造球机是用得较早而又广泛的一种造球设备。它主要包括传动装置、筒体、支承辊和筒内刮板等几大部件。几种主要规格的圆筒造球机技术性能见表 3-1。

表 3-1　圆筒造球机技术性能

种　　类	1	2	3
圆筒直径/m	2.74	3.05	3.66
长度/m	9.14 (9.50)	9.50 (9.75)	10.06
转速/r·min⁻¹	12～14	12～13	10
电动机/kW	44.8	44.8	74.6
斜度/m·m⁻¹	0.125	0.135～0.194	0.111～0.125
刮刀(燕翅杆)	往复式	往复式(旋转)	往复式
转速/r·min⁻¹	35～38	34～35	32～33
电动机/kW	2.2	2.2 (11.2)	2.2
生球筛(长×宽)/m×m	1.52×4.27	1.52×4.27 (2.44×6.1)	2.44×4.88
斜度(弧度)/m·m⁻¹	0.26～0.3(15°～17°)	0.3 (17°)	0.30 (17°)
振幅/mm	9.52	9.52	9.52
筛孔/mm	9.52	9.52 (12.8)	9.52 (11.1)

目前国外大部分球团厂均采用圆筒造球机配用振动筛筛分生球，通常振动筛会损坏生球，所以一般采用和改用辊筛代替振动筛。辊筛维修量小，筛分效率高，而且由于生球在辊上继续滚动，使生球表面更加光滑并把水分集中在表面上有利于干燥。

常用振动筛及其性能见表 3-2。

表 3-2 常用振动筛性能表

种　类	1	2	3	4
筛子尺寸/m				
宽	1.87	1.75	2.0	2.0
长	4.5	4.5	6.0	7.5
框的振幅/mm	3~4.5	3.4~4.8	3~6	3~5
筛子倾角/(°)	15	15~25	15~25	0~10
框的振动频率/次·min^{-1}	820	800~1000	900~1100	970
电动机功率/kW	10	17	17	2×17=34
筛分效率(筛孔 10 mm×10 mm)/%	25~30	50	100	100[①]
筛分效率(筛孔 12 mm×12 mm)/%	40	60	—	—
筛子重量/t			7.2	12.7

①按给矿机能力可达 350t/h 计。

(2) 圆筒造球机的工艺参数。

1) 圆筒造球机的长度(L)与直径(D)之比。圆筒造球机的长度(L)与直径(D)之比随着原料特性不同而差别较大,应根据原料的成球性以及对生球粒度与强度的要求来选用,一般圆筒长度与直径之比(L/D)为 2.5~3.5。

2) 圆筒转速。理想的圆筒转速,应该保证造球物料和球粒在圆筒内有最强烈的滚动,并且在物料处于滚动状态下把物料提升到尽可能高的高度。而物料滑动和在最高处向下抛落对造球过程是不利的。显然,由于圆筒内物料颗粒差异甚大,要使圆筒适应所有粒级要求是不可能的,因此在确定圆筒转速时只能取一个中间值,该数值大约为临界转速的 25%~35%。

临界转速为:

$$n_{临} = 60\sqrt{\gamma g}/2\pi R \qquad (3-4)$$

式中　γ——物料的堆密度,t/m^3;

$\quad\quad g$——重力加速度,m/s^2;

$\quad\quad R$——圆筒半径,mm。

圆筒造球机转速范围一般为 8~16 r/min。物料在圆筒内旋转的速度,大约圆筒转一圈,料层转 5~9 圈,随着填充率的增加,料层旋转的速度降低。

3) 圆筒的倾角。圆筒的倾角是直接与生球质量和产量紧密相连的一个工艺参数,在其他条件不变的情况下,物料(生球)在圆筒内的停留时间由倾角确定,倾角愈小,生球在圆筒内停留的时间愈长,生球滚动的时间愈长,但产量则随倾角减小而降低。假如倾角加大,则上述情况正好相反。圆筒造球机的倾角一般在 6°左右。

4) 给料量。圆筒造球机的给料量与倾角的作用相似,给料量愈大,物料(生球)在圆筒内的停留时间愈短,产量愈大。但产量愈大,生球强度将会下降。若给料量小,则情况相反。这是因为由于圆筒造球机的填充率小所造成的。一般圆筒造球机的填充率只占筒体积的 5%左右。

5）刮刀。为了保持圆筒造球机具有最大的有效容积,须在圆筒内安装刮刀将粘附在筒壁上的混合料刮落。常见的刮刀有固定刮刀和活动刮刀两种。固定刮刀用普通钢板和耐磨材料制成(如胶皮或合金刀片),通常是在钢板上开几道直孔(耐磨材料也应开孔),然后将耐磨材料用螺栓固定在钢板上面,使用时只让耐磨材料和筒体接触,这样,当耐磨材料磨损时,调整和更换都较方便。活动刮刀有往复式和旋转式刮刀,刮刀的速度范围为 15 ~ 40 次/min。这种刮刀的好处是在圆筒壁与刮刀之间不会积料。

6）加水方法。物料在圆筒造球机中的成球过程可分为:母球形成、母球长大和生球紧密 3 个阶段。因此在圆筒造球机中,为了迅速获得母球,应在其端部喷洒雾状水是实现上述要求的简单而有效的方法。因此,在圆筒造球机的中间通常喷洒雾状水。生球紧密阶段的主要目的是为了提高生球的机械强度,所以在圆筒造球机的后部都不加水。从整个圆筒造球物料和生球表面,尽量避免将水喷洒在筒壁上而导致筒壁大量粘料。

E　圆筒造球机优缺点

(1)优点。圆筒造球机具有结构简单、设备可靠、运转平稳、维护工作量小、单机产量大、劳动效率高等优点。

(2)缺点。圆筒造球机的圆筒利用面积小,仅为 40%,且设备重、电耗高、投资大;因本身无分级作用,排出的生球粒度不够均匀,在连续生产中,必须与生球筛分形成闭路。即圆筒造球机中排出的球,需要经过筛分,筛上为成品生球,筛下的小球和粉末仍要返回造球机,通常筛下物超过成品生球的 100%,有个别情况达到 400%(一般随着圆筒长度的增加,筛下量减少)。因此,在进入圆筒造球机的原料中,有返回的筛下物和新料。

3.1.3.2　圆盘造球

A　圆盘造球机工作特点

圆盘造球机中物料运动状态与在圆筒造球机横切面上的运动大致相同。不同点在于圆盘中物料能按其本身颗粒大小有规律的运动,并且都有各自的轨道。也就是说粒度大的,运动轨迹靠近盘边,而且路程短。相反,粒度小或未成球的物料,则远离盘边。这种按粒度大小沿不同轨迹运动就是圆盘造球机能够自动分级的特点。圆盘中物料的运动轨迹如图 3-2 所示。

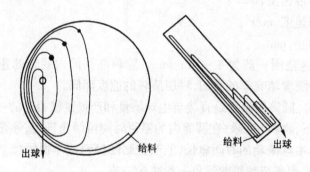

图 3-2　圆盘中物料的运动轨迹

圆盘与圆筒不同的一个特点是圆盘倾角口可以调节。圆盘倾角可根据造球物料性质和圆盘转速进行调节,以达到优质高产。如倾角过小,低于物料安息角时,则物料形成一个不动的粉料层,与圆盘同步运动,无法进行造球。倾角过大时,物料对盘底的压力减小,物料的提升高度降低,盘面不能充分利用,圆盘造球机产量下降。为了提高圆盘造球机的产量,可以提高圆盘的转速,这样,物料(小球)在单位时间内滚动的路程加长,球粒长大较快。但是转速提高,离心力急剧增大,使小球紧紧压在盘边上,妨碍了球团向下滚动。为使造球顺利进行,必须相应调节圆盘倾角。然而倾角加大,速度又高,球团在向下滚动时对盘边的冲击加大,会损坏球团。因此,调节倾角不能超过极大值。极大值的大小取决于物料的性质、球团粒度以及圆盘直径,可以通过试验确定。

B 圆盘造球机的产量计算

圆盘造球机的生产率至今还没有计算公式。20 世纪 50 年代曾有人提出一个 $Q = 0.35rD^4$ 的圆盘造球机产量计算公式,但与实际相差太大而被否定。因为圆盘的产量不可能与直径 D 的四次方成正比。根据对圆盘造球机的运动特性分析,它的产量是和圆盘面积成正比,或者与圆盘直径平方成正比。此外圆盘造球机的填充率也与产量有很大关系。当填充率为每平方米圆盘面积(包括盘边面积)在 0.15 ~ 0.20 t 以下时,随着填充率的增加,产量提高。但超过这个负荷时,造球操作状况和生球质量恶化,产量下降。盘边高度是影响填充率的因素,但是盘边高度也是有限度的,不能太高。盘边高度 h 与圆盘直径的关系式:

$$h = 0.07D + 0.217$$

C 圆盘造球机

(1)圆盘造球机的构造及技术特性。圆盘造球机的规格繁多,结构比较合理并在生产上获得广泛应用的有两种:

1)伞齿轮传动的圆盘造球机。我国绝大部分球团厂采用这类造球盘。伞齿轮传动的圆盘造球机主要由圆盘、刮刀、刮刀架、大伞齿轮、小圆锥齿轮、主轴、调角机构、减速机、电动机、三角皮带和底座等所组成,如图 3-3 所示。

圆盘由钢板制成,通过主轴与主轴轴承座和横轴而承重于底座,带动滚动轴承的盘体(托盘)套在固定的主轴上,主轴高出盘体,可固定可随圆盘变更倾角的刮刀臂,刮刀臂上固定上一个刮边的刮刀和两个活动刮刀,以清除粘结在盘边和盘底上的造球物料,主轴的尾端与调角机构的螺杆连接,通过调角螺杆可使主轴与圆盘在一定的范围内上、下摆动,以满足调节造球盘倾角的需要。

工作原理:电动机启动后,通过三角皮带将减速机带动,减速机的出轴端联有小圆锥齿轮,此齿轮与大伞齿轮啮合,而大伞齿轮与托盘直接相连,因此大伞齿轮转动时,造球机的圆盘便随之跟着旋转。这种结构形式的造球机转速的改变,可通过更换电动

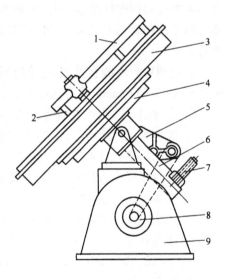

图 3-3　伞齿轮传动的圆盘造球机
1—刮刀架;2—刮刀;3—圆盘;4—伞齿轮;
5—减速机;6—中心轴;7—调倾角螺杆;
8—电动机;9—底座

机出轴和减速机入轴上的皮带轮直径来作一定范围内的调整。表 3-3 为我国现有的伞齿轮传动圆盘造球机规格和技术性能。

表 3-3　我国球团厂目前使用的圆盘造球机

规格 φ/mm	圆盘边高 /mm	转速/r·min^{-1}	倾角/(°)	产量/t·h^{-1}	电 动 机	
					型 号	功率/kW
1000	250	19.5~34.8	35~55	1	JO-51-4	4.5
1600	350	19	45	3	JO-62-8	4.5
2000	350	17	40~50	4	JO-63-4	14
2200	500	14.25	35~55	4		
2500		12	35~55	8~10	JO$_2$-71-8	13
3000	380	15.2	45	6~8		17
3200	480~640	9.06	35~55	15~20	JO$_2$-71-4	22
3500	500	10~11	45~57	12~13	JO-82-6	28
4200	450	7~10	40~50	15~20	JO-93-8	40
5000	600	5~9	45	16		60
5500	600	6.5~8.1	47	20~25	JR-92-6	75
6000	600	6.5~9	45~47	40~75		75

2）内齿轮圈传动的圆盘造球机。内齿轮圈传动的圆盘造球机是在伞齿轮传动的圆盘造球机的基础上改进的,改造后的造球机主要结构是:盘体连同带滚动轴承的内齿圈固定在支承架上,电动机、减速机、刮刀架也安装在支承架上,支承架安装在圆盘造球机的机座上,并与调整倾角的螺杆相连,用人工调节螺杆,圆盘连同支承架一起改变角度。这种结构的圆盘造球机的传动部件由电动机、摩擦片接手、三角皮带轮、减速机、内齿圈和小齿轮等所组成。

内齿圈传动的圆盘造球机转速通常有三级（如 φ5.5 m 造球盘,转速有 6.05 r/min,6.75 r/min,7.75 r/min）,它是通过改变皮带轮的直径来实现的。这种圆盘造球机的结构特点是:

① 造球机全部为焊接结构,具有重量轻、结构简单的特点;

② 圆盘采用内齿圈传动,整个圆盘用大型压力滚动轴承支托,因而运转平稳;

③ 用球面蜗轮减速机进行减速传动,配合紧凑;

④ 圆盘底板焊有鱼鳞衬网,使底板得到很好保护;

⑤ 设备运转可靠,维修工作量小。

（2）圆盘造球机的使用和操作。圆盘造球机在使用和操作过程中应掌握以下 4 个方面:

1）圆盘造球机的工作区域。根据造球物料在圆盘内的形态和运动状况,可把圆盘分为 4 个工作区域:即母球区、长球区、成球区、排球区,在操作过程中要使圆盘工作区域分明。粉料在母球区受到水的毛细力和机械力作用,产生聚集而形成母球。母球进入长球区,受到机械力、水的表面张力和毛细力的作用,连续的滚动过程中,使湿润的表面不断粘附粉料,母球得以长大,达到一定尺寸的生球。长大了的母球在成球区,主要受到机械力和生球相互间挤压、搓揉的作用,使毛细管形状和尺寸不断发生改变,生球被进一步压密,多余的毛细水被挤到表面,使生球的孔隙率变小,强度提高,成为尺寸和强度符合要求的生球,所以此区域又称紧密区。质量达到要求的生球,在离心力的作用下,被溢出盘外（脱离角与圆盘垂直中心线成30°左右）。大粒度球团,因本身的重力大于离心力,浮在球层上,始终在成球区来回滚动;粒度未达到规定要求的小球,由于大球与盘边的阻挡,被带回到圆盘,仍返回长球区继续长大。

2) 衬板。圆盘造球机的盘底上,有一层与物料接触的底板,俗称衬板(包括边衬板)。衬板极易磨损,需要经常更换,严重影响造球机的作业率。所以延长衬板的使用期限,是提高造球机作业率的关键。目前使用的衬板有以下几种:

钢板衬板 钢板衬板的表面比较光滑,生球强度较高,衬板不易粘料和刮刀的磨损也很微弱。但钢板磨损极快,生产实践证明:厚 16~22 mm 钢板制成的衬板,只能使用 3 个月左右便磨穿。因此,使用钢板衬板的圆盘造球机,钢板消耗大,维修工作量也大,造球机的作业率低。

料衬 为了减小钢板衬板的磨损,在造球机的盘底焊上一层鱼鳞网板或小圆钢($\phi16 \sim \phi20$ mm)。焊有鱼鳞网板和小圆钢的盘底,在工作时造球物料填充于孔穴之中,可以保留一层保护敷层(又称底料),保护盘底不被磨损,又无需更换衬板,一层不厚的底料对加速造球过程是有利的,造球机产量可以提高。但是采用这种方法又带来了球盘严重粘料和刮刀的迅速磨损。因为底料在生球不断的滚动作用下,变得越来越紧密,底料表面的温度也相应提高,因此疏松料很易附在其上面,使底料加厚,全靠刮刀来控制底料的厚度和平整料衬,使刮刀磨损加剧(一般料衬须采用合金刀头来制作刮刀)。另外,由于料衬表面比较粗糙,物料与料衬之间的摩擦力增加,阻碍了生球的滚动和滑动,对生球的质量会有所下降。

橡胶衬板 橡胶衬板易粘料,主要原因是橡胶衬板易吸收一定量的水分,在毛吸力和附着力的作用下,物料很容易粘附在造球盘底和盘边上,造成成球性变坏。使用中心刮刀和边刮刀,虽然能有效地控制物料粘附,但刮刀磨损较快,使用寿命仅为 10~15 d。一般要求盘边无粘料,盘底底料平整均匀,并且有一定的厚度。母球在滚动过程中聚集新料,使母球迅速增大。由于橡胶衬板的性能所决定,以及刮刀调整不及时,造成底料极不平整,边料过厚过多,破坏了母球的运动规律和增大速度。有时大块物料从盘边脱落,使生球尺寸差异大,影响了生球干燥速度和球团矿质量的提高。

陶瓷衬板 用陶瓷板砌筑盘底作衬板,这是我国的一项创造。陶瓷板亦称耐酸瓷砖(无釉),其特点是比较光滑,耐磨性好和有一定的抗冲击性能。目前使用的有 150 mm × 150 mm × 20 mm 和 150 mm × 75 mm × 20 mm 两种规格。陶瓷衬板需砌筑,砌筑前先在盘面上用 $\phi16 \sim \phi20$ mm 圆钢焊成条格孔,其间距为 600 mm,刚好可放 4 块瓷砖,两排瓷砖要错缝砌筑。嵌瓷砖前在盘底上先抹一层砂灰(水泥:黄沙 = 1:2),其厚度 20 mm 左右,以粘结瓷砖。瓷砖砌筑要求整个盘面平整,砖缝要小(1 mm 以下),砌完后,一般需保养 3~5 d,即可使用。瓷砖衬板与橡胶衬板相比,不易吸收水分,摩擦力小,易滑料。生产中造球盘的转速、倾角、料量、给水在适宜的范围内,能形成较好料流,生球按粒度的大小能分别沿各自不同的轨道运行。盘面中心有 1/5 的面积无底料,给料增大时,盘内形成众多的小母球和粉末。给水量大时母球不是成层增大,而是集结增大,生球尺寸差异大,水分高,造成干燥速度慢,降低了生球破裂温度。另外,瓷砖衬板盘边粘附的物料较多,时有大块物料脱落,影响生球质量的提高。为解决瓷砖衬板滑料问题,采取在瓷砖表面上打眼,但效果不佳。此外,用铸石板(辉绿岩)做衬板。虽然耐磨,但因表面光滑似镜,不能将料球带到圆盘的顶部,不利于料球的滚动,成球困难,而未得到推广使用。

含油尼龙衬板 稀土含油尼龙衬板与高分子聚合物、橡胶、瓷砖等多种材料衬板相比,具有较高的耐磨性、抗冲击性;不粘料、重量轻、搅拌均匀、价格低等优点,在工艺和操作同等的条件下,可提高生球产量和质量。

3) 加水加料。

加水　任何一种物料,均有一个最适宜的造球水分和生球水分,当造球料的水分和生球水分达到适宜值时,造球机的产、质量最佳。但当所添加水分的方式不同时,生球的产、质量有差别。通常有 3 种加水方法:

① 造球前预先将造球物料的水分调整至生球的适宜值;

② 先将一部分造球物料加水成过湿物料,造球时再添加部分干料;

③ 造球物料进入造球前含水量低于生球水分适宜值,不足的在造球时盘内补加。

这三种加水方法,只有第三种方法是目前生产上最常用的和比较好的方法。第一种加水方法,形成母球容易,生球粒度小而均匀,缺点是母球长大速度慢,造球机产量低,另外在生产工艺上难以准确控制;第二种方法,过湿的造球物料,会失去它应有的松散性,而使造球过程和生球质量难以控制;第三种方法,不仅能加速母球的形成和长大,可以准确控制生球的适宜水分和生球尺寸,还可以根据来料和造球机的工作情况,灵活调整补加水量和给水点以强化造球过程。所以对圆盘造球机来说,适宜的造球物料水分应比适宜的生球水分低 0~0.5%。圆盘球机所加的水,通常可分滴状水和雾状水两种。滴状水加在新给入的物料上,雾状水应喷洒在长大的母球表面。试验表明,在圆盘造球机中借助不同的加水和加料位置,可以得到不同粒度的生球。

加入的水量与生球质量有较大的关系。加水量适宜时,可获得最佳的造球效果和生球质量。低于适宜值,成球速度减慢,生球粒度偏小,出球率减少。高于适宜值,成球速度加快,造球机产量提高,但生球强度下降。所以调节给水量,可以控制造球机产量和生球的强度及粒度。

加料　加料可以从圆盘造球机两边同时给入或者以"面布料"方式加入,这种加料方式,母球长大最快。总之,加入圆盘造球机的物料,应保证物料疏松,有足够的给料面,在母球形成区和母球长大区都有适宜的料量加入。给料量的控制也有一个适宜值,给料量过多时,出球量就增多,生球粒度变小,强度降低。给料量过少,出球量就减少,产量降低,生球粒度就会偏大,强度提高。所以调节给料量,也可以控制生球的产、质量。

在实际生产操作中,往往同时调节给水量和给料量,来达到满意的造球机产量和生球质量。

(3) 圆盘造球机事故和安装要求。

1) 圆盘造球机事故。圆盘造球机是一种运转比较可靠的设备,一般不易发生事故。生产中造球机发生的故障主要是立轴轴承损坏。立轴也称中轴,是圆盘造球机受力最大的部件。立轴轴承有上、下之分,一般来说,下轴承较上轴承容易损坏。

① 损坏原因　立轴轴承润滑不良及造球机频繁启动所引起。

② 现象　造球机运转时,圆盘晃动厉害及有严重杂音。

③ 处理　不论是上轴承或下轴承损坏,都应及时更换。更换下轴承较上轴承复杂,耗时较长,而单独更换上轴承耗时较少。

④ 预防措施　应加强轴承润滑,设润滑装置;应尽量避免造球机的频繁启动(圆盘造球机为带负荷启动)。

2) 圆盘造球机安装要求。

① 造球机试车时,应运转平稳,圆盘不发生严重摇晃和与接球板无碰撞之处;

② 大、小伞齿轮啮合好,运转时无杂音;

③ 运转时,立轴轴承无杂音、减速机噪声低;

④ 圆盘倾角应先安装成45°,然后在试运转中调整到最佳角度;

⑤ 调整刮刀位置和给水、加料位置到适宜值;

⑥ 调整电动机位置,使传动三角皮带的松紧度适宜,启动时无打滑现象。

D　圆盘造球机与圆筒造球机比较

圆盘造球机和圆筒造球机已被普遍采用,对于造球机形式的选择,目前并无明确的规定原则。美国、加拿大等国多采用圆筒造球机;日本、德国和中国多采用圆盘造球机。两种造球机比较见表3-4。

表3-4　圆筒造球机和圆盘造球机比较

项　目	圆筒造球机	圆盘造球机
适应性	调节手段少,适用于单一磁铁精矿或矿种长期不变、易成球的原料,产量变化范围大	调节灵活,适用于各种天然铁矿和混合矿,产量变化范围小仅 ±10%左右
基建费用	圆筒造球机是圆盘造球机设备重量和体积的2倍,占地面积大,圆筒造球机比圆盘造球机投资高10%	设备轻,占地面积小,投资省10%
生球质量	质量稳定,但粒度不均匀,自身没有分级作用,小球和粉料多,循环负荷高达100%~400%	质量较稳定,粒度均匀易掌握,有自动分级作用,循环负荷小于5%
生产、维修	设备稳定可靠,但利用系数低0.6~0.75$t/(m^2 \cdot h)$,维修工作量大,费用高,动力消耗少	设备稳定可靠,利用系数高1.2~1.5$t/(m^2 \cdot h)$,维修工作量小,费用低,动力消耗大

3.1.3.3　圆锥造球

圆锥造球机是介于圆筒造球机和圆盘造球机之间的一种造球设备。圆锥造球机有两种型式,一种是圆盘形圆锥造球机;另一种是挤压立式圆锥造球机。

A　圆盘形圆锥造球机

圆盘形圆锥造球机是由一个开式倾斜的短的锥形圆筒支承在一个转动的主轴上,其半径从底部向上逐级增大,在锥体内有一刮刀,其形状与锥形内衬一致,锥形筒的底部粘料由另外一个刮刀系统来完成,如图3-4所示。

锥形圆筒制成有带生球筛分和阶梯形两种。边板刮刀和底盘刮刀都是旋转的,转速在60~90 r/min之间,刮刀的长短可以灵活调整。

圆盘形圆锥造球机的显著优点是:产品质量好,粒度均匀。缺点是:结构比较复杂,设备比较重。所以目前只有美国少数球团厂在使用。

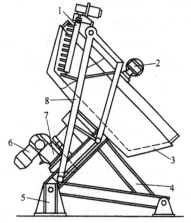

图3-4　圆盘形圆锥造球机

1—圆锥刮刀;2—盘底刮刀;3—锥形盘体;
4—支架;5—支座;6—电动机;
7—减速机;8—刮刀支架

B　挤压立式圆锥造球机

挤压立式圆锥造球机是由加拿大 20 世纪 50 年代末期生产的。它由挤压机和立式圆锥造球机两部分组成,如图 3-5 所示。立式圆锥造球机由两个圆锥组成,上圆锥是固定的,下圆锥是可动的,圆锥之间的距离可以调节,圆锥面的斜度可根据使圆柱体滚成球形的原则来计算确定,圆锥间的角度适宜值为 12°。

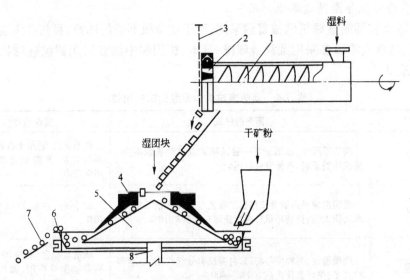

图 3-5　挤压立式圆锥造球机
1—挤压机螺旋叶片;2—模孔;3—旋转切刀;4—固定锥;
5—动锥;6—橡胶板舷槽;7—成品生球;8—主轴

挤压立式圆锥造球机的主要生产过程为,先将 2/3 的过湿造球物料(含水 15% ~ 25%)给入挤压机预压,挤压机的压头开有数量众多的圆柱形孔(其直径可随需要而定),过湿物料通过压头被制成圆柱条,压头后有往复切刀,把圆柱条切割成小正圆柱体(切刀速度根据给料速度和圆柱高度而定),然后小圆柱进入圆锥造球机的给料口。

小圆柱通过上、下圆锥时,由于不断地受到搓动而成球形,并排入旋转圆锥的边缘和固定的用软橡皮所构成的环形槽中,生球在槽中快速度进行运动,因此生球的水分将不断向表面迁移,此时占物料总重量 1/3 的干料,由干料槽中经自动给料器,加入并粘附于湿球表面致使生球尺寸进一步增大。

由于在环形槽中不再补加任何水分,所以当过湿造球物料的水分控制好后,合格生球的尺寸也得到了控制,因此对于这种造球方法来说,生球的尺寸几乎与生球在造球机内的停留时间无关,这一特点与上述的造球机的造球特性是完全不同的,这种挤压立式圆锥造球机所得的生球粒度及湿度都是均匀的。

合格生球排出的快慢,可以通过调整舷板的高度来实现,这样就可避免生球在没有达到规定尺寸和必需的残余湿度的情况下而排出。

挤压立式圆锥造球机与一般造球机比较,具有以下优点:

(1) 产量高、生球粒度均匀和含水量稳定;

(2) 造球过程易于控制;

（3）利用率高,锥体面积能同时全部用于造球;

（4）适用于某些含水高（如浮选褐铁精矿）,而又有一定数量干精矿来源的球团厂。

缺点:这种造球方法,挤压机的磨损严重。此外对这种造球机的研究不多,目前尚未在工业中获得应用。

3.2　影响造球的因素

影响造球的因素很多,诸如原料水分、原料的物理化学特性、原料的表面形状及其粒度组成、添加剂的性质和造球操作等,均对造球机的产量和生球质量有很大的影响。

3.2.1　原料水分

水分对造球的影响显著,如果原料中水分不适宜,则造不出合格的生球。物料中的水分,按其存在形态,可以分为吸附水、薄膜水、分子水、毛细水和重力水。对成球过程起主导作用的是毛细水。

保证生球强度的通常有4种黏结力:胶体黏结力、机械黏结力、分子黏结力和毛细黏结力。在铁精矿造球中胶体物质很少。因此胶体黏结力不是主要的。即使加入0.07% ~ 0.09%的淀粉,生球强度也不会有多大提高。机械黏结力实质上是球团中颗粒之间在受力时所产生的摩擦力。当外力去除时,摩擦力消失。它对球团的强度起一定的作用。

在铁矿球团中主要黏结力是分子黏结力和毛细黏结力。人们在解释湿球强度时,应用了毛细管原理。球团中的气孔可以认为是无数个毛细管,管的两端在球的表面上。在管的两端,当水充满毛细管时会产生凹液面,它拉紧颗粒产生强度,如图3-6所示。

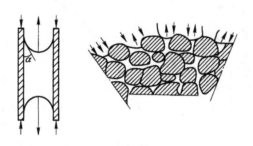

图3-6　毛细管凹液面示意图

凹液面和毛细压力的球团抗压强度计算公式:

$$P_{pk} = 8\frac{\sigma}{d}\frac{1-E}{E} \tag{3-5}$$

$$P_{pm} = 2.56K\frac{1}{d}\frac{1-E}{E} \tag{3-6}$$

式中　P_{pk}——由毛细压力形成的球团强度,N/cm^2;

　　　P_{pm}——由凹液面形成的球团强度,N/cm^2;

　　　K——平均接触点数,即颗粒在料层中的配位数;

　　　E——球团气孔率,%;

　　　d——球团半径,cm;

σ——液体表面张力。

将两式结合并代入试验值 $KE = 3.1$ 后得：

$$P_{pm} \approx 0.35P_{pk}$$

上式结果表明，由凹液面形成的球团强度只有毛细压力形成的球团强度的35%。同时表明，保证生球强度的主要因素是毛细力。因此，毛细水对球的强度和造球过程中球的长大均起主导作用。为保证造球的正常进行，原料的水分应低于毛细水含量，并高于最大分子水含量。不足的水分在造球过程中添加。

3.2.2　原料的粒度、粒度组成和表面特性

原料的粒度是影响造球的决定因素。图 3-7 给出了造球原料粒度（比表面积）和成球率（每小时每米成球路程的生球产量）的关系曲线，当造球原料的比表面积在 1100 cm^2/g 时，成球率为 0.18 $t/(h \cdot m)$。当比表面积大于 2000 cm^2/g 时，成球率变化不显著。比表面积在 1100 ~ 1300 cm^2/g（相当于成球率 0.15 ~ 0.25$t/(h \cdot m)$）是烧结混合料与造球原料的分界线。即造球原料的比表面积必须在 1300 cm^2/g 以上。成球率在 0.18$t/(h \cdot m)$ 以下时，造出的是松散的5 ~ 8 mm的小球。成球率增加，意味着生球产量的提高和强度的改善。但是成球率大于 0.35 时，所造的生球强度虽好但形状不规则，而且粒度组成不好。精矿粒度过细，毛细管缩小，管数增多，因而毛细压力增大，生球强度提高。但是水在物料中的迁移速度下降，毛细阻力加大，造成干燥困难。

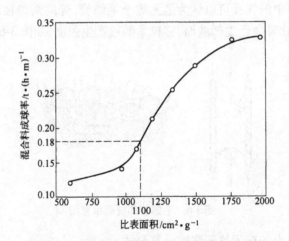

图 3-7　造球原料成球率与比表面积关系曲线

粒度组成对球团的机械黏结力有较大的影响。表 3-5 给出了石英砂的不同粒度组成对试样气孔率和强度的影响结果。

表 3-5　石英砂的不同粒度组成对试样气孔率和强度的影响

粒度组成/%		气 孔 率	试样抗压强度
<0.05 mm	0.25 ~ 0.315 mm	/%	/kg · cm^{-2}
30	70	43	0.22
100	—	50	
0	100	53	约 0.055

可见,即使使用100%细粒物料的单一粒度,强度也不是最高的。因为当气孔率高时,试样的强度将下降。

物料表面特性对造球也有影响。颗粒表面电荷数量大的,即与水的结合性大的亲水物质很容易被水湿润。例如离子键或共价键的极性物质:铁、钙、硅、铝的氧化物以及硫酸盐和碳酸盐均属于这一类。而硫化物和云母型的矿物属于疏水物质。亲水物质由于表面张力大,生球强度高。

颗粒的表面形状是不可忽视的因素。尖角形的和不定形状的颗粒成球后多孔,松散而且强度不高。颗粒表面粗糙、凹凸不平的形状组成的生球组织,机械结合力高、强度好。

3.2.3 添加剂的影响

目前造球常用的主要黏结剂仍然是膨润土,也有少数采用消石灰和有机黏结剂的。在生产碱性或自熔性球团时,多用石灰石作熔剂。

3.2.3.1 膨润土

加入膨润土的先决条件,必须是合适的原料水分和最佳的加入量。根据矿石种类和粒度的不同,一般在原料水分为8%~10%的情况下,膨润土添加量约为0.5%~1.0%。

添加膨润土后生球和干球强度明显改善。以下为磁铁矿添加0.6%膨润土和不加膨润土制出的$\phi 11 \sim 12.5$ mm球团的强度比较,见表3-6。

表3-6 膨润土添加量对球团强度的影响

膨润土添加量 /%	生球落下强度 /次·个$^{-1}$	湿球抗压强度 /kg·个$^{-1}$	干球抗压强度 /kg·个$^{-1}$
0	3.6	1.18	0.54
0.6	9.8	1.60	4.7

有实验表明,当每吨干精矿添加4.8 kg膨润土时,生球抗压强度从不加膨润土时的1.6 kg/个提高到3.8 kg/个;干球强度由7 kg/个提高到14 kg/个。当水分为9.8%时,生球从500 mm高度的落下强度为11~15次。不加膨润土时只有5.5次。

3.2.3.2 消石灰

消石灰也是能提高成球性的一种黏结剂。焙烧后的生石灰经过消化也可以得到分散度较高、吸水能力较强的消石灰。加工后的消石灰能增加生球的毛细黏结力和分子黏结力,提高球团强度。

有关研究表明,加入1%的Ca(OH)$_2$,即可显著改善生球强度,干球强度也可提高1.5倍。爆裂温度从250℃提高到400℃,因而加快了干燥预热速度,缩短了焙烧时间,提高了生产能力。

3.2.3.3 其他黏结剂

有机黏结剂是依靠自身的附着力和内聚力以及它们对颗粒的附着力,形成矿物颗粒间的桥连。最初在造球中使用过淀粉作黏结剂,它能够提高生球和干球的强度。但因其价格昂贵,没能推广使用。其他一些含硫的有机黏结剂,目前也多不采用。因为这类有机物在低温时发生分解或高温焙烧时挥发,导致球团强度下降。

用无机盐作黏结剂的有关研究结果见表3-7。从表中看出,某些无机盐能够提高湿生球强度,并且所有列出的无机盐都能提高干球强度。

表 3-7 几种无机黏结剂对球团强度的影响

黏 结 剂	溶液浓度/%	球团强度/kg·个$^{-1}$		
		湿球	干球	1300℃焙烧球
未 加	—	1.0	0.30	678
NaOH	2	1.15	5.40	1150
Na_2CO_3	3	1.20	4.60	1350
K_2CO_3	3	0.75	1.50	—
$CaCl_2$	3	0.80	2.00	910
$MgCl_2$	3	1.30	4.00	320
$MgSO_4$	3	0.75	2.70	

这些黏结剂的固结机理尚不十分清楚。大多数盐会使水的表面张力加大,可能是增强球团强度的重要原因所在。

采用无机盐类作黏结剂,除钙盐之外,都会给生产操作带来困难。钠的存在将会损坏高炉炉衬,硫酸根和氯根在焙烧时挥发进入废气,对除尘净化系统有腐蚀作用。所以除为了去除球团中的有害杂质而必须添加外,几乎没有单一为提高球团强度而使用无机盐类作为黏结剂的。

3.2.4 造球机的工艺参数对造球的影响

众所周知,目前世界上使用的造球机有 3 种,即圆筒造球机、圆盘造球机和圆锥造球机。我国普遍使用的是圆盘造球机,以下针对圆盘造球机的工艺参数进行讨论。

圆盘造球机的工艺参数主要包括:圆盘直径、转速、倾角、边高和刮刀位置等。

3.2.4.1 圆盘造球机的直径

A 对产量的影响

圆盘造球机的直径大,造球面积随之增大,造球盘接受料增多,物料在球盘内的碰撞几率增加,物料成核率和母球的成长速度得到提高,生球产量提高。

B 对生球强度的影响

由于造球盘直径增大,使母球或物料颗粒的碰撞和滚动次数增加,所产生的局部压力提高,生球较为紧密,气孔率降低,生球强度提高。

3.2.4.2 转速

圆盘造球机的转速,一般可用圆周速度来表示(简称周速),当圆盘造球机的直径和倾角一定时,周速只能在一定的范围内波动。如果周速过小,产生的离心力也小,物料提升不到圆盘的顶点,造成母球区"空料",使物料和母球向下滑动,这一方面使盘面的利用率降低,影响产量;另一方面由于母球上升的高度不大和积蓄的动能少,当母球向下滚动时得不到必要的紧密,生球强度低。如果周速过大,离心力过大,盘内的物料就会被甩到盘边,造成盘心"空料",使物料和母球不能按粒度分开,甚至造成母球的形成过程停止。如果刮板强迫物料下降,则会造成急速而狭窄的料流,严重恶化滚动成型特性。因此,只有适宜的转速才能使物料沿造球盘的工作面滚动,并按粒度分级而有规则地运动。

另外,圆盘造球机的周速随物料性质和倾角不同而不同,一般的适宜周速在 1.0 ~

2.0 m/s之间。若物料与盘底的摩擦系数大(如原料中配有 $CaCl_2$ 溶液造球),则周速可偏低 $(1.2 \sim 1.6\ m/s, \alpha = 45°)$。

3.2.4.3 倾角

圆盘造球机的倾角与周速有关,如果倾角大,为了使物料能上升到规定高度,要求有较大的周速;如果周速一定,则倾角的适宜值就一定。当小于适宜倾角时,物料的滚动性能变坏,盘内的物料会全甩到盘边,造成盘心"空料",滚动成型条件恶化;当大于适宜倾角时,盘内的物料带不到母球形成区,造成有效工作面积缩小。在一定的范围内(圆盘造球机的适宜倾角一般为45°~50°),适当的增大倾角,可以提高生球的滚动速度和向下滚落的动力,因而对生球的紧密过程是有利的。但当倾角过分增大时,由于生球往下滚动的动能过大,它们在圆盘内的停留时间缩短,使生球的气孔率和抗压强度降低,这些都不利于提高圆盘造球机的产量和质量。

3.2.4.4 边高和填充率

圆盘造球机的边高与圆盘的直径和造球物料的性质有关,根据实践经验,当造球机的直径和倾角都不变时,边高 H 的大小应随物料的性质而变,如果物料的粒度粗、黏度小,盘边就要高一些,若物料的粒度细、黏度大,盘边可矮一些。圆盘造球机的边高可按 $H = 0.1 \sim 0.12D$ 来选择(D 为球盘直径)。如果边高过高,由于填充率大,使合格粒度的生球不易排出,继续在圆盘内运动,一方面使合格粒度生球变得过大;另一方面使物料在盘内的运动轨迹受到破坏,生球不能很好的滚动和分级,达不到高生产率。边高过低,生球很快从球盘中排出,不可能获得粒度均匀而强度高的生球。

边高的大小还与圆盘造球机的填充率紧密相关,也就是说边高与生球在造球机内的停留时间密切相关,而影响生球的强度和尺寸。边高愈大,倾角愈小,则填充率就愈大。如果单位时间内的给料量一定,填充率愈大,则成球时间愈长,因此生球的尺寸就变大、强度好、气孔率降低。如果边高愈小、倾角愈大,则填充率小,生球在圆盘造球机内的停留时间短,生球气孔率增加和强度降低。

3.2.4.5 刮刀的位置

在滚动成球时,圆盘造球机的盘面和盘边上,往往会随着有一层造球物料。特别是粒度细、水分高的物料,更易于黏结盘底和盘边,附在造球盘的这一层原料称作底料。由于底料的存在,直接影响着母球的运动和长大速度。生球在底料上不断的滚动,会使底料压密和变得潮湿。因此,底料很容易粘附上其他造球物料,使母球长大速度降低,同时使底料不断地加厚。随着底料的增加,造球盘的负荷也渐增。在底料增加到一定厚度时,往往会发生大块底料的脱落,形成不规则的大块破坏了生球的运动状态,对造球正常作业极为不利。为了使圆盘造球机能正常工作,必须在造球盘上设置刮刀,清理粘结在盘底和盘边上的积料。随着生产的发展,刮刀的作用不仅是解决底料的问题,而是在圆盘造球机上合理地布置刮板,成了提高造球盘的生产率和生球强度的有效措施。圆盘造球机的刮刀有两种:固定刮刀和活动刮刀。

A 固定刮刀

构造简单、容易制作,但磨损快、寿命短。特别是造球机的圆盘为料衬时,磨损加剧,寿命更短。另外固定刮刀常常粘结料块,到一定程度后落下,这些料块,经过滚落,也能形成外观如球的团块,但强度很差,其中心和外部含水基本相同,在焙烧过程中大部分变成粉末,因此应尽量避免这种粘结料块的形成,于是就产生了活动刮刀。在没有实现活动刮刀之前,可以采用辉绿岩、铸铁、陶瓷等耐磨材料,制作固定刮刀,以提高使用寿命。

　　B　活动刮刀

　　按其运动的方式有旋转式、移动式、押运式等。动力由单独的电动机供给,也可以利用圆盘自身带动。旋转式活动刮刀轨迹是由于圆盘和底刮刀器的相对运动形成的。圆盘旋转一周后,刮刀在圆盘上留下的一圈闭合或不闭合的轨迹曲线,称为一匝曲线。当圆盘和底刮刀器以某种转速匹配运转时,刮刀在圆盘面上可能形成的轨迹曲线的匝数,称为轨迹曲线密度。由下式计算:

$$D = \frac{\alpha M}{\Delta \Phi} \times K \tag{3-7}$$

式中　D——一个底刮刀器在圆盘上所可能形成的轨迹曲线密度,匝;

　　　　α——均匀分布的相邻两刮刀夹角,(°);

　　　　$\Delta \Phi$——圆盘旋转一周时,底刮刀器与圆盘转速的角差,(°)/匝;

　　　　M——使$\frac{\alpha}{\Delta \Phi}$成为整数(不为零)的最小自然数,把$^{-1}$;

　　　　K——一个底刮刀器的刮刀数,把。

　　刮刀系圆钢或耐磨材料制成,刮刀的轨迹实际上具有一定有效宽度的带状轨迹,对圆盘起到了覆盖作用。可用覆盖指数来衡量其大小:

$$\xi = \frac{DS}{\pi d} \tag{3-8}$$

式中　ξ——覆盖指数,无量纲;

　　　　D——底刮刀器刮刀轨迹曲线密度,匝;

　　　　S——刮刀轨迹的有效宽度,mm/匝;

　　　　d——底刮刀器直径,mm。

　　根据成球工艺的要求,底刮刀器与圆盘的转速角差$|\Delta \Phi|$以不低于8°及ξ以不低于2.5为宜。

　　活动刮刀不仅能比较干净地清理盘底和盘边,而且不会将物料压成死料层和产生粘结料块,这样能保持圆盘最理想的工作状态,可提高和保证造球机的产、质量。活动刮刀和圆盘的摩擦力远比固定刮刀小得多,所以还可以降低造球机的功率消耗。

3.2.5　操作工艺条件对造球的影响

　　要保证生球的粒度和强度合乎规定要求,并使造球达到最大的生产率,在很大程度上取决于造球的方法和操作条件。

　　造球机的操作工艺条件包括加水加料的方法和圆盘造球机的转速倾角、边高的调整等。但实际上,大多数圆盘造球机的转速、倾角和边高是相对固定的,而在日常的造球操作中,主要是控制加水和加料方法。

3.2.5.1　加水方法

　　一般来说,经过配料和混合后的物料,有下列3种情况。

　　(1)造球前物料的水分等于造球时的最适宜水分,在造球中不再补充加水。在这种情况下,母球的形成是容易的,但是由于水在物料中的迁移速度较慢,所以母球的长大速度也较慢,生球粒度较小,造球机的产量不高。在实际中,造球前是能精确控制物料最适宜的造球水分,而操作时又无需调节(不补充加水)的这样情况往往是不存在的,仅在实验室使用。

(2) 造球前物料的水分大于造球时的适宜水分,在造球过程中或造球前需要添加适量干的物料吸收多余水分。这种情况对于粗矿粉的成球是可行的,但生球强度极差。对于细磨物料造球,物料过湿会失去松散性,容易成大球,甚至不能成球。此外,采用这种方法造球需要备干料,这会使生产工艺复杂,费用增加。

(3) 造球前物料水分不足,在造球过程中补加不足部分的水,这已成为目前用得最广泛的一种方法。这种方法能加速母球的形成和长大,可以控制生球的水分和调节生球粒度,同时能通过改变给水方法,强化造球过程。

实践证明,物料在加入造球机之前,最好把水分控制在略低于适宜的生球水分,造球物料的水分应比适宜的生球水分低 0~0.5%。然后在造球过程中加入少量的补充水,补充水既能容易形成适当数量的母球,又能使母球迅速长大和压密。为了满足这个要求,一般应该采用"滴水成球、雾水长大、无水紧密"的操作方法。也就是说,大部分的补充水应以成滴状加在"母球区"的料流上,这时在大滴的周围,由于毛细力和机械力的作用,散料能很快形成母球;另外一部分少量的补充则以喷雾状加在"长球区"的母球表面上,促使母球迅速长大。在"紧密区"长大了的生球在滚动和搓压的过程中,毛细水从内部被挤出,会使生球表面显得过湿,此时应禁止加水,以防生球强度降低和产生球粘连现象,而在"排球区"则应严禁加水。

在造球物料水分基本接近生球适宜水分的情况下,物料在机械力的作用下,即能形成母球,因此一般只需要加入雾状水。

就给水点而言,在母球形成区,给水位置应在给料的位置的下方;在母球长大区,则相反,给水位置应在给料位置的上方。

3.2.5.2 加料位置和方法

关于加料位置,目前国内外尚无统一规定,但必须符合"既易形成母球,又能使母球迅速长大和紧密"的原则。为此必须把物料分别加在"母球区"和"长球区",而禁止在"紧密区"下料。这样在造球机转运过程中,有一部分未参加造球的散料会被带到"紧密区"吸收生球表面多余的水分。

从生产实践中可以看到,形成母球所需要的物料较母球长大要少,所以必须使大部分的物料下到"长球区",而在"母球区"只能下一小部分物料。从最大限度的利用圆盘造球机面积来看,最好的加料方法,从圆盘两边同时加入或以面布料方式加入。这样可以将大部分物料大面积地散布在母球上,促使母球迅速长大,而少部分的物料形成母球。我国某球团厂 $\phi 5.5\ m$ 圆盘造球机,采用轮式混合机给料,使物料能松散地以面布料方式布在造球机上,效果良好,生球强度好、产量高,造球机的利用系数达 $2.2t/(m^2 \cdot h)$。

此外,根据生球粒度要求不同,加水和加料的相对位置亦有所不同。

3.2.5.3 生球的尺寸

生球的尺寸(即粒度),在很大程度上决定了造球机的生产率和生球的强度。生球的尺寸小,造球机的生产率就高。要生产尺寸较大的生球,需要较长的造球时间,因此使造球机的生产率就降低。

从生球强度来看,落下强度尺寸大的生球比尺寸小的生球差,因为不同粒度的生球,各颗粒间的结合力大致是相同的,而生球的尺寸愈大,重量也愈大,因此落下强度也就差些。而抗压强度恰恰相反,生球尺寸愈大,体积也就愈大,所能承受的压力也愈大,抗压强度愈高。生球的抗压强度与其直径的平方成正比。

目前在生产中,9~16 mm 的球团供高炉使用,大于 25 mm 的球团则供平炉或电炉使用。

3.2.5.4　造球时间

滚动成球所需要的时间,视生球的粒度、物料成球性和颗粒的粗细而定。生球粒度要求大,则造球时间长;物料成球性差,造球的时间要求也长。较细颗粒的物料,要达到生球内颗粒排列紧密,必须延长造球时间。

从试验可知,生球的抗压强度随造球时间的延长而提高,对于粒度愈细的物料,延长造球时间的效果愈显著。落下强度同样也是随造球时间的延长而提高,在造球时间短的情况下(造球时间在 8 min 内),物料粒度对落下强度影响不大,可能是物料粒度愈细,填充不均一性也愈显著所致。为了进一步说明充填性对生球落下强度的影响,将不同比表面积的原料制成生球,其孔隙率与比表面积的关系随造球时间的不同而有所不同。开始不论造球时间的长短,生球孔隙率随比表面积增加而降低,当比表面积进一步增加时,孔隙率反而增大,且造球时间愈短,这种变化愈显著,说明物料粒度很细时,生球强度对造球时间的依赖性较大。延长造球时间对提高生球强度有好处,但会降低产量。

3.2.5.5　物料的温度

造球通常在室温下进行。提高原料的温度,会使水的黏度降低,流动性变好,可以加速母球的长大。在另一方面,随着温度的升高,水的表面张力降低,使生球的结构脆弱化,机械强度降低。不过由于温度上升时,水的黏度降低会比表面张力减小大得多,所以总的来说,预热物料对造球是有利的,但物料温度最好不要超过 50℃,其缺点是水分蒸发,使劳动条件恶化,必须从造球机将潮湿的热空气抽走。

3.3　润磨机

润磨机是润式混捏球磨机的简称,它以润态方式研磨和处理半干、半湿物料。润磨机作为混合再磨设备,国外最早出现于 20 世纪的 70 年代,国内则于 90 年代由当时的洛阳矿山机械工程设计研究院和济南钢铁集团公司联合研制开发,并成功在济南钢铁集团公司球团厂投入应用,取得良好效果,其各项性能指标达到或超过了国外设备水平。

3.3.1　润磨机的特点

目前我国用于球团原料的润磨机有以下技术特点:(1)具有适合润磨的简体长径比、简体转速、主电机功率等,参数优化配置,具有较高效率。(2)适用于半干式磨矿,可用于处理含有一定水分的粉状物料;用计算机 I-DEAS 软件进行有限元强度计算,保证结构的强度和刚度。(3)适合润磨工艺条件下研磨介质的规格类型、级配尺寸、装载量,保证润磨效果。(4)采用线接触动静压主轴承,运行可靠,备有高低压润滑站。(5)采用专用橡胶衬板,具有适宜的硬度和弹性,克服了普通衬板所带来的简体内部粘料结壳问题;噪声低、安装方便,寿命长。(6)自备螺旋给料器强制给料,防堵塞,适合含水物料,给料均匀;螺旋外缘镶嵌 YG5

硬质合金片,提高工作寿命。(7)开式大小齿轮备有自动喷射润滑装置,其新开发的电控系统的核心与常规不同,采用西门子简易型可编程序控制器,简单可靠、成本低。(8)具有封闭的排料罩,抽气防尘不污染环境,内衬薄高分子聚乙烯衬板,防积料、耐磨损。(9)完备的低压电控系统,采用 PLC 控制,具有各种温度、压力、流量、液位故障报警及联锁功能。

3.3.2 润磨机主要参数

3.3.2.1 润磨机的生产能力计算

A 润磨机所需的筒体容积

$$V_1 = Q/q \qquad (3-9)$$

式中　V_1——润磨机所需的筒体容积,m^3;

$\quad$ Q——润磨机的生产能力,kg/h;

$\quad$ q——润磨机的单位容积生产能力,$kg/(h \cdot m^3)$。

B 钢球装入量

根据国内外润磨机的生产实践,装球量按磨机有效容积的 25% 计算,则装入的钢球量为:

$$G_{钢球} = V_1 \gamma_{钢球} \times 25\% \qquad (3-10)$$

式中　$G_{钢球}$——装入简体的钢球质量,t;

$\quad$ V_1——润磨机简体的有效容积,m^3;

$\quad$ $\gamma_{钢球}$——钢球的密度,$7.85t/m^3$。

3.3.2.2 润磨机排料口参数的选择

A 排料口尺寸的确定

原则考虑直径小于 30 mm 的钢球能自动排出,取排料口宽度 $b = 30$ mm;考虑不应过多削弱简体刚度,取排料口长度 $L_{排} = 150$ mm。

B 排料口数量及组数的确定

(1)简体有效表面积

$$F = \pi DL \qquad (3-11)$$

式中　F——简体的有效表面积,m^2;

$\quad$ D——简体的直径,m;

$\quad$ L——简体的长度,m。

(2)排料口的表面积

$$f = kF \qquad (3-12)$$

式中　f——排料口的表面积,m^2;

$\quad$ F——简体的有效表面积,m^2;

$\quad$ k——开口率,排料口表面积与简体表面积之比,一般取开口率为 1% ~ 2.6%。

(3)单个排料口的表面积

$$f_1 = b \times L_{排} \qquad (3-13)$$

式中　f_1——单个排料口的表面积,m^2;

$\quad$ b——排料口的宽度,m;

$\quad$ $L_{排}$——排料口的长度,m。

(4)所需排料口个数

$$n = f/f_1 \tag{3-14}$$

式中　n——排料口数；

　　　　f——排料口的表面积，m^2；

　　　　f_1——单个排料口的表面积，m^2。

（5）排料口的组数

取每三个排料口为一组，则：

$$m = n/3 \tag{3-15}$$

式中　m——排料口组数；

　　　　n——排料口个数。

（6）排料口的排列间距

6 组排料口沿圆周等分布置，每间隔 60°一组，每组 3 个排料口均匀布置，其间距为 60 mm。

C　润磨机的转速计算

根据国内外润磨机的生产实践，其线速度，m/s：

$$v_1 = 2.193 \sim 2.864$$

3.3.3　润磨机工作原理

润磨机工作原理是：润磨机不断旋转，将筒体内的介质带到一定高度，润磨介质由于自重落下，对物料产生冲击，同时由于介质在筒体内沿筒体径向的公转和本身的自转，物料在介质和筒体之间，介质和介质之间受到打、压、挤、撞、捣和磨剥力，从而被研磨，同时还受到强有力的混捏作用。铁精矿通过细磨，提高了细度，-200 目粒级含量可提高 8% ~12%，改变了表面形状，表面活性能增加，因而成球性能好，球团强度提高。润磨机的工作原理如图 3-8 所示。

3.3.4　润磨机的应用效果实例

济南钢铁集团公司球团厂原生产中因缺乏有效的混合措施，配料后的混合料不能得到充分混匀，影响球团性能。为了保证造球质量，生产中采用增大膨润土用量予以弥补，造成膨润土单耗居高不下，制约了各项生产指标的提高，同时也直接影响炼铁生产的节能降耗。为此，该厂 1999 年 10 月投入运行两台 3.2 m×5.3 m 润磨机，多年生产实践表明，由于采用润磨机对混合料进行混匀研磨，出料粒度中 -0.074 mm 含量提

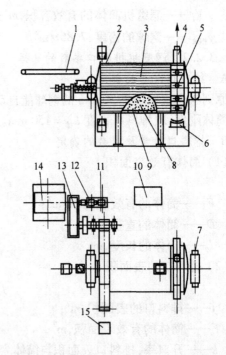

图 3-8　3.2 m×5.3 m 润磨机工作原理图

1—皮带机；2—螺旋给料机；3—筒体；4—烟囱；5—排料口；
6—皮带机；7—主轴承；8—磁铁精矿＋钢球；9—橡胶
衬板；10—高低压润滑站；11—大齿轮；
12—慢速驱动装置；13—主减速机；
14—主电机；15—喷射润滑装置

高了8%,黏结剂配比由润磨前的4.1%降低到2.8%,混合料的成球性能和生球强度也得到显著提高,竖炉烟气含尘量降低,生产环境得到改善。另外,由于采用润磨,可在物料中适当配加污泥、氧化铁皮等。润磨机的运行情况见表3-8,实施润磨技术前后成品球质量指标对比见表3-9,原料消耗情况见表3-10,增设润磨机后的效益情况见表3-11。

表3-8 润磨机运行主要参数表

项 目	产量/t·h^{-1}	主电机电流/A	主轴承温度/℃	主轴承高压润滑油压/MPa	主轴承低压润滑油压/MPa	中高轴在高压下浮起量/mm
1号润磨机	54.93	45.0	25.6	17.0	0.18	0.15
2号润磨机	54.94	42.0	26.4	16.0	0.15	0.17
设计指标	50.00	<76.3	<55.0	<31.5	<0.60	>0.10

表3-9 成品球的化学成分及物理指标

润磨前后	TFe/%	FeO/%	S/%	SiO$_2$/%	CaO/%	R/倍	抗压/N·个$^{-1}$	转鼓/%	筛分/%	脱硫效率/%
润磨前	63.21	0.59	0.009	6.24	0.90	0.14	3196	93.16	2.81	76.92
润磨后	63.82	0.54	0.006	5.69	0.86	0.15	3439	91.51	2.20	91.00

表3-10 原料单耗 (t·t^{-1})

润磨前后	铁 精 矿	膨 润 土
润磨前	1.032	0.041
润磨后	1.007	0.028

表3-11 增设润磨后的效益

润磨前后	单位成本/元·t^{-1}	加工费/元·t^{-1}	全员实物劳动生产率/t·(人·a)$^{-1}$	竖炉平均日产/t	竖炉利用系数/t·(m^3·h)$^{-1}$
润磨前	357.98	45.12	200.75	2154	5.267
润磨后	347.55	48.95	212.48	2447	5.845

济钢球团厂率先在国内球团生产中采用润磨技术,获得了较好的经济效益。尽管润磨机的应用,在我国目前尚处于摸索和适应阶段,但从实际运行分析可看出,润磨机在提高产量、降低磨细粒度、节能、提高产品质量等方面具有较大潜力。我国现有球团生产中,普遍存在生球质量差、运行成本高等诸多问题,其中有相当数量可通过润磨技术得到改善。相信随着润磨设备的不断完善,润磨工艺在国内球团生产中将会得到更好地推广应用。

思 考 题

1. 膨润土在造球过程中的作用?
2. 造球时间对生球强度有何影响?
3. 圆筒造球机的构造及成球原理?
4. 圆盘造球机的构造及成球原理?
5. 简述伞齿轮及内齿轮圈传动的圆盘造球机构造及工作原理。
6. 圆筒造球机和圆盘造球机比较有什么优缺点?

4 球团的焙烧固结

4.1 生球干燥过程

生球干燥是在预热、焙烧阶段之前进行的一道中间作业。其目的是为了使经干燥的球团能够安全承受预热阶段的温度应力。通常情况下,添加有亲水性黏结剂(如消石灰或膨润土)的生球,含有较多水分。这些水分一方面可导致生球塑性变形,另一方面由于受生球"破裂温度"(一般 400 ~ 450℃)的影响,而使其在预热阶段(预热温度高于 900℃)产生裂纹或"爆裂"。因此,在球团进入预热和焙烧阶段之前必须进行干燥,以满足下步工序的要求。

所谓破裂温度,即球团结构遭到破坏的温度。球团受这种破坏可分为两种类型:

(1)干燥初期的低温表面裂纹;

(2)干燥末期的高温爆裂。

干燥过程中,出现部分球团爆裂,会使球层透气性变坏,给预热、焙烧带来困难,最终导致设备生产率下降,成品球团矿质量不均,废品率上升等;球团表面所产生的裂纹亦会使焙烧后的球团矿强度降低。因此,必须建立适宜的干燥制度,以获得优质球团。

4.1.1 生球干燥机理

物料与一定温度和湿度的气体介质相接触时,将排除水分或吸收水分,达到一定数值时,即与介质的湿度相同,若此时气体介质的温度和湿度保持不变,则该物料的水分亦保持不变,此时的湿度即称为平衡湿度。当生球的水分超过平衡湿度,与干燥介质(热气体)接触时,因生球表面的水蒸气压大于干燥介质中的水蒸气分压,水分便从球的表面蒸发,水蒸气通过生球表面的边界层,转移到干燥介质主体。由于球表面的水分汽化而形成球团内部与表面间的湿度差,于是球内部的水分借扩散作用向其表面迁移,又在表面气化,干燥介质连续不断地将水蒸气带走,使生球达到干燥的目的。

因此,干燥过程是由表面汽化和内部扩散两个过程组成的。这两个过程虽同时进行,但速度往往不尽一致,机理也不尽相同,而且原料性质和生球的物理结构不同,干燥过程亦有差别。有些物料的水分表面汽化速度大于内部扩散速度,有些物料则正好相反。就同一物料而言,在不同的干燥阶段,也有所变化,在某一时期,内部扩散速度大于表面汽化速度,而另一时期,则内部扩散速度小于表面汽化速度。显然,速度较慢的控制着干燥过程。前一种情况称为表面汽化控制,后一种情况为内部扩散控制。

4.1.1.1 表面汽化控制

所谓表面汽化控制,是指干燥中在物体表面水分蒸发的同时,内部的水分能迅速地扩散到表面,使表面保持潮湿。因此,水分的除去,决定于物体表面上水分的汽化速度。在这种情况下,蒸发表面水分所需要的热能,须由干燥介质透过物体表面上的气体边界层而达到物体表面,被蒸发的水分亦将透过此边界层扩散而达到干燥介质的主体,只要物体的表面保持足够的潮湿,物体表面的温度就可取为热气体的湿球温度。因此,干燥介质与物体表面间的温度差为一定值,其蒸发速度可按一般水面气化计算。故此类干燥作用的进行,完全由干燥介质的状态决定,与物料的性质无关。

4.1.1.2　内部扩散控制

内部扩散控制是指干燥时,物体内部扩散速度较表面汽化速度小。当表面水分蒸发后,因受扩散速度的限制,水分不能及时扩散到表面。因此,表面出现干壳,蒸发面向内部移动,干燥的进行较表面汽化控制时更为复杂,欲改进干燥的状况,须改进影响内部扩散的因素。此时,干燥介质已不是干燥过程的决定因素。当生球的干燥过程为内部扩散控制时,必须设法增加内部的扩散速度,或降低表面的汽化速度。否则,将导致生球表面干燥而内部潮湿,最终使表面干燥收缩并产生裂纹。

4.1.1.3　干燥速度

生球干燥时,当外层水的蒸汽压大于气相中水汽分压时,外层水分不断地蒸发到干燥介质中,造成了生球内外湿度差。因此球团内部水分不断向外扩散,使整个生球温度不断降低,以致水分最后去除为止。由此可见,加热气流愈干燥(即蒸汽分压愈小),温度愈高,气流速度愈大,则干燥的速度愈快。

生球在干燥过程中,随着水分的蒸发将发生体积收缩,其收缩程度对干燥速度和干燥后生球质量都有影响。如果收缩不超过一定限度(尚未引起开裂),就会形成圆锥形毛细管,使水分由中心加速迁移到表面,从而加快干燥速度。此外,这种收缩能使物料变得更紧密,提高球团强度。但当生球发生不均匀收缩时,表层水分去除的多,收缩量大于平均收缩量,而中心收缩量小于平均收缩量,至表层的拉应力超过其极限抗压强度时,则产生裂纹。其破坏形式一般有两种:干燥初期的低温表面裂纹和干燥末期的高温爆裂。因此,干燥速度越快,越容易产生不均匀收缩,引起生球的破裂,这是提高干燥速度的一个障碍。而合理的干燥制度必须是在保证生球不发生破裂和不降低强度的条件下,具有最大的干燥速度。

4.1.2　干燥过程生球强度的变化

随干燥过程的进行,生球将发生体积收缩,其收缩特性与物料性质有关。一些物料的收缩发生在等速干燥阶段,另一些物料则发生在降速阶段。物料收缩的特性还与干燥制度有关。在干燥过程中,球团的里表产生一定的湿度差,从而引起球团的不均匀收缩,表面湿度小的收缩大,中心湿度大的收缩小。

干燥过程生球的收缩,对干燥速度和生球质量具有双重影响。若收缩不超过一定限度(尚未引起开裂),则产生圆锥形毛细管,可加速水分由中心移向表面,从而加速干燥。同时这种收缩还能使生球中的粒子紧密,增加强度。但另一方面,不均匀收缩会产生应力,表面收缩大于平均收缩,表面受拉,在受拉45°方向受剪,中心收缩小于平均收缩而受压,如果生球表层所受的拉应力或剪应力超过生球表层的极限抗拉、抗剪强度、生球便开裂,质量下降。

生球主要靠毛细力的作用,使粒子彼此粘在一起而具有一定的强度。随着干燥过程的进行,毛细水减少,毛细管收缩,毛细力增加,粒子间黏结力加强。因此,球的强度逐渐提高。当大部分毛细水排除后,在颗粒触点处剩下单独彼此衔接的水环,即触点毛细水,此时的黏结力最大,球团出现最大强度(见图4-1)。水分进一步减少时,毛细水消失,因而失去了毛细黏结合。球的强度下降。在失去弱结合力的瞬间,颗粒靠拢,由于分子力的作用,增加了颗粒间的黏结力,球的强度又提高。

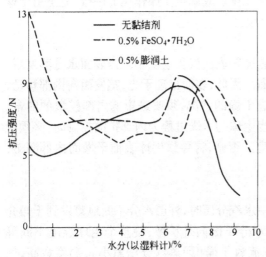

图 4-1　天然磁铁矿生球干燥过程水分的变化
与抗压强度的关系

生球干燥后的强度随构成生球的物质组成和粒度的不同而有所不同,对于含有胶体颗粒的细磨精矿所制成的球,由于胶体颗粒分散度大,填充在细粒之间,形成直径小而分布均匀的毛细管。所以水分干燥后,球体积收缩,颗粒间接触紧密,内摩擦力增加,使球团结构坚固。而未加任何黏结剂的球团,尤其是粒度较粗的物料,则干燥后由于失去毛细黏结力,球的强度几乎完全丧失。

4.1.3　影响生球干燥的因素

生球干燥必须以不发生破裂为前提。其干燥速度和干燥所需的时间,取决于下列因素:即干燥介质的温度与流速、生球的物质组成与初始湿度、生球尺寸和球层的高度等。

4.1.3.1　干燥介质的温度

为了加速生球的干燥,总是希望在较高的温度介质中进行,但介质最高温度却受到生球破裂温度的限制。破裂温度除取决于生球的物质组成外,还因干燥状态的不同而发生改变。一般说来,生球在流动的干燥介质中的破裂温度总比在不动的干燥介质中低。因为,在流动介质中,生球表面的蒸汽压力与介质中水蒸气分压之差,较不动介质干燥时大,从而加速了水分的蒸发,致使生球表层汽化速度与内部水分扩散的速度相差更大,造成在较低温度下生球的破裂。例如:鞍钢精矿生球在不动的热介质中,破裂温度为 425 ~ 450℃,而在干燥介质流速为 0.07 ~ 0.35 m/s 时,破裂温度降为 400 ~ 425℃。

干燥介质温度愈高,干燥时间则愈短,如图 4-2 所示。因为在生球干燥时,热量只能来自干燥介质,所以单位时间内蒸发的水分与传给的热量成正比。即

$$\frac{\mathrm{d}Q}{\mathrm{d}\tau} = rQ\frac{\mathrm{d}U}{\mathrm{d}\tau}$$

式中　Q——传给生球的热量,kJ;
　　　τ——干燥时间,s;
　　　U——干燥速度,m/s。

干燥介质温度愈高,介质的饱和绝对湿度 r_H 就愈大,当介质中的绝对湿度 r_H 一定时,随温度的升高相对湿度降低。

干燥介质温度愈高,介质的饱和绝对湿度 r_H 就愈

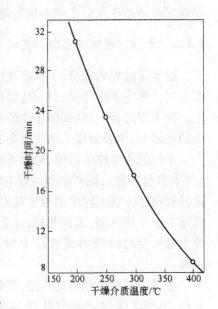

图 4-2　干燥介质温度与时间的关系
($h = 200$ mm, $v_{\text{介}} = 0.5$ m/s)

大,当介质中的绝对湿度 r_n 一定时,随温度的升高相对湿度降低。即

$$\varphi = \frac{r_n}{r_H}$$

式中　　φ——相对湿度;

r_H——在某一温度下单位体积介质中所含蒸汽质量的最大值,称饱和绝对湿度,kg/m³;

r_n——单位体积介质中所含的蒸汽质量,称绝对湿度,kg/m³。

介质中相对湿度愈低,则生球表面的水蒸气就愈易扩散到介质中,特别在不动介质中干燥时,介质相对湿度低,干燥效果显著。

但是,干燥介质的最高温度,应低于干球的破裂温度。对各种不同物料所制成的生球,其破裂温度亦有差别,必须经试验确定。

4.1.3.2　干燥介质的流速

干燥介质的流速大,干燥的时间短,如图 4-3 所示。流速大时,可以保证球面的蒸汽压与介质中水蒸汽分压与介质中水蒸气分压有一定差值,有利于球表面的水分蒸发。通常流速大,可以适当降低干燥温度,否则将导致生球破裂。对于热稳定性差的生球,干燥时往往采用低温、大风量的干燥制度。

介质的湿度低,有利于水分蒸发,但有些导湿性很差的物质,为了避免过早地形成干燥外壳,往往采用含有一定湿度的介质进行干燥,以防止裂纹。

总之,介质的温度高,流速大,湿度小,则干燥速度快。但它们均具有一定限度,若干燥速度过快,则表面汽化亦快,当生球导湿性差时,内部扩散速度较表面汽化速度低,造成生球内部尚含有大量水分时,表面已形成干燥外壳,轻者使球产生裂纹,重者使球爆裂。

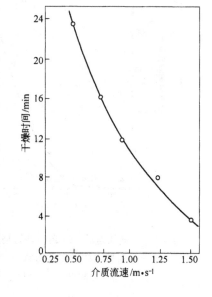

图 4-3　介质流速与干燥时间的关系
（ $h = 200\ mm$, $T_{介} = 250\ ℃$ ）

4.1.3.3　生球的初始湿度与物质组成

生球的最初湿度越大,所需要的干燥时间也越长,对于同一种原料所制成的生球,随着初始湿度的增高,生球的破裂温度降低,即限制了在较高介质湿度和较高流速中干燥的可能性,从而减慢了干燥速度。

生球含水量增大时,破裂温度降低的主要原因是,球内外湿度差大引起不均匀收缩严重,而使球团产生裂纹。干燥产生的裂纹可导致焙烧球团矿的强度降低 67% ~ 80%,如图 4-4所示。

此外,含水量大的生球,当蒸发面移向内部后,由于内部水分的蒸发而形成剧烈的过剩蒸汽压,使生球发生爆裂。

在生球的干燥过程中,表面裂纹的产生往往发生在干燥初期的低温阶段,而爆裂则发生在高温干燥的后期。

4.1.3.4　球层高度及生球尺寸

A　球层高度

生球干燥时,下层生球水气冷凝的程度取决于球层高度,球层愈高,水气冷凝愈严重,从

而降低了下层生球的破裂温度。例如,当球层高度为 100 mm 时,干燥介质流速为0.75 m/s,温度为 350~400℃,生球不开裂。但球层高度为 300 mm,干燥介质流速为 0.75 m/s,而介质温度仅升高至 250℃ 时,生球即开始破裂。由此可证实,采取薄层干燥,可以依靠提高介质的温度和流速来加速干燥过程。

在介质温度为 250℃ 及流速为 0.75 m/s 的条件下,球层高度对干燥时间的影响,如图 4-5 所示。只有在球层高度不大于 200 mm 时,才能保证生球有满意的干燥速度。

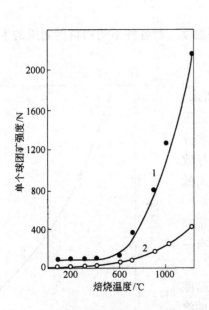

图 4-4   不同质量的干球在各种焙烧温度下
对球团矿强度的影响
1—未裂生球;2—开裂生球

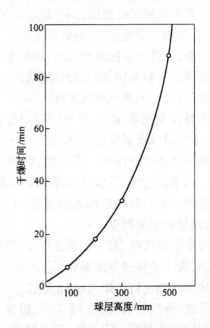

图 4-5   球层高度对于干燥时间的影响

B   生球尺寸

生球尺寸影响干燥速度。尺寸大时由于水分从内部向外扩散的路程远,故对干燥不利。另一方面,由于生球的预热性差,球径越大时,则热导湿性现象越严重,生球干燥速度下降。

4.1.4   提高生球破裂温度的途径

球团矿生产实践表明,生球的干燥约占 1/4 的焙烧机面积,这就大大降低了焙烧设备的生产率。采用通常的提高干燥温度和提高干燥介质流速的方法来强化干燥过程,又受到生球热稳定性的限制。当干燥强度过大时,生球结构的破坏程度是不能靠焙烧恢复的。因此,提高生球的热稳定性,从而强化干燥过程是生产实际中亟待解决的问题。

实践中常采用下列措施以强化干燥过程:

(1)逐步提高干燥介质的温度和气流速度。生球先在低于破裂温度以下进行干燥,随着水分不断减少,生球的破裂温度相应提高。因而,就有可能在干燥过程中逐步提高干燥介质的温度与流速,以加速干燥过程。

(2)采用鼓风和抽风相结合进行干燥。在带式焙烧机或链算机上抽风干燥时,下层球往往由于水气的冷凝产生过湿层,使球破裂,甚至球层塌陷。因此,可采用鼓风和抽风相结合的方法,先鼓风干燥,使下层的球蒸发一部分水分,另外下层的球已经被加热到超过露点,然后再向下抽风,就可以避免水分的冷凝,从而提高球的热稳定性。

（3）薄层干燥。目的是减少蒸汽在球层下部冷凝的程度,使最下层的球在水气冷凝时,球的强度能承受上层球的压力和介质穿过球层的压力,获得良好的干燥效果。

（4）在造球原料中加入添加剂以提高生球的破裂温度。在造球原料中适量加入添加剂如膨润土,可使爆裂温度得到提高,炉内粉末量减少,料柱透气性变好,气流分布均匀,球团的产质量得到较大提高。膨润土能提高生球破裂温度,主要与它的结构特点有关。膨润土的层状结构,能吸附大量的水而膨胀。从热差分析结果可知,蒙脱石在差热曲线中反映出有3个吸热效应和一个放热效应。第一吸热效应在100～130℃之间,呈现一很强的低温吸热谷,属于排出外表的分子结合水和层间水,吸热谷的形式与层间可交换阳离子有关,若可交换阳离子数量,是一价离子多于二价离子,则差热曲线呈单谷,若二价离子超过一价离子则呈复谷（在200～250℃之间附加一小谷）。在550～750℃左右出现第二吸热谷,它标志结构水的排出和晶体结构的破坏,即膨润土物理性能的丧失。在900～1000℃又出现第三个吸热谷,紧接着一个放热峰,第三个吸热谷出现,表示蒙脱石结构完全破坏。放热峰表示为一种新的矿物（如尖晶石）的形成。

添加膨润土的生球干燥行为受膨润土性质的影响。干燥初期,其干燥速度较之其他（如添加消石灰）生球干燥时慢,尤其在低温干燥阶段。这是由于生球表面除含毛细水外,膨润土晶层中还含有大量的分子结合水,其蒸汽压较自由水低,使得表面气化速度降低。当表面水分汽化后,内部水分通过毛细管扩散至表面,一部分又进入表面膨润土的晶层中,成为层间水,由于它与水的特殊亲和力,所以只要晶体结构不破坏,内部毛细水容易沿毛细管扩散到表面的晶层中。因此,干燥外壳形成比较慢,大量毛细水在表面蒸发,不易造成内部过剩的蒸汽压,故使破裂温度提高。

4.2　球团焙烧固结机理

生球的焙烧是球团生产过程中最为复杂的工序,它对球团矿生产起着极为重要的作用。滚动成型所得的生球,相对于造球物料,其颗粒之间的接触程度有所增加。但是,仍需通过焙烧,即通过低于混合物料熔点的温度下进行高温固结,使生球发生收缩而且致密化,从而使生球具有良好的冶金性能（如强度、还原性、膨胀指数和软化特性等）,以此保证高炉冶炼的工艺要求。

4.2.1　球团焙烧过程

球团的焙烧过程通常可分为干燥、预热、焙烧、均热、冷却5个阶段（见图4-6）。在这些阶段中,对于球团有受热而产生的物

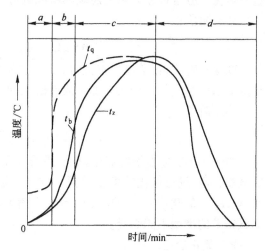

图4-6　球团焙烧过程温度变化图
a—干燥；b—预热；c—焙烧（含均热）；d—冷却；
t_q—气体温度（或炉温）；t_b—球团表面温度；
t_z—球团中心温度

理过程,如水分蒸发、矿物软化及冷却等;也有化学过程,如:水化物、碳酸盐、硫化物和氧化物的分解及氧化和成矿作用等。它们与球团的热物理性质(比热、导热性、导湿性)、加热介质特性(温度、流量、气氛)、热交换强度和控制的升温速度等有关。尽管具体的变化与物料的化学组成和矿物组成有关,但是对不同的物料其许多现象是一致的。如:产生的各组成间的某些同相反应,出现的新物质,生成的各种二元或三元化合物,颗粒之间从 Tamman 温度下就开始粘结,某些组成或生成物的结晶和再结晶,生成熔融物,孔隙率减少,球团密度增加,球团发生收缩和致密化,机械强度提高,氧化度提高,还原性变好等等。这些就组成了球团焙烧的复杂内容。显然,只有对其进行深入的了解和研究,才能正确地把握球团焙烧的基本过程。

4.2.2　球团预热

生球干燥后,在进入焙烧之前,存在一过渡阶段,即预热阶段。预热阶段的温度范围为 300~1000℃。在预热过程,各种不同的反应,如磁铁矿转变为赤铁矿、结晶水蒸发、水合物和碳酸盐的分解及硫化物的煅烧等,是平行进行或者是依次连续进行的。这类反应对成品球的质量和产量都有重要的影响。因此,在预热阶段内,预热速度应同化合物的分解和氧化协调一致。

就磁铁矿而言,氧化对于球团矿的机械强度和还原性状具有决定性的影响。

4.2.2.1　磁铁矿球团的氧化机理

焙烧磁铁矿球团通常在氧化气氛中进行,并力求使磁铁矿达到最大限度的氧化。

A　氧化阶段及其产物

磁铁矿的氧化从 200℃ 开始,至 1000℃ 左右结束,经过一系列的变化而最后完全氧化成 α-Fe_2O_3。有关氧化反应机理,人们已经做了大量的研究工作,但至今仍未得到透彻的阐明。这一氧化反应过程分为两个连续的阶段进行。

第一阶段:

$$4Fe_3O_4 + O_2 \xrightarrow{>200℃} 6\gamma\text{-}Fe_2O_3 \tag{4-1}$$

在这一阶段,化学过程占优势,不发生晶型转变(Fe_3O_4 和 γ-Fe_2O_3 都属立方晶系),只是由 Fe_3O_4 生成了 γ-Fe_2O_3,即生成有磁性的赤铁矿。但是,γ-Fe_2O_3 不是稳定相。

第二阶段:

$$\gamma\text{-}Fe_2O_3 \xrightarrow{>400℃} \alpha\text{-}Fe_2O_3 \tag{4-2}$$

由于 γ-Fe_2O_3 不是稳定相,在较高的温度下,晶体会重新排列,而且氧离子可能穿过表层直接扩散,进行氧化的第二阶段。这个阶段晶型转变占优势,从立方晶系转变为斜方晶系,γ-Fe_2O_3 氧化成 α-Fe_2O_3,磁性也随之消失。但是此阶段的温度范围和第一阶段的产物,随磁铁矿的类型不同而异。

B　氧化途径

a　Fe_3O_4 球团氧化未反应核收缩模型

磁铁矿(Fe_3O_4)球团的氧化成层状由表面向球中心进行。一般认为,它符合化学反应的吸附—扩散学说。首先是大气中的氧被吸附在磁铁矿颗粒表面,并且从 $Fe^{2+} \rightarrow Fe^{3+} + e^-$ 的反应中得到电子而电离。由于以上反应引起 Fe^{3+} 扩散,使晶格连续重新排列而转变成固溶体。其具体氧化途径可用未反应核收缩模型(图4-7)来表述。

由图4-7可知,大气中的O_2被吸附在磁铁矿球团表面,形成γ-Fe_2O_3薄层。随着焙烧温度的进一步升高,离子活动能力增大,在γ-Fe_2O_3层的外围形成稳定的α-Fe_2O_3从球团氧化的实质看,当温度进一步升高时,Fe^{2+}向γ-Fe_2O_3层扩散,当扩散至α-Fe_2O_3与O_2的界面处时与吸附的氧作用形成Fe^{3+},Fe^{3+}则向里扩散。与此同时,O^{2-}以不断失去电子成为原子,又不断与电子结合成为O^{2-}的交换方式向内扩散到晶格的结点上,最终使Fe_3O_4全部成为α-Fe_2O_3。

简言之,就途径而言,球团氧化是,α-Fe_2O_3不断由外向内扩散,层层渐进,最终达到全部氧化的过程。就实质而言,球团氧化是Fe^{2+}向外扩散,Fe^{3+}向内扩散以及O^{2-}向里扩散的一个内部晶格重新排列,最后成为固溶体的连续过程。

b 氧化速度

人造磁铁矿具有不完整的晶格结构,固溶体形成迅速。因此,在低温下就能产生γ-Fe_2O_3,它的反应能力比天然磁铁矿强得多。人造磁铁矿在温度400℃时的氧化度,接近天然磁铁矿在1000℃时的氧化度,如图4-8所示。

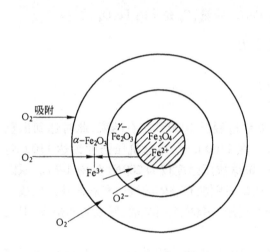

图4-7 Fe_3O_4球团氧化未反应核收缩模型

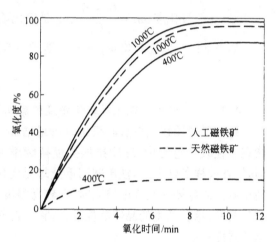

图4-8 氧化气氛下焙烧天然磁铁矿和
人造磁铁矿的氧化反应

天然磁铁矿形成Fe^{3+}扩散相对较慢,氧化过程只在表面进行,能同时形成固溶体和α-Fe_2O_3而在颗粒内部只能形成固溶体。在天然磁铁矿氧化的温度下,α-Fe_2O_3是赤铁矿的稳定形式,且由于发生氧化,颗粒内部固溶体也被转换,生成α-Fe_2O_3。

Fe_3O_4的晶格常数为0.838 mm,γ-Fe_2O_3的晶格常数为0.832 mm两者相差甚微,因此,$Fe_3O_4 \rightarrow \gamma$-$Fe_2O_3$的转变仅仅是进一步除去$Fe^{2+}$,形成更多的空位和$Fe^{3+}$。$\gamma$-$Fe_2O_3$或$Fe_3O_4$,与$Fe_2O_3$(晶格常数0.542 mm)的晶格常数差别却很大,晶格重新排列时,Fe^{2+}及Fe^{3+}有较大的移动,从γ-Fe_2O_3或Fe_3O_4转变到α-Fe_2O_3时,晶型改变,体积发生收缩。因此,低温时只能生成γ-Fe_2O_3。

无论在什么情况下,对氧化起主要作用的不是气体氧向内扩散,而是铁离子和氧离子在固相层内的扩散,这些质点在氧化物晶格内的扩散速度与其质点的大小和晶格的结构有关。

O_2 的半径(0.14 mm)比 Fe^{2+}(0.074 mm)或 Fe^{3+}(0.060 mm)的半径大。后两者扩散比前者大。O^{2-} 是以不断失去电子成为原子(氧原子的半径约 0.06 mm),又不断与电子结合成 O^{2-} 的交换方式扩散的,但仅在失去电子变为原子状态下的瞬间,才能在晶格的结点间移动一段距离,所以 O^{2-} 比铁离子的扩散慢得多。

在低温下,磁铁矿表面形成很薄的 $\gamma\text{-}Fe_2O_3$,随着温度升高,离子的移动能力增加,此 $\gamma\text{-}Fe_2O_3$ 层的外面转变为稳定的 $\alpha\text{-}Fe_2O_3$ 温度继续提高,Fe^{2+} 扩散到 $\gamma\text{-}Fe_2O_3$ 和 Fe_3O_4 界面上,充填到 $\gamma\text{-}Fe_2O_3$ 空位中,使之转变为 Fe_3O_4,Fe^{2+} 扩散到 $\gamma\text{-}Fe_2O_3$ 和 O_2 界面,与吸附的氧作用形成 Fe^{3+},Fe^{2+} 向内扩散,同时,O^{2-} 向内扩散到晶格的结点上,最后全部成为 $\alpha\text{-}Fe_2O_3$。

关于等温条件下,非熔剂性球团氧化所需要的时间,可用以下扩散方程表示:

$$\tau = \frac{r_0^2}{6K}\left[3 - 2\omega\tau - 3(1 - \omega\tau)^{\frac{2}{3}}\right] \tag{4-3}$$

式中　　τ——氧化时间,s;

　　　　r_0——球团半径,cm;

　　　　K——氧化速度系数,cm^2/s;

　　　　$\omega\tau$——氧化度,$\omega\tau = \dfrac{G_0 - G_\tau}{G_0}$,$G_0$ 是氧化前 Fe_3O_4 质量,G_τ 是 τ 时 Fe_3O_4 质量。

如果 Fe_3O_4 完全氧化时,$\omega\tau = 1$,则式(4-3)变为:

$$\tau = \frac{r_0^2}{6K}$$

4.2.2.2　磁铁矿氧化对球团强度的影响

磁铁矿球团在预热阶段氧化时重量增加,氧化过程于 1000℃ 左右结束,此时达到恒重状态。在氧化过程中,球团抗压强度持续增大。在 1100℃ 时,单球抗压强度约达 1100 N。但是,在同样条件下,赤铁矿球团重量却无变化,单球抗压强度仅为 200N(见图4-9)。原因在于磁铁矿球团在空气中焙烧时,在较低温度下,矿石颗粒和晶体的棱边和表面就已生成赤铁矿初晶,这些新生的晶体活性较大,它们在相互接触的颗粒之间扩散,形成初期桥键,促进球团强度提高。

磁铁矿球团氧化是从球表面开始的,最初表面氧化生成赤铁矿晶粒,而后形成双层结构,基本上是一个赤铁矿的外壳和磁铁矿核,氧穿透球的表层向内扩散,使内部进行氧化。氧化速度是随温度增加而增加的。在氧化时间相同的情况下,随温度升高,氧化度增加,如图4-10所示。但是,为了保持球壳内有适当的透气性,必须严格控制加温速度。若加温速度过快,在球团未完全氧化之前就发生再结晶,球壳变得致密,使核心氧化速度下降。并且温度高于 900℃ 时,磁铁矿发生再结晶或形成液相,导致氧化速度进一步下降。为此,必须有使球团完全氧化的最佳温度和加温速度。

对采用微细粒磁铁矿所制成的球,加温速度过快时,外壳收缩严重,使孔隙封闭。一方面妨碍内层氧化,另一方面由于收缩应力的积累引起球表面形成小裂纹,这种小裂纹在以后的焙烧过程中很难消除。

在焙烧的球团中,有时出现同心裂纹,它是导致球团强度下降的一个主要原因。同心裂纹产生在氧化的外壳和未氧化的磁铁矿之间。氧化发生在已氧化的外壳和未氧化的磁铁矿之间,并沿着同心圆向核心推进,当温度过高时,外壳致密,氧难以扩散进去,内部磁铁矿再结晶,渣相熔融收缩离开外壳,使两种不同的物质间形成同心裂纹。

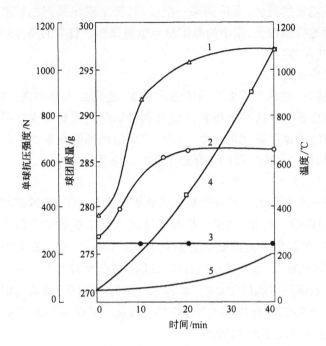

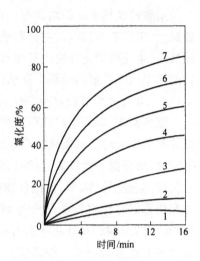

图 4-9 氧化温度和时间对干球质量和强度的影响
1—气流温度;2—磁铁矿球团质量;3—赤铁矿球团质量;
4—磁铁矿球团强度;5—赤铁矿球团强度

图 4-10 非熔剂性球团氧化特性
1—300℃;2—400℃;3—500℃;4—600℃;
5—700℃;6—800℃;7—900℃

磁铁矿氧化属放热反应,并按下式进行:

$$2Fe_3O_4 + \frac{1}{2}O_2 \Longrightarrow 3Fe_2O_3 - Q_{放}$$ (4-4)

$Q_{放}$ 值约为 260 kJ/mol。这一补充热源应当在预热和焙烧过程中加以考虑和利用。由于产生氧化热,使球核的温度高于表面,如果氧化速度过快,将使球核过烧,甚至熔化。

4.2.3 球团焙烧的固结机理

4.2.3.1 固相固结

A 固相固结的实质

固相固结是球团内的矿粒在低于其熔点的温度下的互相粘结,并使颗粒之间连接强度增大。在生球内颗粒之间的接触点上很难达到引力作用范围。但是,在高温下,晶格内的质点(离子、原子)在获得一定能量时,可以克服晶格中质点的引力,而在晶格内部进行扩散。一旦温度高到质点的扩散不仅限于晶格内,而且可以扩散到晶格的表面,并进而扩散到与之相邻的晶格内时,颗粒之间便产生粘结。

B 固态下固结反应的原动力

固态下固结反应的原动力是系统自由能的降低。依据热力学平衡的趋向,具有较大界面能的微细颗粒落在较粗的颗粒上,同时表面能减少。在有充足的反应时间、足够的温度以及界面能继续减小的条件下,这些颗粒便聚结,进一步成为晶粒的聚集体。生球中的精矿具有极高的分散性,这种高度分散的晶体粉末具有严重的缺陷,并有极大的表面自由能,因而处于不稳定状态,具有很强的降低其能量的趋势,当达到某一温度后,便呈现出强烈的扩散位移作用,其结果是使结晶缺陷逐渐地得到校正,微小的晶体粉末也将聚集成较大的晶体颗粒,从而变成活性较低的、较为稳定的晶体。

4.2.3.2 球团固结时的物理化学变化

造球的铁精矿一般均含有一定脉石,有时为了生产或冶炼的需要,还要加入添加剂,如膨润土、消石灰、石灰石、白云石或橄榄石等。这些物质在焙烧时和铁氧化物或脉石发生固相反应,生成新的化合物。其熔点较之单体矿物的熔点低。而固相反应的原因则是由于矿物晶体中质点扩散的结果。在球团焙烧中可能出现的化合物主要有以下几种体系:

A 硅酸盐体系($FeO - SiO_2$)

铁精矿中,二氧化硅的存在总是不可避免的。在普通氧化焙烧固结的条件下,赤铁矿和磁铁矿都不会与二氧化硅反应生成硅酸盐。但是,如果焙烧温度达到1000℃磁铁矿尚氧化不完全,或高温下赤铁矿分解时,就有可能出现硅酸盐体系的化合物。FeO 和 SiO_2 发生固相反应的温度是990℃,该化合物的熔点较低,铁橄榄石($2FeO \cdot SiO_2$)熔点为1205℃。并且铁橄榄石很容易和 FeO 及 SiO_2 再生成熔点更低的化合物,如 $2FeO \cdot SiO_2 - Fe_3O_4$,该共熔混合物熔点为1142℃,$2FeO \cdot SiO_2 - FeO$ 共熔混合物熔点为1177℃,$2FeO \cdot SiO_2 - SiO_2$ 共熔混合物熔点为1178℃。铁橄榄石的强度和还原性均较差。

B 铁酸钙体系($CaO - Fe_2O_3$)

在铁精矿中添加石灰石或消石灰所制成的球,焙烧时将出现铁酸钙体系化合物,尤其是在 SiO_2 较少的情况下。铁酸钙体系的化合物有 $CaO \cdot Fe_2O_3$、$2CaO \cdot Fe_2O_3$ 和 $CaO \cdot 2Fe_2O_3$,它们的熔化温度分别为1449℃、1216℃和1226℃,且 $CaO \cdot Fe_2O_3$ 和 $CaO \cdot 2Fe_2O_3$ 形成的低共熔点为1205℃。

这种固相反应,从500~600℃开始,最初的固相反应产物是 $CaO \cdot Fe_2O_3$,并随温度升高反应速度加快。如果有过剩 CaO,则在1000℃时产生 $2CaO \cdot Fe_2O_3$。焙烧温度较高时,Fe_2O_3 在熔体中溶解,形成 $CaO \cdot 2Fe_2O_3$。温度愈高,$CaO \cdot 2Fe_2O_3$ 愈多。但 $CaO \cdot 2Fe_2O_3$ 在低于1155℃时处于热力学不稳定状态,将分解成铁酸钙和次生赤铁矿。次生赤铁矿析出产生应力使粘结受到破坏,导致球团强度下降。铁酸钙和铁酸二钙是强度高和还原性好的化合物,它在还原过程中有良好的热稳定性。

C 硅酸钙体系($CaO - SiO_2$)

当精矿中含 SiO_2 较多时,生产熔剂性球团,则出现硅酸钙体系化合物。虽然 CaO 与 SiO_2 的亲和力大,但 CaO 和 SiO_2 被氧化铁隔开,故首先形成铁酸钙,当出现 $CaO - Fe_2O_3$ 熔体后,由于表面张力作用,熔体流过孔隙,在熔体与二氧化硅接触时,二氧化硅进入熔体,并形成化学性质稳定的硅酸钙,而使 Fe_2O_3 析出。在球团中石灰和二氧化硅直接接触而生成硅酸钙的可能性较小。

硅酸钙体系化合物熔点较高,不会使球团过融。但是它与铁酸钙体系之间可能形成低熔点化合物,如 $2CaO \cdot SiO_2 - CaO \cdot Fe_2O_3 - CaO \cdot 2Fe_2O_3$ 形成的低共熔点为1192℃。其中 $2CaO \cdot SiO_2$ 的熔化温度虽为2130℃,但它固相反应开始的温度低,而且是最初形成的产物,故对球团矿的强度影响较大。在冷却过程中,由于晶型转变体积膨胀,导致球团强度下降。

D 氧化铁 – CaO – MgO – SiO$_2$ 体系

该体系对添加白云石的熔剂性球团极为重要。在 CaO-MgO-SiO$_2$ 体系中最低熔点为 1300℃。由于 CaO、MgO 和 SiO$_2$ 之间缺乏接触，因此它们不大可能直接发生反应。而首先发生的反应是在 CaO 和 Fe$_2$O$_3$ 之间，以及 MgO 和 Fe$_2$O$_3$ 之间的固相反应。最初出现的液相铁酸钙，根据 CaO-MgO-Fe$_2$O$_3$ 相图，铁酸钙对于 MgO 无可溶性。只要在钙 – 铁硅酸盐形成之后，MgO 才有可能进入渣相。这样，仅仅只能焙烧后期，MgO 才有可能进入硅酸盐渣相。在球团焙烧固结时，MgO 可能进入渣相，也可能进入氧化铁颗粒，或残留下来。MgO 进入渣相或进入氧化铁中都能够提高球团的熔点和改善还原性。

4.2.3.3 液相对固结的作用

在铁精矿球团氧化焙烧过程中，尽管以 Fe$_2$O$_3$ 再结晶固结为主。但仍不可避免地会生成一些低熔点化合物。因此，在球团中或多或少会产生一些液相。液相在球团固结中起如下作用：

（1）由于液相的存在，可加快结晶质点的扩散，使晶体长大的速度比在无任何液相的结晶结构中快。

（2）融体将颗粒包裹，在表面张力的作用下，矿石颗粒互相靠拢，结果使球团体积收缩，孔隙率减少，球团致密化。

（3）液相充填在粒子间，冷却时液相凝固，将相邻粒子粘结起来。

但过早地出现液相会使磁铁矿氧化不完全，导致亚铁溶解。液相固结的球团，其强度由液相本身的强度及液相与颗粒间的粘结强度来决定。液相的数量不宜过多，一般不超过 7%，而且希望均匀分布。液相数量过多时将阻碍氧化铁颗粒直接接触而影响再结晶。另外，过多的液相还会使球变形，互相粘结。

4.2.4 铁矿球团固结的形式

铁矿球团固结的形式可分为磁铁矿、赤铁矿和熔剂性球团矿 3 种类型。

4.2.4.1 磁铁矿球团固结形式

A Fe$_2$O$_3$ 微晶键连接

磁铁矿球团，在氧化气氛中焙烧时，氧化过程在 200～300℃时开始，并随温度升高氧化加速。氧化首先在磁铁矿颗粒表面和裂缝中进行。当温度达 800℃时，颗粒表面基本上已氧化成 Fe$_2$O$_3$。在晶格转变时，新生的赤铁矿晶格中，原子具有很大的活性，不仅能在晶体内发生扩散，并且毗邻的氧化物晶体也发生扩散迁移，在颗粒之间产生连接桥（即连接颈）。这种连接称为微晶键连接，见图 4-11a。所谓微晶键连接，是指赤铁矿晶体保持了原有细小晶粒。颗粒之间产生的微晶键使球团强度比生球和干球有所提高，但仍较弱。

B Fe$_2$O$_3$ 再结晶连接

Fe$_2$O$_3$ 再结晶连接是铁精矿氧化球团固相固结的主要形式。是第一种固结形式的发展。当磁铁矿球团在氧化气氛中焙烧时，氧化过程由球的表面沿同心球面向内推进，氧化预热温度达 1000℃时，约 95% 的磁铁矿氧化成新生的 Fe$_2$O$_3$，并形成微晶键。在最佳焙烧制度下，一方面残存的磁铁矿继续氧化，另一方面赤铁矿晶粒扩散增强，并产生再结晶和聚晶长大，颗粒之间的孔隙变圆，孔隙率下降，球体积收缩，球内各颗粒连接成一个致密的整体，因而使球的强度大大提高。见图 4-11b。

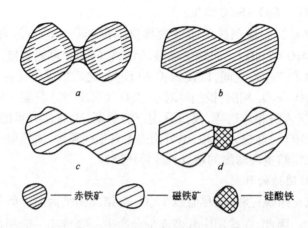

图 4-11　磁铁矿生球焙烧时颗粒间所发生的各种连接形式

C　Fe₃O₄ 再结晶固结

在焙烧磁铁矿球团时,若为中性气氛或氧化不完全,内部磁铁矿在 900℃ 既开始发生再结晶,使球内各颗粒连接,如图 4-11c 所示。但 Fe₃O₄ 再结晶的速度比 Fe₂O₃ 再结晶的速度慢。因而反映出,随温度升高以 Fe₃O₄ 再结晶固结的球团,其强度比 Fe₂O₃ 再结晶固结的低,如图 4-12 所示。实验所用精矿成分(%):Fe 71.34,FeO 23.86,SiO₂ 0.52。

通常生产中采用的磁铁矿精矿,均含有一定量的 SiO₂,在 1000℃ 左右时便产生部分 2FeO·SiO₂ 并出现液相,液相的多少则随球团中 SiO₂ 的含量而定。如果有明显的液相生成,磁铁矿则呈自形晶,此时,球团强度降低。

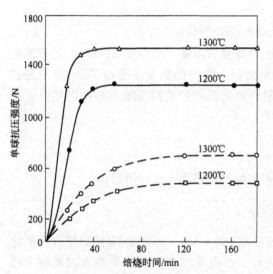

图 4-12　在氮气中焙烧时,焙烧时间与球团强度的关系
——预氧化的铁精矿球团;------未氧化的铁精矿球团

D　渣键连接

磁铁矿生球中含有一定数量 SiO₂ 时,若焙烧在还原气氛或中性气氛中进行,或 Fe₃O₄ 氧化不完全,那么在焙烧温度 1000℃ 时即能形成 2FeO·SiO₂。其反应式如下:

$$2Fe_3O_4 + 3SiO_2 + 2CO = 3Fe_2SiO_4 + 2CO_2 \tag{4-5}$$

$$2FeO + SiO_2 = Fe_2SiO_4 \tag{4-6}$$

2FeO·SiO₂ 熔点低,且极易与 FeO 及 SiO₂ 再生成熔化温度更低的低熔体。因此,在冷却过程中,因液相的凝固,而使球团固结,如图 4-11d 所示。

此外,如果焙烧温度高于 1350℃,即使在氧化气氛中焙烧,Fe₂O₃ 也将发生部分分解,形成 Fe₃O₄,同样会与 SiO₂ 作用产生 2FeO·SiO₂。

2FeO·SiO₂ 在冷却过程中很难结晶,常成玻璃质,性脆,强度低,且高炉冶炼中难以还原,因此渣键连接不是一种良好的固结形式。

4.2.4.2 赤铁矿球团固结形式

目前,赤铁矿粉矿和精矿越来越多地被用于球团生产之中。其主要固结形式有以下几种。

A 较纯赤铁矿精矿球团的高温再结晶固结形式

该类赤铁矿精矿球团的固结机理,有人认为是一种简单的高温再结晶过程。用含 Fe_2O_3 99.70% 的赤铁矿球团进行试验,在氧化气氛中焙烧时发现,赤铁矿颗粒在1300℃时才结晶,且过程进行缓慢,在 1300 ~ 1400℃ 温度范围内,颗粒迅速长大。焙烧 30 min,赤铁矿晶粒尺寸由 20 μm 增至 400 μm。因此,得出较纯的赤铁矿球团的固结机理是一种简单的高温再结晶过程如图4-13所示。

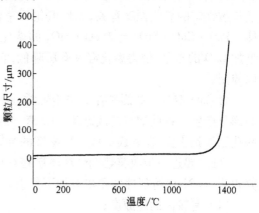

图4-13　焙烧温度对赤铁矿颗粒尺寸的影响

B 较纯赤铁矿精矿球团的双重固结形式

对较纯赤铁矿精矿球团固结形式的另外一种观点是,双重固结形式。这种观点认为,当生球加热至1300℃以上温度时,赤铁矿分解生成磁铁矿,而后铁矿颗粒再结晶长大,称为一次固结。当进入冷却阶段时,磁铁矿则被重新氧化,球团内各颗粒会发生 Fe_2O_3 再结晶和相互连生而受到一次附加固结,即称为二次固结。

C 较高脉石含量的赤铁矿精矿球团的再结晶渣相固结形式

这类赤铁矿精矿球团的固结形式被认为不是简单的高温再结晶过程。一些研究发现,当温度1100℃时,开始出现 Fe_2O_3 再结晶。1200℃时赤铁矿结晶明显得到发展,即产生高温再结晶固结。这种 Fe_2O_3 再结晶一直发展到1260℃以上的高温区。当焙烧温度大于1350℃时,Fe_2O_3 部分又被分解成 Fe_3O_4,Fe_3O_4 与 SiO_2 生成铁橄榄石 $FeO·SiO_2$,并形成渣相固结。

在还原气氛中焙烧赤铁矿生球时,由于赤铁矿颗粒被还原成磁铁矿和FeO,因此900℃以上时,即产生 Fe_3O_4 再结晶而使生球固结,当生球中含一定量的 SiO_2 时,在高于1000℃的温度下将出现 Fe_2SiO_4 的液相产物,使生球得到固结。但是,这种焙烧制度下所得到的球团还原性差且强度低。

实际生产赤铁矿球团时往往在球中加入石灰石等添加物,这种生球在氧化气氛焙烧时,主要是靠形成 $CaO·Fe_2O_3$ 或 $CaO·SiO_2$ 而使生球固结。生成这些化合物的过程在温度达到 1000 ~ 1200℃ 时即已完成。继续加热生球,最初引起铁酸钙的熔化(1216℃),此后是二铁酸钙的熔化(1230℃),最后是硅酸钙的熔化(约1540℃)。液相润湿赤铁矿颗粒,并在球团冷却时将其粘结起来。

4.2.4.3 熔剂性球团固结形式

在造球原料中添加一部分含 CaO 熔剂,其目的在于提高球团矿的强度。焙烧时 CaO 与 Fe_2O_3 反应,生成各种铁酸钙,铁酸钙可显著加快晶体长大,在1300℃以后,晶体长大更加明显,原因是铁酸钙的熔融加速了单个结晶离子的扩散,使晶体长大速度加快。

目前,实际生产中熔剂的添加量在不断增大,其目的不单纯是为了提高球团矿强度,更重要的是为了改善球团矿的冶金性能。熔剂性球团矿在高炉中还原时,还原度高。

但是,含 CaO 的熔剂性球团,在焙烧时往往难以控制,因为生成的铁酸钙化合物熔点低,极易生成液相。随 CaO 含量增加,液相增多。当精矿含 SiO_2 高时,要想生产熔剂性球团矿则必须添加较多的 CaO。对于焙烧磁铁矿球团,液相的数量不仅与 CaO 的添加量有关,还与磁铁矿的氧化程度有关,如果氧化不完全,则有可能形成 $CaO - FeO - SiO_2$ 体系的固溶体。$FeO \cdot CaO \cdot SiO_2$ 与 $2FeO \cdot SiO_2$ 的熔化温度比较接近。在铁橄榄石中,在一定范围内增加 CaO 的含量,使得熔化温度有所降低,它的最低熔化温度为 1117℃,这就使得生产上难以控制。

含 CaO 熔剂性球团矿在高炉冶炼时,虽然还原度高,但其熔化和软化温度低,在球团核心部分产生一种低熔点的液态富 FeO 渣。当这些液态渣把球团矿的孔隙充满后,又通过这些孔隙渗到表面,在表面形成一层密实的金属外壳,阻碍气体向内部渗透。

因此,要进一步改善熔剂性球团矿在高炉中的性能,就必须提高富氏体和渣的熔点。研究表明,含 MgO 熔剂性球团矿有如下优点:

(1) 有较高的还原度;

(2) 有较高的软化和熔融温度;

(3) 能降低高炉焦比。

因此,目前熔剂性球团矿生产中,往往添加含 MgO 的物质,如白云石、蛇纹石和橄榄石等。

MgO 熔剂性球团矿,其矿物组成为赤铁矿(部分磁铁矿)、铁酸钙、铁酸镁和渣相,各相存在的数量随碱度、MgO 含量及焙烧温度而变化。

含 MgO 生球焙烧时,MgO 大多数赋存于铁相中,少量赋存于渣相。因此,形成镁铁矿($MgO \cdot Fe_2O_3$)和尖晶石固溶体$[(Mg,Fe)O \cdot Fe_2O_3]$。在碱度和焙烧温度很高时,MgO 易进入渣相,生成钙镁橄榄石,因而阻碍难还原的铁橄榄石和钙铁橄榄石的形成。同时球团焙烧时软化温度提高。

含 MgO 磁铁矿球团,在氧化焙烧过程中,随着氧化的进行,铁离子的外扩散使空位形成,这些空位一部分被 Mg^{2+} 所占据,稳定了磁铁矿晶格,随着 MgO 含量的增加,磁铁矿相增加。

焙烧时,氧化速度很快,铁离子的扩散亦较快,相反镁离子扩散速度较低,尤其在低温情况下更为明显。在高温条件下,镁与铁离子扩散速度为同一数量级。因此,离子空位是在低温下形成的,当空位达到一定浓度时,才有可能发生晶格转变。此时镁离子向磁铁矿空位扩散,可稳定磁铁矿相,因而氧化过程与镁离子扩散是同时进行相互制约的。进入磁铁矿相的镁离子存有一临界值,超过此值即可稳定磁铁矿相。研究证实,在约 1300℃ 的固结温度下,在晶粒中仅仅需要 5% 的 MgO 就能稳定磁铁矿的结构。

由于 MgO 稳定了磁铁矿相,而磁铁矿相与富氏体具有类似的晶格结构,在这一还原阶段很少有应力产生。另外,在一般球团焙烧条件下,溶于氧化铁中的 MgO 将促进磁铁矿之间粘结,这对于低温粉化的控制是有利的。

4.3　焙烧过程的影响因素

影响球团焙烧过程的因素较多,如焙烧温度、加热速度、高温焙烧时间、气氛特性、孔隙率、燃料燃烧、精矿中含硫量、冷却方法、生球尺寸等,都会对球团焙烧过程产生显著影响。

4.3.1 温度

球团的焙烧制度应保证在焙烧装置最大生产率和最适宜的气(液)体燃料耗量的前提下达到尽可能高的氧化、固结和脱硫。对于高炉生产而言,要求的球团矿应是,无层状结构、断面均一、充分氧化、具有最大还原性的优质产品。

焙烧温度对球团焙烧过程影响较大。若温度偏低则各种物理化学反应进行缓慢,以致难以达到焙烧固结效果。随温度逐渐升高,焙烧固结的效果亦逐渐显著。

一般说来,随着焙烧温度的提高,磁铁矿氧化程度增大。在焙烧之初氧化进行得较快,而后逐步减慢。磁铁矿表面氧化后,由于在中等温度(400~578℃)下,氧原子和铁离子穿透 $\gamma - Fe_2O_3$ 层的扩散常数较小,氧化速度大大受到阻碍。在较高的温度(664~673℃)下,随着铁矿的磁性变化而形成微观裂纹和结晶晶格缺陷,磁铁矿氧化进程加快。同时,当加热温度提高时,扩散常数亦增大。但当温度高于 1050~1100℃ 时,氧化速度开始下降。在 1300~1350℃ 时,在任何焙烧时间里,FeO 含量是相同的。

氧化表面附近的含氧量对氧化程度有很大影响,使用纯氧时磁铁矿的氧化速度较之使用空气时的氧化速度快 10 倍以上。此外,球团碱度提高可导致氧化度降低,焙烧过程中的气流速度对氧化度亦有明显影响。

磁铁矿氧化反应是可逆的,磁铁矿氧化放出的热量约为焙烧所需全部热量的 40%。

在球团焙烧过程中,选择适宜的焙烧温度通常应从以下几点考虑:

(1)从提高质量和产量的角度出发,应尽可能选择较高温度。因为,在较高温度下能够提高球团矿的强度,缩短焙烧时间,增加设备的生产能力。但若超过最适宜值,则会使球团抗压强度迅速下降,严重时有可能造成球团熔融粘结。

(2)从设备条件、设备使用寿命、燃料与电力消耗角度出发,应尽可能选择较低的焙烧温度。因为,高温焙烧设备的投资与能耗巨大,所以尽可能降低焙烧温度以提高设备使用年限和降低燃料、电力消耗是十分重要的。但是,焙烧的最低温度应足以在生球的各颗粒之间形成牢固的连接为限制。实际选择焙烧温度,通常应兼顾上述两个方面。

4.3.2 加热速度

球团焙烧时的加热速度,可以从 120~57℃/min 的范围内波动。它对球团的氧化、结构、常温强度和还原后的强度均能产生重大影响。通常认为,它比高温(1200~1300℃)保持时间对球团的影响更大。当球团加热过快和在1000℃以上的温度下氧化时,将导致以下不良后果:

(1)升温过快会使氧化反应难以进行或氧化不完全。快速加热时,生球中磁铁矿颗粒来不及全部氧化就达到软化或产生液相的程度。如果精矿中 SiO_2 含量偏高,在温度大于1000℃时,未氧化的 Fe_3O_4 和 FeO 会与 $2FeO \cdot SiO_2$ 产生共熔混合物,引起球核熔化,磁铁矿被液相所润湿,隔绝了与氧的接触,使球团内部的氧化作用实际上停止,这样的球团矿往往具有层状结构。

(2)升温过快会使球团产生差异膨胀。由于球团导热性不良,当升温过快时,使球团各层温度梯度增大,从而产生差异膨胀并引起裂纹。由于快速加热而形成的层状结构球团,在受热冲击和断裂热应力而产生的粗大或微小裂缝,往往以最高焙烧温度长时间保温(24 ~ 27 min),也不能将其消除。因此,加热速度过快,球团强度变差。

实验证实,当球团矿加热速度减小到57 ~ 80℃/min 时,在球团总的焙烧时间相同的条件下,高温焙烧时间缩短10 ~ 16 min,成品球团常温强度可增加2.5 ~ 3.7 倍。即在最高焙烧温度为1200℃时,单球常温强度可由862 N 增加到2176 N;而最高焙烧温度为1300℃时,可使单球常温强度由882 N 增加到3234 N。球团矿的加热速度还在很大程度上影响还原后的球团强度,在上述同样情况下,前者由单球59 N 增加到735 N,后者由单球137 N 增加到892 N。

最适宜的加热速度,应由实验确定。例如精矿含 Fe 66.5%,SiO$_2$ 4.4%,R 为 1.2 的熔剂性磁铁矿球团,其临界加热速度为80 ~ 90℃/min。

4.3.3 焙烧时间

图4-14 示出了高温焙烧时间对赤铁矿球团焙烧固结的影响。

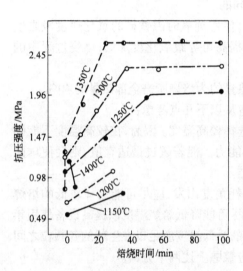

图 4-14　高温焙烧时间对赤铁矿球团
抗压强度的影响

当温度小于1350℃时,在一定的时间内,随着焙烧时间的延长,球团抗压强度升高,超过一定时间,则强度保持一定值,也就是说,有一个使抗压强度保持一定的临界时间。通常,在临界温度以内,焙烧温度越高,临界时间越短,抗压强度亦越大。然而,若达不到最适宜焙烧温度,即使长时间加热,也达不到最高抗压强度。

4.3.4 焙烧气氛

生球焙烧时,气体介质的特性将严重影响生球的氧化、脱硫和固结。通常,气体介质的特性可按燃烧产物的含氧量确定:

氧含量大于8%:强氧化气氛;

氧含量4% ~ 8%:正常氧化气氛;

氧含量1.5% ~ 4%:弱氧化气氛;

氧含量1% ~ 1.5%:中性气氛;

氧含量小于1%:还原性气氛。

对于磁铁矿球团,气氛的氧化性对球团强度影响很大,当焙烧气氛中的氧含量为3% ~ 12%时,球团形成双重结构,强度有降低趋势。有些磁铁矿(如 Fe 64.84%,FeO 8.92%,SiO$_2$ 3.6%)球团,氧含量为12%时,其强度具有极大值。分析 FeO 后可知,球团内不残留未氧化的核,这可被认为是强度在氧含量较高时的降低是由于孔隙率增高的缘故。此外,天然磁铁矿球团在大于1100 ~ 1200℃的氮气中焙烧时,其强度较之在氧化气氛中高;而人造磁铁矿球团在氮气中焙烧时则相反,其强度较低。

对于赤铁矿球团,不同焙烧气氛对球团强度影响不大。

褐铁矿球团,在氮气、水蒸气、二氧化碳气氛中焙烧均能获得较高强度。随着氧含量的加大,球团强度反而降低,气孔率也随氧含量的增大而增大,从而影响球团强度。

一般认为,气氛中的氧分压对球团性质的影响尤为明显。在碳氢化合物燃烧产生的气体(H_2O 10.7%,CO_2 10.7%,N_2 75.1%,O_2 3.5%)中焙烧的球团结构和强度与在含氧3%~6%的氮氧混合气体气氛中焙烧的球团有类似的结果。随着气氛中氧含量的增高,球团气孔率有增大倾向。

4.3.5 燃料性质

目前,在球团生产中,采用重油、煤气和煤粉(无烟煤或贫煤)甚至焦粉作为燃料。燃料的种类,对焙烧过程具有不同的影响。

使用液体或气体燃料时,由于加热速度、焙烧温度、废气速度和废气中氧含量等易于调节,焙烧可以控制在氧化气氛中进行。因此,与固体燃料相比,可得到最好焙烧效果。

在重油和煤气有时不易获得或在使用上受到限制时,不得不采用部分或全部固体燃料,如磨碎的无烟煤或贫煤,甚至焦粉。煤粉对磁铁矿球团固结过程的影响,随生球的化学组成而不同。在煤粉着火前(600~800℃)的焙烧开始时期,气体中的氧较易穿过煤层进入生球并使磁铁矿氧化。但由于此时温度不高,磁铁矿的氧化通常不足50%。当煤粉着火以后,球层中的温度急剧上升,通过球层中气体的氧基本消耗在煤的燃烧上。尽管温度升高,但磁铁矿的氧化却相应减慢。此时,生球的加热呈不均匀状,较易引起生球的开裂。在高于1000℃的温度下,煤的反应能力很强,以致在铁氧化物和煤直接接触的地方,Fe_2O_3 反而还原成 Fe_3O_4 和 FeO。如果精矿中含 SiO_2 较多时,则新生成的 Fe_3O_4 和 FeO 会形成 Fe_2SiO_4 从而引起球团表面熔化,使生球内部的 Fe_3O_4 实际上停止氧化。留在生球内部的 Fe_3O_4 随 SiO_2 含量的不同,或者形成 Fe_3O_4 再结晶,或者进入硅酸盐组成熔融体。随着煤粉的烧尽,气体中游离氧的数量增加,但此时球团已开始冷却,生球表层的 Fe_3O_4 又重新氧化成 Fe_2O_3。

在熔剂性球团焙烧时,煤粉燃烧的还原性气氛严重地妨碍了 Fe_3O_4 的完全氧化。因此,对产生 $CaO \cdot Fe_2O_3$ 液相的固结形式极为不利。

焦粉作为固体燃料,除了着火温度比煤粉高之外,同样在燃烧时会妨碍磁铁矿颗粒的氧化,甚至使氧化作用完全停止。此外,若焦粉周围氧含量不足时,其燃烧反应将十分缓慢,那么,单位时间内释放的热量较低,导致在大用量焦粉情况下,仍不能达到所需温度。如果抽风速度过大,焦粉将燃烧得十分激烈,球团迅速熔化粘结,或者焦粉被废气带走。同时,热量的散失亦很大,球团表面急剧冷却,影响球团强度。

由此可以看出,固体燃料尽管价廉易得,但对焙烧过程危害严重。通常情况下,对于大型球团厂,改用固体燃料进行氧化焙烧,无论从理论和实践上都是不可取的。

对于一般中小型球团厂,由于对球团矿质量要求相对较低,在不得不采用固体燃料时,也需要采取相应的补救措施。如:加强细磨,降低固燃粒度;加强混匀,尽量避免固体燃料集中燃烧等。细磨和混匀,可在同一球磨机中采用干法磨矿同时完成。

4.3.6 冷却

炽热的球团矿,必然造成劳动条件恶劣,运输和储存困难以及设备的先期烧损等,故必须进行冷却。同时,冷却也是为了满足下步冶炼的工艺要求。此外,在带式焙烧机上的球团矿冷却,将能有效地利用废气热能,节省燃料。如:被加热到750~800℃的热空气可返回均热带或作为二次助燃热风;被加热到300~330℃的热空气可作为干燥带的热介质或一次助燃热风。此外,在带式焙烧机上,冷却时采用先鼓风后抽风的冷却方法,还可减少台车受高温的影响和强化冷却过程。

球团的冷却速度与球的直径有关,研究证明与球团直径 $D^{-1.4}$ 成正比。因此,直径愈小冷却愈快。

冷却速度是决定球团强度的重要因素。快速冷却将增加球团破坏的温度应力,降低球团强度。试验指出,经过 1000℃ 氧化和 1250℃ 焙烧的磁铁矿球团矿,以 5(随炉冷却)~1000℃/min(用水冷却)的不同速度冷却到 200℃,其结果是:冷却速度为 70~80℃/min 时,球团强度最高。当冷却速度超过最适宜值时,抗压强度的下降是由于球团结构中产生逾限应变引起焙烧过程中所形成的黏结键破坏所致。这一点还可由总孔隙率增加得以证明。以 100℃/min 的速度冷却时,球团强度与冷却的球团最终温度成反比。用水冷却时,球团抗压强度从单球 2626 N 降至 1558 N,同时粉末粒级(12~3 mm)含量增加 3 倍。为了获得高强度的球团,应以 100℃/min 的速度冷却到尽可能低的温度,进一步的冷却应该在自然条件下进行,严禁用水或用蒸汽冷却。

4.3.7   生球尺寸

球团焙烧时,生球的氧化和固结速度与生球的尺寸有关。赤铁矿生球焙烧的全部热量均需外部提供,由于生球的导热性较差。球尺寸不宜过大。尤其是在带式焙烧机上焙烧时,生球的尺寸显得更为重要,由于生球导热性小,若在较大的风速下进行焙烧,将导致部分热量随抽过的废气带走而损失掉。其次,生球尺寸愈大氧气愈难进入球团内部,致使球团的氧化和固结进行得愈慢愈不完全。研究结果表明:球团的氧化和还原时间与球团直径的平方成正比。带式机焙烧时,生球尺寸一般不应大于 16 mm,下限按冶炼要求决定,一般不小于 8~9 mm。生球尺寸的减小,无论对造球还是焙烧都是有利的。

4.3.8   硫含量

精矿中硫含量偏高时,由于氧对硫的亲和力比氧对铁的亲和力大,故硫首先氧化,从而妨碍磁铁矿的氧化。同时,含硫气体的力图外逸,不仅可隔断氧向球核的扩散,而且可阻碍矿粒的固结。最终导致出现层状结构,其外壳呈氧化成了赤铁矿,内核却是大量硅酸铁粘结相的磁铁矿。这些磁铁矿的软化温度较之赤铁矿低,故在高温作用下,内核发生收缩与外壳分离形成空腔,显著降低了球团的强度。根据测定,精矿中含硫量愈高,空腔尺寸就愈大。这种结构的球团在单球 980 N 压力之下,其外壳即发生破裂。而核心则仍然完好无损,并且具有单球 2940 N 的强度。

图 4-15 表明精矿中硫含量对强度、氧化度的影响。试验用含硫量分别为 0.30%、0.52% 和 0.98% 的磁铁矿精矿制成非熔剂性球团,在 1100℃ 时进行氧化,然后在 1160℃ 或 1240℃ 进行等温焙烧 1 min、4 min、11 min、18 min 和 20 min。曲线表明,精矿含硫 0.98%,直到 21 min 时磁铁矿的氧化度和单球强度才分别达到 93% 和 882 N,而当精矿含硫量为 0.30%,在 11 min 时氧化度即达 98.4%,并且单球强度达 1960 N。

精矿中的硫含量不仅影响球团强度,而且影响球团的固结速度。所以,当生产非熔剂性球团时,对精矿质量的要求,至少应比生产熔剂性球团时更为严格。精矿中硫含量的临界值一般为 0.5%。

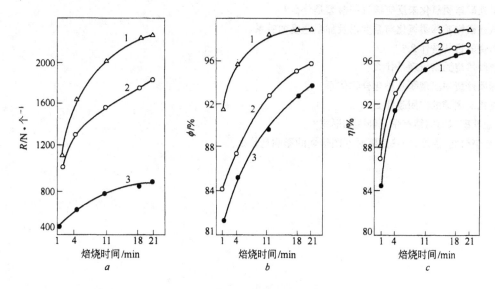

图 4-15 焙烧时间与球团强度的关系

a—球团强度；b—氧化度；c—脱硫率

1,2,3—精矿中硫的质量分数分别为 0.30%,0.52% 和 0.98%

4.3.9 孔隙率

球团矿的强度因焙烧固结的类型不同而异,若固结形式相同,则首先取决于固相与孔隙的分布(即孔隙率、平均孔隙尺寸、孔隙的分布情况、矿粒结晶尺寸等),其次取决于固相本身强度。因此,孔隙的大小及分布特性与球团的强度有密切关系。可用下式表示:

$$R = K \cdot d^{-\alpha} \cdot \exp(-\rho p) \tag{4-7}$$

式中　　R——抗压强度,N/个;

　　　　p——孔隙率,%;

　　　　d——晶粒半径,cm;

　　　　K、α、ρ——系数。

上式表明,随着孔隙率的减小和晶粒半径的缩小,球团强度提高。通常,采用提高焙烧温度的办法以减小孔隙率,采用降低原料粒度的办法减小晶粒尺寸。

孔隙率不能无限制减少,应力求减少粗孔隙的体积并使孔隙沿球团半径更均匀地分布。熔剂性球团较之非熔剂性球团的强度低,是由于熔剂球团渣键本身的强度较小,且混合料粒度不均匀造成结构不均匀的缘故所致。采用细磨的石灰石,可消除这一现象。采用各组分一起细磨的方法则有助于球团中孔隙率的均匀分布。孔隙率大小是球团常温性能的一项指标。

思 考 题

1. 生球干燥有哪几个过程组成?

2. 通常情况下球团爆裂多发生在哪个阶段,生球干燥发生爆裂的原因是什么?

3. 球团干燥方式有几种,实际生产中多采用哪种干燥方式,为什么?

4. 磁铁矿球团氧化未反应核收缩模型是什么?

5. 试述磁铁矿球团氧化与温度以及加温速度的关系。

6. 焙烧的目的是什么?

7. 球团焙烧固结机理是什么?

8. 球团焙烧中出现哪几种化合物体系?

9. 液相对固结的作用是什么?

10. 磁铁矿球团固结有哪几种固结形式?

11. 焙烧时间、温度、加热速度对球团焙烧的影响是什么?

5 链箅机—回转窑球团法

5.1 链箅机—回转窑球团工艺操作控制及主要参数

链箅机—回转窑球团法是一种联合机组生产球团矿的方法。它的主要特点是生球的干燥预热、预热球的焙烧固结、焙烧球的冷却分别在3个不同的设备中进行。而作为生球脱水干燥和预热氧化的热工设备—链箅机，它是将生球布在慢速运行的箅板上，利用环冷机余热及回转窑排除的热气流对生球进行鼓风干燥及抽风干燥、预热氧化，脱除吸附水或结晶水，并达到足够的抗压强度(300~500 N/个)后直接送入回转窑进行焙烧，由于回转窑焙烧温度高，且回转，所以加热温度均匀，不受矿石种类的限制，并且可以得到质量稳定的球团。

5.1.1 工艺控制特点

5.1.1.1 烘炉和试车

A 烘炉操作

无论是新砌筑的炉子还是已经使用过的炉子，在正式投料生产之前都必须先经逐渐升温、预热，在达到正常生产所需温度之后再投料进入正常生产状态，这个过程称为烘炉。烘炉的根本目的在于保护炉子在升温过程中不受或尽量少受各种损坏，提高炉体的使用寿命。这对于新砌筑炉子尤为重要。

炉子均由各种耐火材料，包括隔热材料砌筑而成。各种耐火材料大多数是由黏土质、高岭石质矿物所加工而成。这些材料除了具有好的耐火性能外，还有一个特点就是它们大多具有较大吸湿性，尤其是黏土质材料。因此，不管是新砌筑的炉子还是已经使用过的炉子(已经灭火降温冷却下来)都会或多或少含有水分(新砌炉子用的耐火泥更是直接加水制成的)；另外耐火材料中大都含有一定量的碳酸盐，如 $MgCO_3$、$CaCO_3$、$[Mg、Ca](CO_3)_2$ 等，这些碳酸盐在加热时要发生分解反应放出 CO_2。即便是熟料，在耐火材料的烧制过程中由于反应的不彻底而不可避免地有残存的碳酸盐进入耐火砖中。根据耐火材料的矿物组成，在高温条件下，大多都要发生高温化学反应或结晶转变(晶格常数也同时发生变化—体积发生变化)，而且很多高温反应或晶格转换具有可逆性质，烘炉时必须为这种反应的顺利进行创造条件。耐火材料的导热性能一般均较差，隔热材料则更甚。另外炉子的耐火砌筑层一般都有相应的厚度，要使炉子的砌筑层得到均匀的受热，热量的传导就需有足够的时间。如果炉子急剧升温，当升温速度大于耐火材料热传导速度时，就必然会使砌筑层内外温差很大，产生很大的热应力，当热应力大于耐火材料的结构强度时，就要造成耐火材料强度的破坏而炸裂，甚至炸裂成碎片。因此科学地烘炉操作是非常重要的。

B　烘炉的总的要求及原则

烘炉的目的既然是为了炉体(耐火材料)结构不受或尽量少受到损坏,就必须使炉体在不同的温度阶段正常完成其物理、化学过程,换句话说就是要使耐火材料不同的物理、化学反应阶段在适宜的温度及必要的保持时间和适宜的加温速度。对一般耐火材料升温过程中都有以下几个阶段:

(1) 重力水的蒸发:要控制在 100℃ 或略高 100℃ 时完成。

(2) 结晶水的脱除:一般要控制在 300℃ 左右完成。

(3) 碳酸盐的分解:一般控制在 500～600℃ 范围内完成。

(4) 结晶相的转变:一般控制在 800～900℃ 范围完成。

在上述各阶段都必须有足够的保温(恒温)时间。其恒温时间的长短既与耐火材料的特征及炉体厚度有关,又与是新砌(大修)炉子还是已经使用过的炉子有关,也与炉体的结构形式有关,结构愈复杂要求升温速度愈慢,各阶段保温时间愈长。具体的烘炉保温时间由耐火材料厂家和炉窑设计单位共同提供。

C　烘炉实例

以下为某球团厂链箅机—回转窑烘炉(新窑)操作实例。

烘炉所用热源一般无特殊要求,如煤气、热风、木柴、煤、重油和电热均可,但必须能够控制升温速度,避免局部过热。采用木柴烘烤,必须注意炉内温度的均匀性。烘炉按以下程序进行:

(1) 窑衬砌筑完毕后,自然养生两天,养生期间窑门全开,开启链箅机放散阀,回转窑每 2 h 转 1/4 圈。

(2) 此项链箅机侧墙、拱顶、回转窑内衬、环冷机内衬、各通风管道全部为新耐火材料,为保证浇注料中的水分均匀缓慢地蒸发,防止水分过快造成捣打料剥落,对链箅机、回转窑、环冷机都进行木柴烘炉,时间控制在 24 h 之内。点位分别为:链箅机预热段 1 堆,干燥段 1 堆;回转窑窑头 1 堆,窑内间隔 7 m 各 1 堆,堆高 3.5 m;环冷机 3 个冷却段各 1 堆。木柴烘炉时,可考虑往柴堆上淋洒柴油,为使油不流到衬砖,淋油后应立即点火。各风机蝶阀打开,不开抽干风机,关闭窑门,开链箅机放散阀。

(3) 严格按升温制度规定进行升温,设备问题影响时,按时间顺延。

(4) 木柴烘炉结束后,正式点火时窑中热电偶在正上方,点火 12 h 后,关闭链箅机放散,开抽干风机,耐热管道上相应的蝶阀,风量控制在 20 万 m^3/h,待回转窑停止喷油并达到规定温度时,再启动除尘系统。

(5) 点火 30 h 内,回转窑每小时转 1/3 圈,30 h 后,进行慢速连续转窑,窑中温度在 600℃ 以上时进行转窑,窑速为 0.3 r/min。

(6) 抽风干燥一段烟罩温度 200℃ 时,链箅机以 0.7 r/min 的机速连续慢转。

(7) 点火前,打开 φ800,放散。并通知制煤间开始制煤。

(8) 在升温过程中,尽早实现油煤混喷,当窑中温度达到 1000℃ 以上时,根据温度需要,适当减低油压,及时调整煤枪的内外风量,使火焰温度移到窑中。

D　烘炉制度

烘炉所用热源一般无特殊要求,如煤气、热风、木柴、煤、重油和电热均可,但必须能够控制升温速度,避免局部过热。采用木柴烘烤,必须注意炉内温度的均匀性。

在烘炉过程中,应有烘炉记录并仔细观察耐火混凝土的排水情况,必要时对烘炉曲线作适当的调整,以保证烘炉质量。烘炉曲线是依据胶结剂种类以及是否添加外加剂、成型方法、砌体厚度和炉内排气条件等情况指定的。某球团厂回转窑烘炉曲线见图5-1,回转窑升温制度见表5-1,酸性球团加料制度见表5-2。

回转窑新窑烘炉时,测温点以窑中热电偶为准,为保证窑衬质量,根据窑衬材质的特性和检修工期的要求,除去回转窑窑衬自然养生外,一般规定烘炉时间为12天左右。

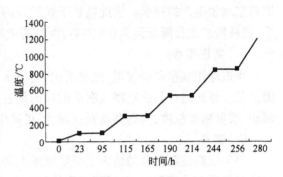

图5-1 某球团厂回转窑烘炉曲线
(点火升温曲线的零点是木材烘炉后的开始时间)

表5-1 回转窑升温制度

烘炉范围/℃	升温速度/℃·h⁻¹	需用时间/h	累计时间/h
自然养生		48	48(已完成)
木柴烘炉		24	24
常温~100	6	23	23
100~150	保温	72	95
约300	10	20	115
300~350	保温	50	165
约550	10	25	190
550~600	保温	24	214
约850	10	30	244
850~900	保温	12	256
约1250	15	24	280
重试		72	352

表5-2 酸性球团加料制度

项 目	布 料	重 试	开 机	24h后	72h后	120h后	20d后	60d后
烟罩温度/℃	350	850	950~1000	950~1050	900~1050	900~1050	900~1050	900~1050
料厚±5mm	175	175	175	175	175	180	195	220
机速/m·min⁻¹	0.7	0.7	1.0	1.2	1.5	1.7	1.7	1.7
窑速/r·min⁻¹	0.3	0.6	0.9	0.9	0.9	0.9	0.9	0.9
抽干风量/m³·h⁻¹	不限	30	35	35	40	40	45	正常
抽、鼓干风机	2	2	2	2	2	2	2	2
回热鼓风	停	停	停	开	开	开	开	开
助燃风量/m³	10000	10000						
罗茨风量/m³	不限	4500	4500	4500	4500	4500	4500	4500
日产量/t·d⁻¹		1400	1800	2000	2200	2600	3000	3600

5.1.1.2 工序过程控制

A 精矿干燥

当造球用铁精矿水分偏高时(不小于9.0%),造球效果差,生球质量难以满足链箅机—

回转窑球团生产的要求。因此精矿干燥的目的是利用环冷机热废气或其他热源,将精矿烘干,使铁精矿水分降低到 7.0% 左右,为提高造球效率作保障。

B　高压辊磨

当造球用铁精矿粒度粗,比表面积小(不大于 $1000cm^2/g$),一般采用高压辊磨工艺或润磨工艺。精矿进行高压辊磨或润磨的目的是进一步改善磁铁精矿颗粒表面塑性,提高比表面积,改善精矿粒度,为提高物料成球性,提高生球强度作保障。

C　配料

(1) 配料控制的目的是为了满足球团生产所需原料的及时、准确供应,根据原料质量,对精矿和返矿进行配料,保证配矿质量的均衡、稳定。

(2) 根据精矿粉和膨润土品种、质量的实际状况,结合球团生产实际,及时提出膨润土的使用品种和配比控制要求。变料前,及时做好理论计算,并将结果通知工艺控制人员。

(3) 正常生产情况下,使用自动控制配料,返矿配加以均衡、稳定为原则,按作业文件规定进行操作和调整,保证均匀、准确配料,并在配料室操作记录表上做好记录。

D　造球

(1) 根据生球物料变化,调整造球机工艺参数。

1) 边高:边高增大,则球盘容量增加,物料停留时间长,生球粒度增大。边高减小,则球盘容量减小,物料停留时间短,生球粒度减小。

2) 倾角:增大倾角,则物料在盘内滚动范围缩小,造球机内物料减小,停留时间短,生球粒度缩小,适宜水分大,膨润土多的时候,减小倾角,则物料在盘内滚动范围增大,停留时间增大,生球粒度增大。

3) 球盘转速:转速小,物料上升不到圆盘的上部区域,一方面造球盘的面积得不到充分的利用,另一方面球与球相互碰撞的机械作用下,成球慢,生球强度低;转速大,由于离心力的作用,物料抛向边缘,跟随造球盘旋转,盘中心出现无料区,滚动成球作用受到破坏,甚至无法成球。

4) 强化造球盘操作:及时调整给料量和打水量,并对溜料板和球盘内的大球及时处理。

(2) 根据生产要求准确控制造球机台时能力。正常生产时应控制开盘数,努力提高球盘台时能力,当出现机速不够时,在不影响生球质量的同时尽可能的提高单盘加料量。

(3) 控制生球质量,分析质量波动原因。正常生产中,操作工要控制好生球质量,当生球质量出现波动时要及时分析,找出原因进行改正。

E　生球筛分

(1) 生球筛分控制的目的是有效控制进入链箅机的生球粒度,筛除粉末或粒度不合格的生球,使进入链箅机的生球粒度均匀、稳定。

(2) 及时清理筛辊粘料,防止筛分效率的降低。

(3) 当筛辊弯曲变形或由于磨损造成同一间隙的不同部位间隙误差超过 5mm 时,生球筛分岗位要及时反馈主控室,安排组织进行更换。

F　布料

链箅机布料是链箅机—回转窑球团生产控制最重要的环节之一,布料厚度达不到要求(一般为 180~220mm),不仅生产产量难以达到设计要求,还可能导致链箅机箅床长期在较高温度下运行,降低了使用寿命,甚至烧坏箅板;布料不均或断料,将可能使部分箅床直接暴露在高温下,还可能造成风流偏抽,风机入口风温不稳定,影响了风机的使用效果。厚料部分生球得不到充分干燥和预热,球团质量不均匀,入窑粉末量增加。

G 生球干燥、预热

生球干燥、预热过程控制的目的是使生球得到充分干燥,通过均匀预热使干球得到一定的强度,稳定干球焙烧质量。

生球布到链算机上后依次经过干燥段和预热段,脱除各种水分,磁铁矿氧化成赤铁矿,球团具有一定的强度,然后进入回转窑。这个转运就是链算机—回转窑系统的一个薄弱环节。预热球破碎,易造成回转窑结瘤或结圈,这就要求预热球具有一定强度。关于预热球团矿的强度,目前尚无统一标准。日本加川球团厂要求150N/个;美国爱立斯—恰默斯公司最初要求100~120N/个,经生产实践证明30~40N/个,球团进入回转窑内不破碎,所以一般不做抗压检测,以转鼓试验结果为准。

从回转窑窑尾出来的废气,其温度达到1000~1100℃,通过预热抽风机抽过球层,对球团进行加热。如果温度低于规定值,可用辅助热源做补充加热。温度过高或出事故时,可用预热段烟囱调节。由预热段抽出的风流经除尘后,与环冷机低温段的风流混合(如果设置有回流换热系统的话),温度调到250~400℃,送往抽风或鼓风干燥段以干燥生球,废气经干燥风机排入大气。

链算机的热工制度是根据处理的矿石种类不同而不同的。预热温度一般为1000~1100℃,但矿石种类不同,其预热温度也有所差异,磁铁矿在预热过程中氧化成赤铁矿,同时放出大量的热,生成Fe_2O_3连接桥而提高其强度。赤铁矿不发生放热反应,需在较高温度下才能提高强度,因此赤铁矿球团预热温度比磁铁矿球团高。

H 焙烧

在链算机—回转窑法中,球团的焙烧固结是在回转窑内进行的。生球在链算机上经干燥(脱水)、预热受到初步固结获得一定强度后即通过给料溜槽进入回转窑内进行最后焙烧固结。

回转窑内的主要焙烧热源来自窑头烧嘴喷入的火焰及环冷机第一冷却段的热气流(燃烧用二次空气)。球团在回转窑内主要是受高温火焰以及窑壁暴露面的辐射热的焙烧。同时,由于球团料随着回转窑体的回转而不断瀑落滚动使球团之间,球团与所接触的窑壁之间进行着热传递,此外,由于回转窑内的工艺气流逆料流方向从料面流过而对球团料层对流传递。

I 球团矿冷却

焙烧好的球团从窑头排出,经过设在窑头罩下部的格筛剔除脱落的结圈块之后给到冷却机上进行冷却,在冷却过程中球团内剩余部分(约35%)磁铁矿全部氧化为赤铁矿。

回转窑排出的焙烧球团温度一般在1250~1300℃左右。这种高温球团与冷却风机送入的冷却空气接触进行热交换,球团热量被冷却空气流带走,最后冷却到适宜下步(皮带)输送的温度,一般要求在100℃左右。

与链算机—回转窑配套采用的冷却机通常为环冷式冷却机,(采用带式冷却的极少),为了提高效果,国外也有在环冷机之后还增加一台简易带式(抽风)冷却机的(如日本的神户和加古川球团厂)。

为了便于回热利用环式冷却机常用中间隔墙分为高温段(第一冷却段)和低温段(第二

冷却段),高温段排出的废气温度较高(1000~1100℃),作为二次空气给入回转窑。低温段排出的废气温度较低(400~600℃)采用回热系统供给链算机炉罩,作为干燥球团热源。

为了提高冷却效果要求料层保持均匀、稳定、透气性好。焙烧球团不应有较多的碎粉,否则不仅降低料层透气性,而且还会因碎粉熔融而使球团粘连成块,这就要求球团焙烧充分。

冷却控制要求:

(1)球团矿冷却过程控制的目的是进一步提高球团矿物理强度,有效降低亚铁含量,使球团矿各种理化指标达到质量标准要求。

(2)必须按规定的冷却控制参数要求,及时调整环冷鼓风机风量,保证各冷却段达到正常冷却温度。

(3)随时对环冷机出料情况进行检查,如出现红球较多的情况,要立即对环冷机鼓风机风量进行合理调整,保证球团矿均匀冷却,使球团矿质量达到标准要求。

(4)及时向质检中心索取球团矿的检验指标,如出现质量指标未达到标准要求,要立即采取相应措施,使球团矿质量尽快达到标准要求,对于不合格品按《不合格品控制程序》进行控制。

5.1.1.3　工艺控制要求

A　布料

布料必须按规定料厚均匀布料,小球筛溜料板积料应在2/3左右;操作时应及时调整链算机机速,确保布料要求;

B　链算机控制

(1)鼓风干燥段风箱温度:200~250℃;抽干Ⅰ段烟罩温度:300~400℃;抽干Ⅱ段烟罩温度:450~700℃;预热段烟罩温度:900~1000℃;

(2)机速控制:起步操作时机速控制在一定范围内,待温度逐步达到要求后,根据布料情况调整机速;

(3)风机控制:布料前应先启动所有风机,打通风流系统,确保各段工艺温度。随时观察回热和抽干风机入口温度,及时开停兑冷风阀(在以上正常温度范围内严禁开启所有兑冷风阀)。

(4)高温故障停机时,必须开启事故放散阀,减少两台回热风机风量(控制风箱温度在600℃以下),并及时减少喷煤量(0.5~1.0 t/h)。

C　回转窑控制

(1)温度控制:窑头:900~1000℃;窑中:1100~1200℃;窑尾:950~1050℃;

(2)窑速控制:必须根据链算机机速运行情况调整窑的转速;但窑内有料时,窑的转速不小于0.6 r/min,确保干球在窑内的焙烧时间,控制窑尾吐球和回转窑结圈。

(3)窑头温度达600℃以上时,严禁正压操作。

(4)根据链算机机速及时调整喷煤量,确保系统热源供应。

D　环冷机控制要求

(1)起步操作:一段风门5%~10%,确保一段排风温度以不小于200℃/h的速度上升;

(2)及时调整环冷机转速,确保料厚在760 mm,并严格控制回球烧坏成品皮带;

(3)环冷热工控制:Ⅰ段开度:30%~80%,温度:850~1000℃;Ⅱ段开度:20%~80%,

温度:不小于400℃;

(4) 合理匹配环冷机一段风门和二段风门开度,严格控制窑头正压。

E 停机要求

为确保连续生产,除故障停机外,主体设备不得随意停机。若须停机,停机期间必须按规定开启事故放散,及时降低喷煤量和链箅机抽风量,确保链箅机箅床安全。

5.1.2 常见工艺事故分析及预防

5.1.2.1 造球过程中事故处理

A 处理停机、停水事故

(1) 在运转过程中,如造球盘突然停电要及时停圆盘给料,小皮带,如圆盘给料机停电,则将盘内料往外用3~5 min再停。

(2) 在运转过程中,如突然停水要根据盘内来料水分及时调整小料量,并及时向主控室反馈,如来料水分过小形不成球时要立即停盘。

B 断水、断料的预防及处理

当发现球盘断水后,要根据来料水分实际情况及时调整下料量,如来料水分过小形不成合格球时,要立即停盘。当发现断料时,首先检查圆盘下料口有无卡物,然后启动电振,振打料仓仓壁,如无料及时通知主控室停盘。

C 造球操作过程中异常现象的处理方法

(1) 生球粒度偏大时:首先检查圆盘下料量是否正常,有无卡块现象,如有要及时处理,发现棚仓要及时开启电振器,振打料仓壁,造球增加下料量,其次是检查原料水分是否正常,根据水分大小,调整盘内加水量,并通知原料岗位,若以上两种方法还不能使粒度恢复正常就进行调整角度,缩短生球在盘内的停留时间。

(2) 物料不出造球盘,盘内物料运动轨迹不清:1) 检查盘下料量是否增多,适当调整下料量;2) 适当增加盘内加水量;3) 检查原料膨润土配比是否正常,膨润土要通知配料岗位及时调整;4) 检查底刮刀是否完好,底料床是否平整,发现刮刀损坏及时更换。

(3) 造球时盘内物料不成球:1) 检查物料的粒度是否合适,粒度大时,延长成球时间;2) 检查球盘转速是否过快,若快要降低转速;3) 检查水分是否适宜,加水位置是否正常;4) 检查膨润土配加量是否适宜,多时减膨润土,少时加膨润土。

5.1.2.2 回转窑事故

A 关于预防和处理回转窑—环冷机结圈结块的措施

回转窑或环冷机结块是链箅机—回转窑球团生产中的常见故障之一,如果处理不及时,将造成生产停产或减产事故,处理时还会消耗大量劳动力,甚至损坏回转窑或环冷机的耐火材料。

结块主要原因是由于生球质量差,在链箅机内粉化,或链箅机焙烧球强度不够,在回转窑内破裂后结块或排入环冷机后粘结成块。

为保证球团正常生产,督促全体操作人员严格按照技术操作规程进行操作,不断提高操作水平和处理故障的实践能力。

(1) 严格控制进厂原、燃料质量,把好造球关。生球质量生死关:水分为8.5% ~ 9.0%,落下强度不小于4次/0.5 m,8~16 mm含量不小于70%;

1）水分：混合料水分7.5%～8.5%，当混合料水分不大于7.0%时，圆筒干燥机尾气温度降低；造球补加水严格控制，确保生球水分不超标；

2）生球粒度：(8～16 mm)含量不小于70%；

3）煤粉质量要求：挥发分为17%～20%、灰分为13%～15%、灰分熔点不小于1400℃、S不大于0.5%、发热值不小于29 MJ/kg、水分不大于1%、粒度：-200目不小于80%；

4）膨润土质量要求：水分不大于10%，吸蓝量不小于30 g/100 g，胶质价不小于90 mL/15 g，膨胀容不小于12 mL/g，-200目：不小于98%；

5）造球机起动控制：各输送系统运转正常后，起动球盘，起动顺序，先起动距大球辊筛最近的一台，顺序起动，一台运转正常后，再起动另一台，不允许多台同时起动，防止压料。

（2）布料。布料厚度控制与链箅机温度和机速控制。在初开机时，链箅机蓄热不足，料厚控制薄一点，机速控制慢一点，并适量减少鼓干和抽干排风量，温度正常后再逐步增加机速至正常机速，随机速加快适量提高抽风量，以确保链箅机温度、确保干球质量为第一要务。

（3）链箅机温度控制。鼓风干燥段鼓风温度250～300℃，抽风干燥Ⅰ段烟罩温度350～450℃，抽风干燥Ⅱ段烟罩温度500～700℃，预热段烟罩温度900～1050℃。链箅机各段温度必须控制在以上范围内，否则不得组织生产。

1）开机控制，初次开机链箅机预热段温度达到800℃以上，干燥段达到350℃以上，呈上升趋势开机生产，料厚控制200 mm±5 mm，机速控制在1.0 m/min以下，链箅机蓄热充足，温度正常后再逐步恢复正常机速（这时环冷机二段温度达400℃以上）。

2）故障停机控制，根据时间长短调整操作，短时间停机(30 min以内)适量减煤，降低链箅机温度。恢复生产先恢复喷煤量，再组织开机，根据链箅机温度控制机速。较长时间停机，温度下降较多，机速1.0 m/min，料厚200 mm±5 mm；温度正常后再逐步恢复机速、料厚（先恢复机速，后恢复料厚）。保证入窑球质量合格。开机过程中随时注意链箅机，回转窑焙烧球状况，发现问题及时调整操作。

3）链箅机开始布料后，如发现链箅机干燥段温度降低，应开大抽风干燥和鼓风干燥排风量，并适量加大回转窑喷煤量，保证生球的充分干燥预热和回转窑的焙烧温度，待环冷机一段排风温度达800℃、二段排风温度达400℃以上时，应密切关注窑尾及链箅机预热段温度，当二者温度超过1100℃以上，必须降低喷煤量，确保该工序的温度要求。

4）干球质量：干球强度不小于500N/个；AC转鼓-5 mm小于10%；FeO含量不大于10%。

（4）回转窑操作。

1）每半小时观察记录一次火焰情况，及时通过燃烧器内、外风调整火焰形状和位置，确保火焰长度，确保窑内高温带分布均匀；

2）即时观察窑内煤粉燃烧情况，并向主控室汇报，当煤粉燃烧不完全时，及时调整喷煤量；

3）应密切观察排料情况，对固定筛上未排下的大块粘结料，及时扒出冷却处理，避免大块物料堵塞隔筛或进入环冷机。

（5）回转窑结圈、结块处理预案。如因操作失误造成大量粉末进窑，应立即减少造球量，降低窑温，避免粉末结圈或大量排入环冷机，造成环冷机台车物料板结，而使整个焙烧过程形成恶性循环。具体措施：

1）迅速减少生球进球量,降低链箅机转速,避免情况恶化;

2）尽量控制回转窑和链箅机转速,确保窑头排料畅通;

3）将环冷机一、二段鼓风量开到最大,使物料尽量充分冷却,减少结块。

（6）结圈处理。

1）冷法除圈:采用风镐、钎子、大锤等工具,手工除圈的人工法。

2）烧圈:冷烧及热烧交替烧法,首先减少或停止入窑料(视结圈程度而定),在窑内结圈处增加煤量和风量。提高结圈处温度,再停止喷煤,降低结圈处温度,这样反复处理使圈受冷热交替相互作用,造成开裂而脱落。冷烧:在正常生产时,在结圈部位造成低温气氛,使其自行脱落。

（7）操作优化。

1）随时观察窑头压力情况,及时调节环冷机、链箅机风流系统,确保窑头微负压操作;

2）必须每2 h对煤粉、膨润土、生球、干球、成品球的各项质量指标及时进行分析,根据情况调整工艺操作;对指标异常的样品和工艺控制中需要了解的产品质量及时向矿化验室提出特样指标检测;

3）密切关注配料、造球、链箅机、回转窑和环冷机的运行情况和工艺操作状况,发现粉料入窑或环冷机及其他异常情况,应立即采取紧急措施。

B 红窑处理

回转窑调火岗位除经常观察窑内状况外,每小时检查窑体表面温度,窑体表面温度300℃左右时,没有危险;如果超过400℃,调火工必须严加注意,温度达到400～600℃,在夜间可看出窑体颜色变化,若出现暗红色,即为红窑。当温度超过650℃时,窑体变为亮红,窑体可能翘曲。

处理办法:

（1）窑筒体出现大面积(超过1/3圈)红窑,立即降温排料。

（2）窑筒体局部(如一两块砖的面积)发红,判断为掉砖或掉浇注料,必须停窑。

C 回转窑主要故障及停机、开机操作预案

（1）液压动力站故障。当回转窑液压动力站发生故障,无法提供动力时,应采用机械盘窑设备或事故电机等有效方法进行盘窑。

（2）回转窑挡轮、托轮故障。当回转窑挡轮、托轮发生故障时,应立即降低链箅机机速、回转窑转速,同时减少喷煤量,降低窑内温度,同时通知钳工迅速抢修。

（3）红窑。

1）当出现大面积(超过筒体1/3面积)红窑时,立即降温排料。

2）当筒体出现局部红斑时,也必须停窑处理。

（4）窑头、窑尾、冷却风机故障,降低窑内温度,进行快速处理。

（5）回转窑操作注意事项。

为保证主体设备及仪表的正常运行,针对生产过程中的不正当操作和误处理情况,提出以下要求:

启动程序:主控室计算机上没有收到动力站发出的任何轻、重故障信号后,方可启动动力站主电机,延时10 s或观察系统补油压力正常后,再启动液压马达。

停机程序:先停止液压马达,延时10 s或观察回转窑的速度下降为零后,再停止主电机。

如果回转窑停机的工作时间间隔不是太长,可不必停止动力站主电机,只需停止液压马达。

D　窑头出现正压操作原因及控制办法

窑头产生正压的原因:根据日常生产操作的观察窑头产生正压的现象主要有以下几个方面:(1)干球质量不好,产生大量粉末和碎球,窑内气氛不好,造成窑头正压。(2)环冷机和回热、抽干、鼓干风机和风量没有调整好,环冷机的鼓风风门过大而回热、抽干、鼓干风机的风门开的过小造成正压。(3)当回转窑内如果煤没有充分燃烧引起爆燃,窑头也会引起瞬间正压。(4)还有一点就是日常操作时观察到,如果二冷段的鼓风机的风门设在65℃以上时环冷机的二冷段有120 Pa以上的正压,三冷段就会高过200 Pa以上的正压,在小门观察时也会感到非常大正压,如果这么大的风压没有被释放出来,必会对窑头产生正压。

解决以上问题的方法是:(1)控制好造球,烧好干球,保证窑内气氛。(2)大流量生产时,应注意适当的调整环冷机的鼓风机的风门不至于窑头产生正压,小流量生产风门不至于开太大避免窑头产生正压;(3)控制好喷煤的水分和粒度,保证煤粉的充分燃烧,避免产生爆燃产生正压。(4)风流系统应打开放散,保证风流畅通,不致产生窜风,使窑头产生正压。

5.1.2.3　链箅机事故

A　链箅机主要故障及高温停机、开机操作预案

就链箅机整体设备情况而言,引起链箅机故障停机的情况有3种:机械故障,链箅机停水,电器故障。

(1)机械故障。

1)链箅机断链节;

2)链箅机小轴断;

3)链箅机箅床跑偏,被烟罩侧板卡死;

4)未复位的箅板将链箅机机头铲料板顶起,并卡死。

当出现1)、2)两种故障时,主控应及时通知钳工到现场,查看链节或小轴的断裂情况,如果断裂部位不超过5 mm时,可让焊工将断裂部位用不锈钢焊条进行对接焊接。如果断裂部位超过5 mm,则由钳工立即抢修。当链箅机发生断链节或小轴,可通过焊接修复时,回转窑实行保温操作,同时,开事故放散阀,开链箅机预热段灰腿小门,降低抽干、鼓干风机引风量,关回热风机风门,如果断链节或小轴,短时间内不能修复,则视时间长短,采取保温或降温操作。

当出现3)、4)两种故障时,则立即采取快速降温方式,降低回转窑及链箅机内温度,同时排空回转窑及环冷机内的物料,为检修创造条件。

(2)链箅机停水。

1)水泵故障引起停水;

2)供水管路故障引起停水。

当由于水泵故障引起停水时,可启动备用水泵恢复供水。

当供水管路故障引起停水时,只能及时安排维修人员迅速抢修,同时将链箅机转速提至最快。当供水管路发生故障,如爆裂时,即使立即快速降温,也会对链箅机造成灾难性后果。

（3）电器故障：当链箅机主电机发生故障不能运行时，应立即减小窑头喷煤量，开 $\phi800$ 放散停止造球，关闭回热风机，开链箅机预热段灰腿小门，同时，安排电工进行抢修。

B 链箅机预热段风箱温度过高及控制措施

（1）预热段根据工艺要求风箱温度应控制在 300～400℃左右，如果风箱温度过高最直接的影响就是对设备的影响即对箅板、链节和风机的烧损。一般根据设计要求预热段风箱最高温度不得高于 500℃。

（2）采取的措施有：1）如造球量不大，以低机速运行时应降低回热风机的风门开度，在保证窑头弱负压的情况下，降低抽干的风门开度，减少风流量，但这种情况下均匀布料，厚度应控制在 200 mm 以上即球布在溜料板 2/3 以上。以平时操作观察链箅机以 1.0 m/min 以下运行，回热风机的风门应控制在 20% 以下。2）如造球稳定，链箅机能够以 1.5 m/min 机速运行时，应升高回热风机的风门，应控制在 35% 以上，抽干风机应增大风门，控制在 50% 以上，鼓干风机控制在 75% 以上的风门开度，保证干球的质量，风箱温度避免过低。3）如突发事件，链箅机停机时，应迅速打开放散，降低喷煤量，关闭回热风机风门，保证预热段风箱温度不至升高太快损伤设备。

5.1.2.4 环冷机事故

A 环冷机出红球

环冷机出现大量红球的原因：

（1）由于生球强度不够，形成大量粉末经回转窑进入环冷机，使料层冷却不透，产生红球。

（2）由于链箅机温度不够，使生球爆裂，产生大量粉末经回转窑进入环冷机，使料层冷却不透，产生红球。

（3）环冷机布料不均，使冷却风从料层薄的地方通过，使料层厚的地方无法冷却。

对策：1）提高生球强度，减少粉末形成。2）合理控制链箅机各段温度，减少生球爆裂。3）一旦产生大量粉末入窑或进入环冷机，应减少生球进球量，降低链箅机转速，加快回转窑及环冷机转速，同时将环冷机一、二段鼓风机风量调到最大。

B 环冷机主要故障及操作预案

（1）固定筛漏水。固定格筛漏水时，窑头会产生大量蒸汽，此时应打开窑头罩所有的门，停止喷煤和造球，窑转速降为 0.2 r/min，待窑头罩不大于 800℃时，减少冷却水量不大于 200℃时，进行维修。

（2）受料斗耐火材料脱落。

（3）受料斗冷却水出现故障，应立即停止链箅机布料，降低回转窑转速，加大环冷机转速，尽快排出受料斗中物料，组织抢修。

（4）当冷却风机出现故障时，应立即减少产量 50% 以上，组织抢修回转窑，链箅机维持低速运转，保证生产。

（5）环冷机在正常运转时，如果突然停机，应立即关闭主电机，同时启动事故电机。

5.1.2.5 停电保护和送电恢复生产

（1）停电倒闸或按计划停电时，球团生产设备停机及开机顺序。

在链箅机—回转窑—环冷机球团生产过程中，如果遇到电网倒闸或按计划停电时，可按下列步骤操作，以确保热工设备安全及快速恢复生产：

1）电网倒闸或按计划停电，供电部门是有严格的时间的，因此，要加强与矿总调度室的联系,确认倒闸或停电时间。

2）安排钳工、电工对厂内柴油发电机的柴油、机油、冷却水,启动电瓶等进行检查,如发现问题,立即进行处理。如没有问题,应再进行空负荷试车一次,为厂内应急供电做好准备。

3）在确认倒闸或停电的准确时间后,应根据链箅机预热段温度,回转窑、窑头、窑尾温度,提前 $1～1.5\,h$,进行减料降温准备,在停电时确保链箅机预热段温度在 $600\,℃$ 左右,窑尾温度不应高于 $650\,℃$。

4）在停电前半小时,停止从转运站上料,并将圆筒干燥机内的物料排空,然后停止精矿干燥系统运行。

5）在停电前半小时,停止煤粉制备系统运行,并将球磨内煤粉排空。同时,关闭热风炉阀门,打开兑冷风阀,降低煤磨出口温度。

6）在停电前 $20\,min$,通知水泵工做好重新启动水泵的准备。

7）在停电时,立即打开链箅机灰腿的所有小门。

8）在停电前 $10\,min$,依次停造球、筛分、配料、链箅机,开链箅机放散。将回热风机、鼓干风机、抽干风机的风门全部关到零位并停机。停止喷煤,并关闭喷煤系统,喷煤罗茨风机和助燃风机不停,以吹扫煤枪管道,并降低煤枪喷嘴温度。

9）通知电工到柴油发电机、高配室、低配室待命。

10）通知回转窑岗位工到液压动力站做好手动盘窑准备。

(2) 当进厂电源停后,应按下列步骤,局部恢复供电。

1）在发电机旁的待命电工,迅速启动柴油发电机。

2）在高、低配室待命的电工,看到柴油发电机供电后,立即合上两台冷水泵和一台热水泵的闸刀,合上一台回转窑液压动力站电机闸刀。

3）水泵供电后,立即启动一台冷水泵,$3\,min$ 后再启动另一台冷水泵,并通知主控室。另外,视柴油发电机负荷情况,再开一台热水泵。

4）回转窑液压动力站待电机供电后,立即启动电机,维持回转窑慢转。

(3) 当厂外供电恢复后,应按下列步骤恢复供电,并启动设备。

1）停止柴油发电机运转。

2）在高低配室检查所有设备闸刀是否有断开。

3）将所有变频电机,变频复位。

4）立即启动两台冷水泵,一台热水泵。

5）将回转窑的液压动力控制选择到自动状态,并供柴油到窑头点火。

6）主控室立即重新启动所有控制电脑,并检查设备是否在自动状态。

7）窑头点火成功后,将回热风机、抽干风机、鼓干风机,环冷Ⅰ、Ⅱ段风机、喷煤罗茨风机、助燃风机启动,根据窑头压力及温度情况,相应调节各风机风门。

8）根据窑头温度,重新启动喷煤系统,根据链箅机温度,关上链箅机灰腿小门。

9）当达到投料温度时,启动配料系统、筛分系统、造球系统,投料生产。

10）启动成品外运系统,视环冷机台车堆料情况,启动环冷机,并确认环速,调节风门,确保物料冷却。

5.1.3　链算机—回转窑球团生产热工制度

采用链算机—回转窑工艺生产氧化球团矿,为保证工艺可靠、设备良好运行、生产稳定,除所使用的含铁原料、粘结剂和煤粉符合工艺要求之外,最关键的就是链算机—回转窑热工系统的合理控制。

以武钢程潮铁矿球团厂年产120万t氧化球团为例说明热工制度操作原则,该厂链算机设计为鼓风—抽风式三室四段式工艺流程。

5.1.3.1　生球的干燥预热及氧化

链算机(4 m×33 m)借助回转窑的热废气,通过内部循环,完成生球的脱水干燥、预热和氧化,温度梯度明显,其中鼓风干燥段长度6 m,干燥时间3.5 min,风箱温度:200~250℃,鼓风干燥段由于生球抗压强度差,温度不宜过高,烟罩温度不得超过90℃,以免造成底层生球破裂,影响整个料层的透气性;抽干Ⅰ段长度6 m,干燥时间3.5 min,烟罩温度:300~400℃;抽干Ⅱ段长度8 m,干燥时间4.5~5 min,烟罩温度:500~650℃,系统脱水的主要过程发生在抽干段(80%以上),要求的风速在1.5 m/s以上;预热段长度12 m,干燥时间7 min,烟罩温度:900~1000℃,风箱温度:450~550℃。在整个干燥预热过程中,除要求生球必须达到一定的抗压强度(500N/个以上)和抗磨性能之外,干球氧化55%以上发生在预热段,因此该段的温度必须保证在950℃以上。

操作过程中,起步时机速控制在0.6~1.0 m/min,待温度逐步达到要求后,根据布料情况调整机速;布料前应先启动所有风机,打通风流系统,确保各段温度。随时观察1号回热(不大于300℃)、2号回热(不大于400℃)和抽干风机入口温度和抽干风机风量,确保抽干除尘器滤袋的安全(不大于200℃),及时开停兑冷风阀(在以上正常温度范围内严禁开启所有兑冷风阀)。

5.1.3.2　干球的焙烧与氧化冷却

程潮球团厂回转窑设计为肥胖窑(ϕ5 m×33 m)干球在回转窑内主要发生氧化、再结晶和固相固结等变化,必要的氧分、温度以及它们的高速载体——热空气是必须具备的3个基本条件。因此,燃煤的粒度、燃烧性能和煤粉在窑内的分布、一次风和助燃风、送煤风的风量都必须合理控制,以确保窑内合理的温度分布和气氛。

A　窑内火焰及温度分析

(1)粉煤燃烧必须达到以下3个基本要求:

1)保证一次空气中粉煤的浓度均匀,呈悬浮状态的粉煤不沉落;

2)保证空气粉煤混合物呈紊流状态(即骚乱状态)以强化气流的扩散过程,回转窑因需要火焰较长,混合物喷出速度一般为40~75 m/s(即是送煤风量为2500~3000 m³/h,此时火焰可达10~15 m),速度过低则可能引起回火伤人和粗的煤粉颗粒从火焰中沉降到窑壁(此现象有时在窑内十分明显),引起窑壁局部高温,速度过大则可能使火焰脱离烧嘴而引起灭火;

3)二次空气以30 m/s的速度从火焰根部引入,以保证煤粉完全燃烧。

(2)目前窑内火焰情况:根据现场观察,目前窑内火焰刚度差,火柱没劲,呈短促的棉团状,火焰边缘直接与窑壁或物料接触,特别是结圈物未清除干净时,现象更为明显,这是结圈快速长大的根本原因所在。

（3）目前窑内温度情况：由于对抽风干燥布袋除尘反吹风风管维检不到位，造成除尘器堵塞，影响了抽干风机的风量，窑内正压严重，加之火焰短促，链箅机温度难以保证（750℃左右），加大喷煤量（4.5 t/h 以上），势必引起窑温升高，促使低熔点粘结相的形成。

B　回转窑热工制度

回转窑目前配有 3 个测温点，分别分布在窑头罩、窑中火焰头部、窑尾罩 3 个部位，此外，窑头还配有红外线测温仪以指示火焰温度，点火烘炉、升温操作以及正常生产时均以窑中热电偶为准。使用磁铁矿生产氧化球团时，正常的热工制度：正常生产时，窑头热电偶：1000 ~ 1100℃（窑头罩）；窑中热电偶：1100 ~ 1200℃；窑尾热电偶：950 ~ 1050℃（窑尾罩），火焰温度控制在 1300℃ 以上。窑的转速必须根据链箅机机速运行情况调整（0.9 ~ 1.3 r/min）；但窑内有料时，窑转速不小于 0.6 r/min，确保干球在窑内的焙烧时间，避免高温还原和产生还原气氛，控制窑尾吐球和回转窑结圈。达到 1100℃ 时的助燃风量为 2700 ~ 3100 m³/h，送煤风量为 3000 ~ 3700 m³/h，喷煤压力不大于 40 kPa，煤量为 3.5 t/h ± 0.5 t/h。

C　焙烧球的氧化冷却

氧化球的冷却采用环冷机鼓风冷却（69 m²），环冷机热废气温度对整个热工系统至关重要。一段热废气风温直接影响窑内温度和煤粉的完全燃烧，温度：1000 ~ 1100℃，二段热废气风温则影响链箅机抽干二段的烟罩温度，二段风风量必须不对抽干引风量构成威胁，确保抽干段的负压操作。此外，由于肥胖窑设计时，球团焙烧时间太短，因此，球在环冷一段还会发生部分氧化和再结晶反应，确保成品球达到质量要求（见表 5-3）。操作时根据环冷三段的温度情况，合理调整两台风机的鼓风量，氧化球团的冷却以一、二段为主，三段为辅，从而保证冷却余热最大限度的回收利用。从回转窑排出的热氧化球，通过环冷机冷却后，出料温度至 150℃ 以下。起步操作：一段风门 5% ~ 10%，确保一段排风温度以不小于 200℃/h 的速度上升；及时调整环冷机转速（0.5 ~ 1.5 r/min），确保料厚在 760 mm，并严格控制回球烧坏成品皮带；环冷热工控制：Ⅰ 段开度：50% ~ 70%，温度：950 ~ 1100℃；Ⅱ 段开度：40% ~ 60%，温度不小于 400℃。

表 5-3　回转窑窑头球（急冷）与成品球质量比较

样　　品	抗压强度/N·个⁻¹	FeO 含量/%	转鼓指数（ +6.3mm）/%	耐磨指数（ -5mm）/%
窑头球	2008	2.65	88.8	5.87
成品球	2628	0.79	93.0	3.53

5.1.3.3　热工系统的风流匹配

A　风流系统基本概况

如图 5-2 所示，整个热工系统设计工艺风机共 6 台，其中抽干和鼓干为引风风机，设计总风量为 670000 m³/h，环冷 1 号、2 号为一次风进风风机，设计进风量为 340000 m³/h，两台回热风机配合链箅机系统实现工艺温度梯度。考虑到抽干除尘器设计为脉冲滤袋除尘器，压头损失大（50% 以上），鼓干风机由于漏风率高，考虑到热风通过料层所受阻力，在系统满负荷生产时，进风风量开到 90% 以上，引风风量肯定无法达到匹配要求，链箅机、回转窑和环冷机只能在正压下操作，难以达到工艺要求。因此，对风流系统的改造应该集中在抽干除尘器和鼓干风机增容上。

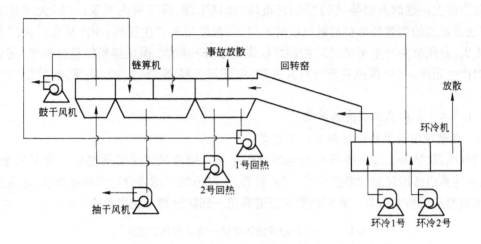

图 5-2 武钢程潮链箅机—回转窑球团风流系统

B 窑头出现正压操作原因及控制

窑头正压操作是整个热工系统风流匹配失衡最为典型的现象,它不仅影响了产品质量,破坏了热量平衡(链箅机无法达到工艺温度)、恶化了操作环境,而且长期正压操作还会造成窑头密封罩和筒体被高温烧坏,不到两年时间,程潮球团回转窑头已经经过了 3 次更换,严重影响了生产。窑头产生正压的原因:根据日常生产操作的观察窑头产生正压的现象主要有以下几个方面:(1)干球质量不好,产生大量粉末和碎球,窑内气氛不好,造成窑头正压。(2)环冷机和回热、抽干、鼓干风机和风量没有调整好,环冷机的鼓风风门过大而回热、抽干、鼓干风机的风门开的过小造成正压。(3)当回转窑内如果煤没有充分燃烧引起爆燃,窑头也会引起瞬间正压。(4)如果二冷段的鼓风机的风门设在 65℃ 以上时环冷机的二冷段有 120 Pa 以上的正压,三冷就会高过 200 Pa 以上的正压,若如此大的风压不被释放出来,必然会使窑头产生正压。武钢程潮 120 万 t/a 球团生产线工艺风机技术参数见表5-4。

表 5-4 武钢程潮 120 万 t/a 球团生产线工艺风机技术参数

抽干风机	风量	/m³·h⁻¹	460000
鼓干风机	风量	/m³·h⁻¹	210000
	全压	/Pa	2000
1 号回热风机	风量	/m³·h⁻¹	255000
	全压	/Pa	5500
2 号回热风机	风量	/m³·h⁻¹	255000
	全压	/Pa	8000
环冷冷却风机	压力	/Pa	5880(Ⅰ段),5390(Ⅱ、Ⅲ段)
	风量	/万 m³·h⁻¹	1 号16 2 号18
	工作温度	/℃	常温
助燃风机	型号		ARF250
	压力	/Pa	101300
	风量	/m³·h⁻¹	4382
送煤风机	型号		M7-29-11№12.5D
	压力	/Pa	6610~6647

解决以上问题的方法是:(1)控制好造球,烧好干球,保证窑内气氛。(2)大流量生产时,应注意适当的调整环冷机的鼓风机的风门,不至于窑头产生正压;小流量生产风门不至于开太大,避免窑头产生正压;(3)控制好喷煤的水分和粒度,保证煤粉的充分燃烧,避免产生爆燃产生正压。(4)风流系统应打开放散,保证风流畅通,不至于产生窜风,使窑头产生正压。

5.1.3.4　合理热工制度的确定

A　程潮球团链算机—回转窑热工制度

调好风温、烧好干球是链算机的基本操作要求。调好风温是指调整好链算机风量、温度,做到链算机各段风量和温度分布均匀、合理,生产出的干球质量达到标准要求,避免由于干球爆裂而造成粉末入窑。武钢程潮球团链算机—回转窑热工制度见表5-5。

表 5-5　武钢程潮球团链算机—回转窑热工制度

链算机		回转窑		环冷机	
部　位	温度/℃	部　位	温度/℃	部　位	温度/℃
鼓干段烟罩	60～80	窑头温度	1000～1100	环冷一段	1000～1150
抽干一段烟罩	300～450	窑中温度	1100～1200	环冷二段	400～800
抽干二段烟罩	500～700	窑尾温度	950～1050	环冷三段	<300
预热段烟罩	900～950	窑头压力	<0Pa	环冷机布料厚度	760 mm±10 mm
2号风箱	200～250	双色温度	1350		
4号风箱	160～200	抽干除尘器			
6号风箱	250～300	冷风阀前后温差	<20℃		
8号风箱	350～400	除尘器入口温度	140～230℃		
11号风箱	450～550	除尘器压差	0.9～1.5 kPa		
1号回热进口	400～450	反吹风压力	0.15～0.25 MPa		
2号回热进口	250～300				
链算机布料厚度	200±10 mm				

B　高温停机热工操作要求

由于筛分布料、物流系统及链算机本身在生产过程中可能都出现意外故障,必须停机处理。一般在预热段温度高于800℃以上时停机即为高温停机,由于停机时间从10 min到1 h以上不等,所以,为保护链算机算床、布袋除尘器、耐热风机等重要设备,并确保恢复生产后工艺控制的连续性,对链算机停机操作应该注意:

(1)筛分布料系统:在高温停机过程,小球辊筛原则上不得停止运行,返料系统和放灰系统按正常操作,确保物流畅通。

(2)链算机系统:高温停机后,必须迅速打开 φ800 放散(事故放散)和鼓风干燥段以后所有灰腿小门,开启所有兑冷风阀,抽干风机流量降低20%～30%;1号回热风机和2号回热风机开到最小;确保预热段风箱在550℃以下,确保链算机算床不被高温直接损坏。抽干布袋除尘入口温度在恢复生产时,链算机机速控制在0.5 m/min,逐步启动抽干风机及两台回热风机。

（3）回转窑系统：链算机停机后，回转窑转速不得超过 0.6r/min，喷煤量在 5 min 内下降到 0.5 ~ 1.0 t/h，并根据火焰稳定情况调整送煤风风量和助燃风风量。

（4）环冷机系统：当系统高温停机后，环冷机应根据布料厚度降低转速，并降低 Ⅰ 段鼓风风量，确保窑头负压操作。

5.1.4 链算机—回转窑球团生产工艺质量控制

以武钢程潮铁矿球团厂年产 120 万 t 氧化球团为例说明生产工艺质量控制原则。

5.1.4.1 原料和成品质量控制

A 原燃料质量标准（表 5-6）

表 5-6 链算机—回转窑球团生产原料质量要求

名　称	质 量 要 求
铁精矿	水分（干燥后）≤9%，粒度 -200 目≥80%，TFe≥67.5%
膨润土	水分≤10%，吸蓝量≥30 g/100 g，2 h 吸水量≥300%，-200 目≥98% 膨胀容≥10，胶质价≥90 mL/15g
烟煤	挥发分17% ~20%、灰分13% ~15%、灰分熔点≥1400℃、S≤0.5%、发热值≥29 MJ/kg、水分 <8.0%

B 氧化球团质量标准（表 5-7）

表 5-7 链算机—回转窑氧化球团质量标准

项　目	项目名称	一　级　品	二　级　品
化学成分	TFe/%	65 ± 0.5	± 1.0
	FeO/%	≤1	≤2
	$R = CaO/SiO_2$	± 0.05	± 0.08
	S/%	< 0.05	< 0.08
物理性能	抗压强度/N · 个$^{-1}$	≥2500	≥1500
	转鼓指数(+6.3mm)/%	≥90	≥86
	抗磨指数(-0.5mm)/%	< 5	< 8
	筛分指数(-5mm)/%	< 5	< 5
冶金性能	膨胀率/%	< 15	< 20
	还原度指数(RI)/%	>65	>65
粒度组成	8 ~16mm 范围合格率/%	>95	>80

C 生产主要指标与消耗（表 5-8）

表 5-8 链算机—回转窑球团生产主要指标与消耗

项　目	设计指标	2003 指标	2004 指标	国内最好指标
日产量/t	3636	1700	3600	3800
矿耗/t · t^{-1}	0.974	1.00	0.97	0.961

项　　目	设计指标	2003 指标	2004 指标	国内最好指标
膨润土消耗/kg·t^{-1}	12.0	34	12.0	13.26
柴油消耗/kg·t^{-1}	1.10	7.357	1.10	1.00
燃煤消耗/kg·t^{-1}	23.0	86.78	23.0	14.34
水耗/m^3·t^{-1}	0.19	0.85	0.19	0.04
电耗/kW·h·t^{-1}	11.3	91.533	11.3	32.07
工序能耗(标煤)/kg·t^{-1}	33.86	60.65	33.86	22.66
TFe/%	≥65	62.98	≥65	65.60
抗压强度/N·个$^{-1}$	≥2500	1839.6	≥2500	2560
FeO/%	<1	2.65	<1	0.43
主线作业率/%	90.4	49.8	90.4	99.19

5.1.4.2　工序质量要求与控制

A　球团生产检测要求

球团生产检验有以下几项：

(1) 进厂精矿：

检测内容：水分、粒度、TFe、FeO

取样地点：进料皮带(每 30 min 取一次,2 h 为一个检验单位)

(2) 配料精矿：

检测内容：水分、粒度

取样地点：配料皮带(每 30 min 取一次,2 h 为一个检验单位)

(3) 混合料：

检测内容：水分、TFe

取样地点：造球皮带(每 30 min 取一次,2 h 为一个检验单位)

(4) 膨润土：

检测内容：水分、粒度、吸蓝量、吸水率、胶质价或膨胀容

取样地点：进厂抽样

(5) 进厂煤粉：

检测内容：水分、灰分、灰分熔点、挥发分、热值

取样地点：进厂抽样

(6) 喷煤粉：

检测内容：粒度(-200 目),水分

取样地点：螺旋输送给煤机(每 30 min 取一次,2 h 为一个检验单位)

(7) 生球：

检测内容：落下强度、粒度、抗压强度

取样地点：生球皮带(每 30 min 取一次,2 h 为一个检验单位)

(8) 干球：

检测内容：抗压强度、FeO 含量、转鼓强度

取样地点:链箅机头(每2h取一次,为一个检验单位)

(9)窑头球:

检测内容:抗压强度、FeO含量

取样地点:窑头(每2h取一次,为一个检验单位)

(10)成品球:

检测内容:平均粒径、粒度、抗压强度、TFe、FeO含量、-5 mm含量、S、CaO/SiO₂、冶金性能检测(待生产稳定后每年检测一次)

取样地点:成品皮带(每30 min取一次,2 h为一个检验单位,样量不少于2.5 kg)

B 工序质量要求(表5-9)

表5-9 链箅机—回转窑球团生产工序质量控制要求

序 号	工序项目	工 序 标 准
1	铁精矿	TFe≥67.5%
	精矿干燥	干燥前水分>9.0%时,干燥后水分<7%
	高压辊磨	进料比表面积为1000~1300 cm²/g时,排料比表面积为1600~1800 cm²/g
	配 料	混返矿配比量≤30%
2	造 球	生球水分:8.6%±0.2%
	生球筛分	返球量:≤20%
	干燥预热	布料厚度:220 mm±5 mm(生球质量差可适当降低,但要保证造球量)
3	焙 烧	小时煤量消耗波动±0.4 t/h(不含升、降温)
	冷 却	布料厚度:760 mm±10 mm
		出料温度:≤120℃
	成品球质量	平均抗压强度≥2500N/个
	煤粉制备	原煤水分<8%

5.2 主要设备及结构特点

5.2.1 回转窑及其工艺参数

5.2.1.1 回转窑结构特点

回转窑主要由筒体、窑头、窑尾密封装置、传动装置、托轮支承装置(包括挡轮部分),滑环装置等组成。筒体由两组托轮支承,靠一套大齿轮及悬挂在其上的柔性传动装置、液压马达驱动筒体旋转,在窑的进料端和排料端分别设有特殊的密封装置,防止漏风、漏料。另外在进出料端的筒体外部,用冷风冷却,以防止烧坏筒体及缩口圈和密封鳞片。

A 窑头、窑尾密封装置

窑尾密封装置由窑尾罩、进料溜槽及鳞片密封装置组成,主要是用于联系链箅机头部与回转窑筒体尾部,组成链箅机与回转窑的料流通道。窑头密封装置由窑头箱及鳞片密封装置组成,主要用于联系回转窑头部与环冷机给料斗,由回转窑筒体来的焙烧球团矿,进入窑头箱后通过其下方的固定筛,由给料斗给到环冷机台车上进行冷却。

头、尾密封的形式采用鳞片式密封,其主要结构特点为:通过固定在头、尾部灰斗上的金属鳞片与旋转筒体上摩擦环的接触实现窑头及窑尾的密封。其中鳞片分底层鳞片、面层鳞片及中间隔热片。底层鳞片由于与筒体摩擦环直接接触,要求其能有较好的耐温性能及耐磨性能,并具有一定的弹性。面层鳞片主要用于压住底层鳞片,使其能与筒体摩擦环紧密接触而达到密封效果,它必须具有良好的弹性,并能耐一定的温度。中间隔热片是装在底层鳞片与面层鳞片之间的,主要是起隔热作用,要求其能耐高温,并有良好的隔热性能及柔软性能。另外,筒体摩擦环与鳞片始终处于相对运动状态,因此它必须能耐高温,而且还必须具有耐磨特性。鳞片密封的特点是结构简单,安装方便,重量轻,且成本相对较低。

B　筒体

筒体由不同厚度的钢板焊接而成。筒体支承点的滚圈是嵌套在筒体上的,并用挡铁固定在筒体上。

C　支承装置

本回转窑共有两个支承点,从排料端到进料端分别标为 No.1、No.2;其中 No.2 靠近传动装置,在安装时定为基准点。

每组支承点均由嵌在筒体上的滚圈支承在两个托轮上,它支承筒体的重量并防止筒体变形。托轮轴承采用滚动轴承,轴承由通向轴承座内的冷却水来冷却。筒体安装倾斜角度 2.5°~3.0°。由推力挡轮来实现窜窑时筒体的纵向移动。推力挡轮是圆台形,内装有 4 个滚动轴承。

1 号、2 号支承装置附设液压系统,用于自动控制窜窑,以实现滚圈与托轮的均匀磨损。

D　传动装置

回转窑传动方式有电机——减速机传动方式和柔性传动方式。

电机——减速机传动方式由于安全性差、噪声大,新设计的回转窑一般不予采用。

柔性传动装置提供回转窑的旋转动力,它通过装在大齿轮上的连杆与筒体连接而使筒体转动。主要由动力站、液压马达及悬挂减速机等组成。

液压马达压杆与扭力臂连接处采用关节轴承,压杆座采用活动铰接,以补偿因热胀(或窜窑)引起的液压马达与基础之间的各向位移。传动部分的开式齿轮副及悬挂减速机中的齿轮副采用干油通过带油轮带油进行润滑;悬挂装置轴承则由电动干油系统自动供脂润滑。

E　热电偶滑环装置

热电偶滑环装置用于将热电偶的测温信号送到主控仪表室进行监控,以作为温度控制的重要依据。本窑在筒体的中部设一个测温点,热电偶滑环装置带有两根滑环,其中一根备用。

回转窑是一个尾部(给料端)高,头部(排料端)低的倾斜筒体。球团在窑内滚动瀑落的同时,又从窑尾向窑头不停地滚动落下,最后经窑尾排出,也就是说球在窑内的焙烧过程是一个机械运动、理化反应与热工的综合过程。在这一点上回转窑焙烧球团比竖炉、带式机焙烧球团皆显得复杂。这也是它的焙烧球团质量较后两者均匀原因所在。

5.2.1.2　回转窑的参数

包括长径比、长度、直径、斜度、转速、物料在窑内停留时间、填充率等。

A 长径比

长径比(*L/D*)是回转窑的一个很重要的参数。长径比的选择要考虑到原料性质、产量、质量、热耗及整个工艺要求,应保证热耗低、供热能力大、能顺利完成一系列物理化学过程。此外还应提供足够的窑尾气流量并符合规定的温度要求,以保证预热顺利进行。生产氧化球团矿时常用的长径比为6.4~7.7,早期曾用过12,近几年来,长径比已减少到6.4~6.9。长径比过大,窑尾废气温度低,影响预热,热量容易直接辐射到筒壁,使回转窑筒壁局部温度过高,粉料及过熔球团粘结于筒壁造成结圈。长径比适当小些,可以增大气体辐射层厚度,改善传热,提高产品质量和减少结圈现象。

B 内径和长度

美国爱立斯—恰默斯公司计算回转窑尺寸的方法是:在回转窑给料口处的气流速度设计时取28~38 m/s,按此计算出给矿口直径,加上两倍的回转窑球层的厚度,得出回转窑的有效内径和选定的长径比即可求出有效长度。

C 倾斜度、转速及物料在窑内的停留时间

回转窑的倾斜度和转速的确定主要是保证窑的生产能力和物料的翻滚程度。根据试验及生产实践经验,倾斜度一般为3%~5%,转速一般为0.3~1.5 r/min。转速高可以强化物料与气流间的传热,但粉尘带出多。物料在窑内停留时间必须保证反应过程的完成和提高产量的要求。当窑的长度一定时,物料在窑内停留时间取决于料流的移动速度,而料流的移动速度又跟物料粒度、黏度、自然堆角及回转窑的倾斜度、转速有关。物料在窑内停留时间一般为30~40 min。

D 填充率和利用系数

窑的平均填充率等于窑内物料体积与窑的有效容积之比。国外回转窑的填充率一般在6%~8%。回转窑的利用系数与原料性质有关。磁铁矿热耗低,单位产量高。但是由于大小回转窑内料层厚度都差不多,大窑填充率低,因此长度相应取长些,以便保持适当的焙烧时间。爱立斯—恰默斯公司认为回转窑利用系数应以回转窑内径的1.5次方乘窑长再除回转窑的产量来表示更有代表性。

回转窑的热工制度根据矿石性质和产品种类确定,窑内温度一般为1300~1350℃。日本加古川产品为自熔性氧化镁球团矿,焙烧温度为1250℃。

回转窑所用燃料:北美多用天然气,其他国家多用重油或气、油混合使用。燃料燃烧所需要的二次空气,一般来自冷却机高温段,风温约1000℃左右。由于20世纪70年代后重油价格猛涨,国外进行了大量的烧煤试验,爱立斯—恰默斯已为巴特勒、埃费勒斯、蒂尔登、恩派尔等厂回转窑装备了烧煤系统。

回转窑烧煤可能引起窑内结圈,如果选择适宜的煤种,采用复合烧嘴,控制煤粉粒度(-200目占80%以上)及火焰形状,控制给煤量等可以防止窑内结圈。

爱立斯—恰默斯公司提出煤质量要求:发热值不小于19.48 MJ/kg,水分不大于2.6%,灰分不大于6%,灰分在氧化气氛下初变形不小于1430℃,挥发分不小于25%。如生产自熔性球团矿,还应控制煤中含硫量。

回转窑生产时不可避免地会出现计划停窑或突然停电事故,如果处理不善,将产生窑体弯曲和耐火砖脱落的严重后果。突然停电后,窑体不转,由于自重和窑体温度不均,炽热球团集中在下部,因而上下温差大,造成窑体弯曲,致使齿轮咬死或啮合不良。同时在停窑后,窑内温度下降快,耐火砖受急冷后脱落,造成无法再继续生产的后果。为了防止这类事故,厂内设有备用电源,遇突然停电时,就可以利用备用电源,将回转窑转速降低到正常转速的1/10 或 1/20,保持慢转。

5.2.2　链箅机及其工艺参数

5.2.2.1　链箅机工作原理

链箅机是将含铁球料布在慢速运行的箅板上,利用环冷机余热及回转窑排出的热气流对生球进行鼓风干燥及抽风干燥、预热、氧化固结,而后直接送入回转窑进行焙烧,链箅机上的粉料,由灰斗收集后再次利用。链箅机是在高温上工作的一种热工设备,主要零、部件采用耐热合金钢;对预热段及抽风Ⅱ段上的托辊轴、传动主轴及铲料板支撑梁采用通水冷却措施,以延长使用寿命。头部卸料采用铲料板装置和一套排灰设施。

5.2.2.2　链箅机主要组成和结构特点

A　传动装置

传动装置形式为双侧传动,主要由电动机、悬挂减速装置和稀油润滑系统等组成。其驱动方式为:电动机→悬挂减速装置→链箅机头部主轴装置。

为适应链箅机生产能力和原料状况的变化,设计中选用了变频专用电动机进行变频调速,使链箅机运行装置的运行速度在一定范围内实现无级调速。

悬挂减速装置采用三环减速机形式,左右各一套,通过胀套连接悬挂在头部主轴的两端。该悬挂减速装置具有外形小、传动比大、承载能力强、效率高、运转平稳等优点。悬挂减速装置自带平衡和扭力杆,以平衡减速机的自重和头轮主轴的工作扭矩。

稀油润滑系统由两套稀油站、润滑管路和润滑附件所组成。两套稀油站分别独立地向其中一台悬挂减速装置供油,实现强制润滑和冷却。

B　运行部分

运行部分是链箅机的核心,它是由驱动链轮装置、从动链轮装置、侧密封、上托辊、下托辊、链箅装置及拉紧装置等组成。

驱动链轮装置安装在链箅机头部,链轮轴上装有 6 个等间距的链轮。轴承采用滚动轴承,该轴承座设计成水冷式,同时侧板采用耐热内衬隔热。并在侧板与轴承座间装有隔热水箱,从而避免主轴轴承过热。主轴为中间固定,两端可自由伸长,轴心部采用通水冷却措施。

侧密封包括静密封和动密封。静密封固定在链箅机的骨架上,动密封由链箅装置的侧板所形成。该侧板置于上滑道的上方,与滑道形成一个滑动密封。因侧板孔为长孔,故侧板能上、下移动,以补偿因磨损带来的间隙。同时静密封每隔一段距离有一观察孔,该观察孔有两个作用,其一可以观察链箅装置运行情况,其二可以清除滑道上的落料。需注意,侧密封用两种材质做成,一种是耐热钢,用于预热段,抽风干燥Ⅱ段;另一种为普通材质,用于抽风干燥Ⅰ段、鼓风干燥段。

链箅装置是以牵引链节、箅板、两侧板、小轴、定距管等组成的多节辊子链,呈带状做循环运动。在箅板运行中,使料球干燥及预热。整个链箅装置是在高温环境下工作,又承受巨大的工作载荷。因此,链节、小轴、箅板能否承受恶劣的工作环境是关系到整台链箅机能否正常工作的关键。考虑到这一因素,我们对其结构作了较大的改进,同时选择了更好的耐热钢材质。零、部件的加工方面也相应提出了一些具体要求,如对链条、小轴及侧板进行固溶化处理,使合金中各相得到充分溶解,以强化固溶体。另外可得到一定的晶粒度,使得这些材质的持久强度、蠕变强度大大提高。

上托辊的作用是对箅板及上的物料起支撑作用,保证其运行顺利。为此在上托辊链轮的布置上采用人字形,从而避免链箅装置跑偏。高温段上托辊轴为通水冷却。下托辊的作用是对回程道上的箅板起支撑作用。

C 铲料板装置

铲料板装置包括铲料板及支承、链条装置、重锤装置及拉紧装置。铲料板的主要作用是将箅板上的物料送入回转窑。重锤装置可以使铲料板做起伏运动,既可以躲避嵌在箅板上的碎球对铲料板的顶啃,又可防止铲料板漏球,铲料板与箅板之间的间隙为 2 ~ 3 mm。对可能出现的散料由头部灰斗收集并排出。因该处为链箅机的高温区域,铲料板采用了高温下耐磨损的耐磨合金钢,即具有高 Cr、Ni 含量并配以适量稀土元素的奥氏体耐热钢。其具有耐热不起皮的特点,高温强度与韧性都相当高。同时,铲料板支撑梁采用通水冷却,以提高其使用寿命。链条装置对箅板起导向作用,采用耐热合金钢制作,链条装置能根据箅板的实际运行情况进行调整(通过拉紧装置调整),保证箅板在卸料后缓慢倾翻,减少对箅板和小轴的冲击。

D 风箱装置

风箱装置由头、尾部密封,抽风干燥Ⅰ段和鼓风干燥段密封及风箱所组成。预热段风箱跨距为 3 m 或 2 m;抽风干燥风箱跨距为 3 m,个别跨距为 2 m;抽风干燥段风箱,跨距一般为 3 m;鼓风干燥段风箱跨距为 3 m。风箱内部均衬以耐火砖。

E 骨架装置

骨架采用装配焊接式,便于运输和调整,尾部 2 个骨架立柱、头部 2 个骨架立柱均为固定柱,其余柱脚均为活动柱,以适应热胀冷缩。

F 灰斗装置

灰斗装置的作用是收集散料。收集的散料通过灰箱出口落入工艺运输带上并被带走。

G 润滑系统

润滑系统为电动干油集中润滑,主要对链箅机轴承进行定时、定量供脂。链箅机润滑系统分为头部电动干油集中润滑系统和尾部电动干油集中润滑系统。

5.2.2.3 链箅机工艺类型及选择

A 链箅机干燥预热工艺类型

链箅机—回转窑法的生球在链箅机上利用从回转窑出来的热废气进行鼓风干燥、抽风干燥和抽风预热。其干燥预热工艺可按链箅机炉罩分段和风箱分室分类。

按链箅机炉罩分段可分为:二段式,即将链箅机分为两段,一段干燥和一段预热;三段式,即将链箅机分为三段,两段干燥(第一段又称脱水段)和一段预热;四段式,即将链箅机分为四段,一段鼓风干燥、两段抽风干燥和一段抽风预热。

按风箱分室又可分为:二室式,即干燥段和预热段各有一个抽风室,或者第一干燥段有一个鼓风室,第二干燥段和预热段共用一个抽风室;三室式,即第一和第二干燥段及预热段各有一个抽(鼓)风室。

B 链箅机工艺类型选择的主要依据

生球的热敏感性是选择链箅机工艺类型的主要依据。一般赤铁矿精矿和磁铁矿热敏感性不高,常采用二室二段式。但为了强化干燥过程,也采用一段鼓风干燥、一段抽风干燥和预热,即二室三段式。当处理热稳定性差的含水土状赤铁矿生球时,为了提供大量热风以适应低温大风干燥,需要另设热风发生炉,将不足的空气加热,送低温干燥段。这种情况均采用三室三段式。日本加古川1号球团厂所用含铁原料是磁选铁精矿、天然赤铁矿、含水赤铁矿的混合物,为了生产含氧化镁的自熔性球团矿,在配料中加入适量的石灰石和5%白云石及0.5%~0.8%膨润土。赤铁矿和石灰石、白云石混磨后,参加配料,磨矿粒度小于325目占65%,比表面积为280 m²/kg。根据这种原料条件,该厂采用三室三段式链箅机。对于粒度很细(小于500目占80%以上),水分较高的精矿和土状赤铁矿等热稳定性很差,允许初始干燥温度很低的生球,需要较长干燥时间,其干燥预热工艺也有采用三室四段的。

C　选择实例

美国皮奥尼尔厂,原料是土状赤铁矿、假象赤铁矿和含水氧化铁矿,生球破裂温度只有140℃,该厂采用全抽风的三室四段式,即三个抽风干燥段和一个抽风预热段。美国蒂尔登厂原料为假象赤铁矿、土状赤铁矿、含水氧化铁矿以及少量的磁铁矿和镜铁矿混合矿,允许初始干燥温度为104℃,采用的是一个抽风预热段的三室四段式。第三干燥段可以由预热段供热,也可由冷却机的第二冷却段的回热气流供热。由于经过第一、第二干燥段后,干燥温度可以提高些,所以第三干燥段用的气流可以通过热风炉再加热。

5.2.2.4　链箅机的主要工艺参数

链箅机处理的矿物不同,其利用系统也不同。链箅机利用系数一般范围:赤铁矿、褐铁矿为25~30 t/(m²·d),磁铁矿为40~60 t/(m²·d)。链箅机的有效宽度与回转窑内径之比为0.7~0.8,多数接近于0.8,个别为0.9~1.0。

链箅机的有效长度可以根据物料在链箅机上停留时间长短和机速决定。

A　链箅机的规格及处理能力

链箅机的规格用其宽度与有效长度来表示。

链箅机的生产能力　　　　　　　$Q = 60BH\gamma V$

或　　　　　　　　　　　　　　$Q = 24SK$

式中　Q——链箅机小时产量,t/h;

　　　B——链箅机有效长度,m;

　　　H——料层厚度,m;

　　　γ——球团堆密度(干),t/m³;

　　　V——机速,m/min;

　　　S——链箅机有效面积,m²;

　　　K——利用系数,t/(m²·d)。

B　链箅机的工艺参数

作为生球脱水干燥和预热氧化的热工设备——链箅机,它是将生球布在慢速运行的箅板上,利用环冷机余热及回转窑排除的热气流对生球进行鼓风干燥及抽风干燥、预热氧化,然后直接送入回转窑进行焙烧,其工艺参数如链箅机长度及各段分配比例、干燥和预热的时间、要求的风量、风温和风速等,必须通过多次试验确定和优化。

以下为根据工业生产中链箅机的工作特点,模拟链箅机的结构和主要技术参数,利用程潮铁矿自产磁铁精矿,研究了生球的料层厚度、干燥温度、预热温度及风速等工艺参数。

采用三段二室抽鼓相结合的干燥预热制度:链箅机料层厚度在 200 ~230 mm 之间。其中,鼓风干燥段:干燥温度 200℃,干燥时间 3 min,风速 1.5 m/s;抽风干燥段:干燥温度 400℃,干燥时间 6 min,风速 1.5 m/s;预热干燥段:预热温度 950℃左右,预热时间 10 min,风速 1.5 m/s,烟气含氧量不低于 11% ~12%。

采用上述链箅机工艺参数,经回转窑焙烧固结后,球团矿抗压强度 2828N/个,转鼓指数(+6.3 mm)93%,耐磨指数(-0.5 mm)3.53%,FeO <1%,成品球质量达到了优质球团质量的要求。

前苏联曾对年产 300 万 tA—C 式机组进行了测试。结果如下:

条件:链箅机速度 6 m/min,料层厚度 180 ~200 mm。

第一干燥段(鼓风):时间 3.5 ~4.5 min,脱除水分 90% ~95%,球团终了温度 220 ~250℃,给入空气量(气流温度 380 ~400℃)1100 ~1250 m³/t。

第二干燥段(抽风):过滤速度 1.25 ~1.50 m/s,完成干燥,即 100% 脱水。给入风量为 120 ~130 m³/t,过滤速度 0.77 ~0.85 m/s,球团最终温度 260 ~290℃。

预热段:时间 3 ~4 min,目的是尽可能高程度地进行磁铁矿氧化和碳酸盐分解。给入风量为 650 ~700 m³/t,温度为 1050 ~1150℃,过滤速度 0.93 ~1.00 m/s,最终温度 1000℃。

5.2.3 环式冷却机及其工艺参数

5.2.3.1 环式冷却机的组成

环式冷却机是由支架、台车、导轨、风机、机罩及传动装置等组成。

环式冷却机是一个环状槽形结构,由若干可翻转的台车组成环形工作表面,环形式中车两侧围有内外墙,构成环形回转体,内外墙内壁均衬有耐火材料。回转环体上部固定一个衬有耐火材料的环形机罩。回转环体与固定机罩之间设有砂封装置,以防止漏风。

环式冷却机可分成给矿部、高温段(第一冷却段)、低温段(第二、第三冷却段)和排矿部等几部分。它们分别用缓冲刮料板、平料板、隔板等隔开。各种隔板常设有强制冷却措施,其冷却方式有水冷和风冷两种,风冷隔板常配有专用冷却风机。给到环冷机台车上的球团,先经过缓冲刮板将料堆初步刮动,随后再通过平料板将料层基本刮平,从而避免料层偏析,以改善透气均匀性。环冷机回转体由环形导轨和若干托辊支承,由传动电机、减速机、小齿轮和大齿轮组成的传动系统传动。环体回转速度可以调节,以使料层保持厚度均匀,转速调节范围一般为 0.5 ~2 r/h 左右。为了应急事故停电,环冷机常配有备用传动装置,由备用电源启动。

由回转窑排矿端(窑头)下部的(固定式)格筛出的结圈块经溜槽排出,用手推小车运至结圈冷却堆处理。

A 环冷机卸矿装置

环冷机的卸矿是在台车运行至卸矿曲轨(台车行车轮的导轨成向下弯曲的曲线段)时,尾部向下倾斜 60°角,边走边卸,卸完矿以后又走到水平轨道上,台车恢复到水平位置后又重新装料。

除上面的卸矿方式外还有一种常用的卸矿方式,在台车内侧装有一摇臂和辊轮,辊轮上部有压轨。在卸料区,压轨向上弯曲,当台车摇臂辊轮到卸矿曲轨处时,辊轮脱离压轨,因台车偏重向下翻转,台车边卸矿边随环形转动框架前进,当遇到下部导轮时,即将台车托平强迫辊轮导入压轨,台车复位后又重新装矿。

　　B　环冷机耐火衬里

　　环冷机各段组成部分(包括内、外墙、隔墙、风罩等)均为钢制结构,视所承受的工作温度高低,衬以不同的耐火材料。日本加古川球团厂环冷机耐火材料使用情况见表5-10。

表 5-10　环冷机耐火材料

耐火材料	使用地点	工作温度/℃
黏土质耐火砖	给矿部拱板 回转环体侧壁 给矿部侧壁 绕冲刮板 平料板	高温约 1000~1200
隔热耐火砖	隔墙侧板	高温约 1000~1200
黏土浇注料	内外墙固定板 格筛溜槽 固定机罩顶部 回转窑二次风管	高温约 1000

　　C　密封装置

环冷机设有密封装置的地方有两处。

　　(1)回转体与固定机罩之间:常采用的有砂封和耐热橡皮密封。

　　(2)风箱与转动框架(回转环体)之间:由于环冷却机一般采用鼓风冷却,风箱温度低所以通常采用橡皮密封。

　　D　环冷机的规格

环式冷却机的规格主要用平均直径(即环冷机的直径)和台车的宽度来表示。目前国外链—回机组球团厂中最小环冷机(美国亨博尔特厂)平均直径为7.72 m,台车宽度为1.3 m,最大的环冷机(美国蒂尔登厂)平均直径为20.10 mm,台车宽度为3.10 m。

　　一般情况下,环冷机的规格是按能力来选择的。环冷机的能力通常按下式计算:

$$Q = 60BH\gamma v$$

式中　Q——环冷机的处理能力,t/h;

　　　　B——台车宽度,m;

　　　　H——料层厚度,m;

　　　　v——环冷机台车移动的平均线速度,m/min;

　　　　γ——球团堆密度,t/m^3。

　　环冷机台车速度(v)按下式计算:

$$v = \frac{\pi da}{t} = \frac{A}{tB}$$

式中　d——环冷机平均直径,m;

　　　　a——台车面积利用系数,一般取 0.74;

　　　　π——3.1416;

　　t——球团在台车上的停留时间,min;

　　A——环冷机台车有效面积,m^2。

　　环冷机的有效面积计算公式:

$$A = \pi dBa$$

环冷机转速一般按下式计算:

$$n = 60\,\frac{v}{\pi d}$$

将 $v = \dfrac{\pi da}{t} = \dfrac{A}{tB}$ 代入

即

$$n = 60\,\frac{d}{t}$$

或

$$n = 60\,\frac{Aa}{\pi d}$$

5.2.3.2　环冷机的工艺参数

　　1200℃左右的球团从回转窑卸到冷却机上进行冷却,使球团最终温度降至100℃左右,以便皮带机运输和回收热量。目前各国链算机—回转窑球团厂,除比利时的克拉伯克厂采用带式冷却机(21.0 m×3.48 m)外,其余均采用环式冷却机鼓风冷却。日本神户钢铁公司神户球团厂和加古川球团厂除用环式鼓风冷却外,还增加了一台简易带式抽风冷却机。部分球团厂环冷机工艺参数见表5-11。

表 5-11　部分球团厂环冷机工艺参数

厂　　名	料层厚度/ mm	冷却时间/min		风机风量/ $m^3 \cdot min^{-1}$	风机压力/ kPa	风速/ $m \cdot s^{-1}$	单位风量/$m^3 \cdot t^{-1}$		球团最终 温度/℃
		设计	实际				设计	实际	
亨博尔特				623 ×2	2540	0.8	1794		
巴特勒	760	38	30			1.3	2011	1574	约120
亚当斯		60		2435 ×2		1.2	2104		
邦　格				5730 ×2			2292		
蒂尔登	762	28	27	10320 ×2	7340	2.0	2250	2190	65 ~ 68
诺布湖	760	26	26						
冯迪多拉	760	34	34	3481 ×2	6000	1.7	2139		
程潮球团	760	45	42	3000/2667	5880/5390	1.0	1888	1650	150

　　环冷机分为高温冷却段(第一冷却段)和低温冷却段(第二冷却段),中间用隔墙分开。料层厚度500 ~762 mm。冷却时间一般为26 ~ 30 min。每吨球团矿的冷却风量一般都在2000 m^3 以上。

　　高温冷却段出来的热风温度达1000 ~ 1100℃。作为二次燃烧空气返回窑内利用。过去低温段热风,各厂均作废气排至大气,近年来新建的球团厂采用回流换热系统回收低温段热风供给链算机干燥段使用。据说,美国蒂尔登球团厂采用这种装置可以降低燃料消耗1.672 ~ 2.09 GJ/t,还可以减少环境污染。

5.2.4　技术经济指标核算

5.2.4.1　项目及核算方法

A　矿耗

$$精矿单耗 = \frac{当月精矿消耗量}{当月氧化球产量}$$

$$氧化球产量 = 球团输出量 + 球团库存量 - 上月库存量$$

(1) 矿粉总消耗:每月月底前一天依据精矿皮带核子秤检验数据为准进行结算。

(2) 氧化球团库存量:每月月末前一天对现场氧化球团库存进行计量。

(3) 氧化球团输出量:每月底前一天依据磅单结算。

B　膨润土消耗按下式计算

$$膨润土消耗 = \frac{当月膨润土消耗总量}{当月氧化球产量}$$

当月膨润土总消耗量由电子秤测量数据结算。

C　燃煤单耗按下式计算

$$燃煤单耗 = \frac{当月燃烧煤消耗量}{当月氧化球产量}$$

当月燃煤消耗量月底根据当月库存、上月库存、当月进厂量的磅单进行核实。

D　利用系数

$$回转窑有效面积利用系数 = \frac{氧化球产量(t)}{回转窑截面积(m^2) \times 作业时间(h)}$$

E　作业率

$$作业率 = \frac{链算机实际作业时间(h)}{日历时间(h)} \times 100\%$$

F　质量合格率

$$质量合格率 = \frac{球团矿检验合格量(t)}{球团矿总量(t)} \times 100\%$$

G　电耗

$$电耗 = \frac{总消耗电量(kW \cdot h)}{氧化球产量(t)}$$

H　工序能耗(标煤)

$$工序消耗 = \frac{\Sigma 能源物料消耗量(kg) \times 各自的折算系数}{氧化球产量(t)}$$

(1) 能源种类包括:燃烧煤、电、柴油、汽油、新水、压缩空气。

(2) 折算系数见表 5-12。

表 5-12　能源消耗折算系数

名　称	燃烧煤/ $t \cdot t^{-1}$	电/ 万 $kW \cdot h \cdot t^{-1}$	柴油/ $t \cdot t^{-1}$	汽油/ $t \cdot t^{-1}$	新水/ 万 $m^3 \cdot t^{-1}$	压缩空气/ 万 $m^3 \cdot t^{-1}$
折标系数	0.714	4.04	1.571	1.471	4.04	0.4

5.2.4.2　实例

表 5-13 为 2004 年上半年武钢程潮首钢一期和二期链算机—回转窑球团生产技术经济指标分析。

表 5-13　2004 年上半年链算机—回转窑球团生产技术经济指标分析

指　标	武钢程潮 120 万 t/a	首钢一期 120 万 t/a	首钢二期 200 万 t/a(红矿)
日均产量/t	2031	3861	6030
膨润土消耗/kg·t⁻¹	22.3	20.91	30.49
煤耗/kg·t⁻¹	33.06	21.9	29.4
工序能耗(标煤)/kg·t⁻¹	53.30	38.24	43.85
电耗/kW·h·t⁻¹	41.12	36.28	34.73
水耗/m³·t⁻¹	0.25	0.14	0.11
回转窑利用系数/t·(m²·h)⁻¹	5.36	11.64	10.46
矿耗/t 矿·t 球⁻¹	0.977	0.963	0.964
人均劳动生产率/t·(人·a)⁻¹	2176.5	3467	4408
成品球质量情况			
抗压强度/N·个⁻¹	1908	2362	2142
TFe/%	63.36	65.17	65.01
FeO/%	1.29	≤1.0	≤1.0
筛分指数(-5mm)/%	2.7	0.77	0.58
铁精矿质量情况			
TFe/%	65.20	67.99	67.5
水分/%	9.96	8.43	7.9
粒度(-200 目)/%	61.06	82.6	87.5
S/%	0.52	<0.1	<0.1

注:除程潮原煤水分较高外(平均高出约8%),燃煤、膨润土等辅助原料其他质量指标差异较小,基本满足生产要求。

5.3　链算机—回转窑球团新技术

5.3.1　实现链算机均匀布料的新途径

用链算机—回转窑法生产球团矿时,链算机布料均匀与否,会直接影响焙烧效果,如果布料不匀,料层薄的部位由于风流阻力小将产生过烧和算板烧损,料层厚的部位则透气性较差烧不透,造成入窑干球强度低,甚至在窑内破裂造成回转窑结圈。因此,必须采取必要措施,使链算机料层均匀稳定。

合理的布料方式应使布到链算机算床上的生球料层具有良好的均匀性和透气性。为满足这一要求,国内外一些厂家曾进行了很多试验,主要有以下几种布料方式:

(1) 大球筛—生球运输皮带—梭式布料器—宽皮带—小球筛—溜料板(首钢二期)

(2) 大球筛—摆动皮带—宽皮带—小球筛—溜料板(首钢一期)

（3）大球筛—梭式布料器—宽皮带—小球筛—溜料板（柳钢球团厂）

（4）大球筛—小球筛—梭式布料器—宽皮带—溜料板（承钢）

（5）梭式布料器—宽皮带—大球筛—小球筛—溜料板（武钢程潮铁矿、美国雷普布利特厂）

生产实践表明，方案 1 由于转运路线长，高差大，生球破坏严重，进入链算机粉末量多，而且每台造球机均要配备大球筛，难以实现集中控制；方案 2 由于转运次数多，对生球强度要求太高，且很易造成算床两侧料薄，影响抽风稳定；方案 3 要求空间太大，而且过大和过小返料难以集中，容易堵塞返料漏斗；承钢采用方案 4 的试验测定表明，生球变形率高，进入到链算机中小于 6.5 mm 的生球达到了 3% 以上，严重制约了链算机干燥预热能力的发挥，且造成链算机预热室风机叶轮的磨损，严重时一个风机叶轮只能使用 7 天。方案 5 是经过多次改造后形成的布料方法，我国武钢程潮铁矿和美国雷普布利特厂的使用经验表明，该方法具有布置空间小、转运次数少、返料集中、球形均匀、易于调节布料速度、布料均匀的优点，使布到链算机上的生球直到离开布料机的最后一刻都在经受筛分，因此可保证生球布料干净，不带粉末；美国雷普布利特厂的生产实践表明，采用该方法布料，链算机中小于 6.5 mm 的生球碎粉降低到了 0.65% 以下，球团的焙烧耗热量降低了 18980 kJ/t，明显地延长了风机衬板和链算机算床的寿命。

5.3.2　链算机温度的自动控制

链算机温度控制系统主要包括喷煤、停煤、倒仓、温度控制等诸环节，其操作方式均为手动操作。由于链算机温度控制是采用人工手动进行控制，在实际生产中暴露出温度控制不稳定、煤粉燃烧不充分、燃料消耗高等问题，主要表现在以下几个方面：（1）温度控制不稳定。链算机温度控制是靠增减仓式泵内压力的方法来控制煤粉量。这样，在人工操作时，仓式泵内的压力增减幅度不稳定，忽高忽低，造成温度控制不稳定。（2）煤粉燃烧不充分，煤粉消耗高。由于温度控制不稳定，煤粉燃烧亦不充分，造成煤粉消耗高。（3）倒仓时间长，温度波动大。倒仓时，需对 9 个阀门分别手动操作一次，倒仓时间长，一般需要 1min 左右，致使温度下降幅度比较大。同时，在人工倒仓后，是将仓内压力一次性增大至所需压力，使温度的上升幅度又比较大，这样造成倒仓时，温度发生较大的波动。（4）倒仓时人工误操作影响生产。由于倒仓时需要人工对 9 个不同阀门进行操作，并且对阀门的操作要求非常严格，只要发生一个阀门未按顺序和要求进行操作的情况，就会出现喷煤管道堵塞的问题。因此，因误操作造成的影响生产的事故时有发生。

实施链算机温度自动控制，其目的在于提高自动化水平，克服人为所造成的温度波动，杜绝习惯性的违规操作，实现链算机温度的均衡稳定控制，有效降低燃煤消耗，最终达到提高球团矿质量和降低球团矿成本的目的。为此，首钢球团厂于 1998 年 11 月开始与国家冶金局自动化研究院一起，对温度自动控制的工艺和参数进行了多次研究，最终于 1999 年 4 月确定了最佳工艺参数，并于 5 月份开始进行全面的软、硬件制作和仪表馈线的安装。

温度自动控制系统主要包括两部分：（1）温度自动控制部分。该部分又由两部分组成：一是正常温度的自动控制，是通过在"温度值设定区"设定生产进程中所需求的温度，用链算机烟罩 8 个点实际温度的加权平均值在设定值 ±15℃ 范围内进行自动控制（链算机烟罩 8 个点温度均有合理的权值，其中 4 号仓式泵喷煤时温度上限为 12℃），只要高于或低于温度控制范围,控制系统立即自动增、减仓式泵内的氮气压力;二是升温度过程的自动控制。在升温时按系统运行按钮,则系统自动进行喷煤,首先将仓内氮气压力增加到 0.16 MPa,然后按正常温度值进行自动升温,每次增加氮气压力间隔 1 min,直至将温度控制到正常范围。(2)自动倒仓控制。在"倒仓吨数值设定区"设定需要的倒仓吨数,在倒仓时,系统首先自动将仓内压力增加 0.02 MPa,然后进行自动倒仓。

链算机温度自动控制系统从 1999 年 8 月正式开始运行,生产实践表明,该控制系统运行效果非常好,主要有以下几个方面:(1)避免了仓式泵内装煤粉过量。仓式泵内的装粉量要求为 8 t 以下,但在日常操作中,常超出此量,造成喷煤时仓式泵上部的空间小,影响充压,导致喷煤量不均匀稳定。实施自动控制后,当仓式泵内的装粉量达到 8 t 时,仓式泵的钟阀自动关闭,完全避免了装粉量过多的问题。(2)实现了自动喷煤停煤。实施自动控制后,在需要喷煤时,只要启动系统运行按钮,系统便自动开关 6 种阀门进行操作,无须任何人工操作。同样,在需要停煤时,只要按下系统停止按钮,系统便自动开关 5 种阀门进行停煤操作,也不需要任何人工操作。(3)实现了自动倒仓控制。在正常情况下,自动系统按倒仓吨数为 2 t 进行自动倒仓。当所用仓式泵内的存粉量达到 2 t 时,系统自动打开氮气充压阀,将仓内的压力增加 0.02 MPa,目的是减少倒仓过程中的温度波动,1 min 后即自动倒仓,而不用人工操作任何一种阀门,倒仓时间由原来人工操作的 1 min 缩短至 30 s 以内。(4)链算机温度控制均衡稳定。自动控制系统按设定温度进行控制,使链算机 8 个点的加权平均温度始终控制在设定温度的 ±15℃ 以内,一旦超出控制范围,系统立即采用增减仓式泵内氮气压力的方法进行严格控制,因此温度控制非常稳定。(5)避免了升温期间煤粉燃烧不充分的问题自动控制系统在升温期间,其氮气压力是先加至 0.16 MPa,然后再逐渐增加压力,这样可保证煤粉燃烧充分。过去岗位的习惯操作是,在升温时,一次性地将氮气压力增加到所需压力,造成喷煤量过大,而由于升温度时温度偏低,造成煤粉燃烧不充分,冒黑烟现象严重。(6)有效地降低了煤耗。链算机温度控制系统,其自动化程度高,完全取代了原来的人工操作。生产实践证明,燃煤消耗得到了有效降低,据统计,燃煤消耗可降低 6 kg/t,年度可实现经济效益 109.4 万元。

5.3.3 链算机和炉算集管设计技术——CFD 模型

链算机和炉算集管设计受益于计算流体动态(CFD)分析。例如,用于研究炉算集管里气流的 CFD 模型有助于减少系统中的压降并降低电耗;用于分析经过炉算板的流量的 CFD 模型,可改善穿过球团层的工艺气流分布,从而降低了工序电耗、提高了链算机作业率、改善了球团矿的质量。

美国国家铁矿球团公司曾经提出一个准 CFD 冷却模型,此模型不考虑冷却机的宽度,不过,添加了方格作为一个延长的链算机。调节这个延长的链算机的出口和入口以保持与公司原来出口入口比例一致,作为公司原有冷却机的工艺对照。将特殊的 FORTRAN 子程序写到 CFD 代码中生成通过床层的压降,并可以模拟传热以及冷却机床层中磁铁矿的氧化情况。出口模拟固定在一定的压力范围之内,入口模拟则固定在一定的质量范围之内。通过床层的压降则通过调整床层的阻力参数与现场数据一致。冷却模拟用来测量在第一段和第二段冷却区域横断面的漏风情况。漏风则通过从第二段到第一段的床层顶部和各隔墙上的气流流动情况表示。基于气流流向,模型同样提供了在回流管与烟囱出口中的气体分流情况。气体分流不受隔墙的影响。

此外,CFD 模型还被用来模拟各种风机流量以及在冷却机上不同压力和温度条件下对风机流量的影响测试。

5.3.4　回转窑前部网孔通入二次风技术

当链箅机 – 回转窑超过了原设计水平时,首先超负荷的设备是环冷机。以磁铁矿为铁原料的生产厂里,超负荷就意味着一次冷却必须完成欠烧球团的氧化,进而导致成品冷却时间的减少,使得高温球进入环冷机冷却二段,加重了冷却风机的负荷,最终导致热球得不到充分冷却,外排红球,影响生产。

一般从磁铁矿到赤铁矿的氧化过程 70% 发生在链箅机上,只有 5% ~ 10% 发生在回转窑。试验表明,在带孔回转窑里,空气由料层下方吹入,球团矿的氧化过程可在相对较短的区域完成,从而消除了限制产量提高的限制性环节———次冷却不足。

带孔回转窑还有其他的好处,由于将氧化过程转移到回转窑,高温气体将用于预热链箅机,这将有利于减少回转窑里燃料燃烧放热,降低球团矿燃耗。

由于带孔回转窑的使用,球团矿质量得到提高。在环冷机上,一些在料层底部的球团矿被冷却得太快,而不能完全氧化及达到足够的强度;当在回转窑上完成氧化过程时,球团矿不合格品将大大减少。

美国国家铁矿球团公司对将回转窑前半部分带网孔通入二次风技术应用在该公司链箅机 – 回转窑上,并对其使用效果和试验结果进行了深入的研究。通过链箅机试验、通孔回转窑分批试验以及计算机模拟试验找出影响球团氧化、产量、质量的因素。试验结果表明:回转窑前半部分带网孔通入二次风技术,对于减少环冷机约束是一个非常有效的选择。这样就可以改造其他环节,在保证球团矿质量的前提下提高产量。

5.3.5　回转窑液压驱动系统

程潮球团 $\phi5\ m \times 33\ m$ 回转窑采用悬挂式"马达—齿轮"驱动方式,有别于一般的"电机—减速机—齿轮"驱动。其结构和特点大致如下。

　　A　结构与组成

整个柔性传动齿轮箱和驱动装置依靠 4 个挂轮悬挂在回转窑大齿圈。驱动装置为两台额定扭矩为 283 N·m 的液压马达,两台马达对称安装在减速箱初级轴两端,同时驱动初级轴旋转。两台马达由同一个液压动力站驱动。液压动力站由两套系统组成,一用一备。每套系统包括 1 台 200 kW 西门子电机,1 台柱塞泵,1 台补油泵,阀组和 1 副油箱。

　　B　特点

(1) 可实现无级调速,便于工艺控制。动力站驱动可以实现回转窑从 0 ~ 1.33 r/min 的无级调速,便于生产工艺的控制;

(2) 液压驱动最大的特点就是适用于低速重载的环境。

(3) 液压传动系统工作稳定,给传动系统带来的磨损小,从而提高了系统的可靠性和使用寿命。

(4) 保护系统完善,便于维护和操作。该套液压动力站共有 5 个保护点,包括油温保护(高油温、低油温)、补油压力保护、过滤器堵塞保护、油位保护。只要正常给系统提供液压油和冷却水,系统的维护工作量很小。

5.3.6 预测控制系统

通过收集现场操作数据,用描述数字化流体力学(PHOENIC™)和描述传热传质(INDSYS™)的工具,分析三维紊态流体和传热,运用有限元分割方法和结构网络,来建立分析球团焙烧系统温度分布的模型和尽可能详尽的数据库。通过专家系统的使用为优化连续式生产工序创造条件。由于生产系统不断的变化,生产厂能预先安排生产并及时作出相应调整,从而提高了产量,降低了燃耗、电耗和设备维检费用。表5-14为美国国家球团公司在明尼苏达球团厂的试验结果。

表5-14 现场测量值、INDSYS 和 CFD 模型对比

操 作 条 件		现场测量值	INDSYS NS96V22 测量值	CFD NSBSPR3V 测量值
产量/$t \cdot h^{-1}$		702.8	702.8	702.8
生球磁铁矿质量分数/%		87	87	87
回转窑卸料口 Fe_3O_4 质量分数/%		24.9	19.6	22.0
环冷机球团温度峰值/℃		—	1372.2	1371.1
第一段冷却	3A 风机流量/$t \cdot h^{-1}$	358.8	—	336.6
	漏入风温度/℃	20	15	17.2
	风箱压力/Pa	166～185	176	189
	床层上部负压/Pa	−8～−4	−7	−7
	回转窑二次风量/$t \cdot h^{-1}$	325.8	275.6	307.4
	球团平均温度/℃	1198.9	1352.2	1202.2
	有效冷却面积/m^2	—	84.4	83.7
第二段冷却	3B 风机流量/$t \cdot h^{-1}$	387.7	—	301.9
	漏入风温度/℃	20	15	17.2
	风箱压力/Pa	115～150	131	133
	床层上部负压/Pa	−3～0	−1	−4
	回热管流量/$t \cdot h^{-1}$	219～259	192～241	186.0
	气体平均温度/℃	807.2～928.9	1082.2	898.9
	有效冷却面积/m^2	—	49.5	50.3
	废气烟囱流量/$t \cdot h^{-1}$	169.3	147.7	144.7
	气体平均温度/℃	522.8	660.0	680.0
	顶部出口气体温度/℃	—	541.1	697.8
	底部出口气体温度/℃	—	25.0	72.2
	有效冷却面积/m^2	—	24.8	33.0
环冷机总流量/$t \cdot h^{-1}$		748.1	615	638.9

5.3.7　烟气净化及除尘新技术

5.3.7.1　除尘灰输送新技术

首钢球团二系列灰 4 皮带,是链箅机系统的干返料、耐热风机多管除尘器除尘灰和主引风机电除尘器除尘灰的重要运输系统,也是球团生产过程中产生粉尘和二次扬尘的主要点位。由于设计缺陷,自二系列投产后,因为没有除尘和降尘设施,不仅岗位粉尘严重超标,而且影响全厂环境。为控制粉尘污染问题,该厂曾经采取过加装除尘罩的措施。但由于干返料和除尘灰处于高温状态,加湿的水迅速汽化,不仅夹带粉尘四处外溢,而且除尘管道很快被堵塞,影响除尘效果。

为彻底解决粉尘污染问题,该厂与矿业公司有关处室组织人员调查研究,引进丹东长城环境设备有限公司的专利技术和产品,实施了改造工程,投资 15 万元分别在灰 4 皮带的干返料和多管除尘器的下料点、220 m² 静电除尘器放灰点增设了 LJD 无动力除尘设施。实际测试结果表明,现场岗位每立方米大气的粉尘含量由改造前的 135 mg,下降到 8 mg 以下。采用无动力除尘设施与静电除尘器相比,具有投资小、工期短、运行维护费用少等优点。

5.3.7.2　链箅机抽风干燥烟气净化新技术

采用先进、成熟的链箅机—回转窑的球团生产工艺。生球在链箅机内干燥、预热后,经回转窑氧化焙烧,造成熟球。链箅机分鼓风干燥段、抽风干燥段和预热段。抽风干燥段利用风机抽取链箅机预热段的热烟气干燥生球,由于所抽取的热烟气来自于回转窑内的含尘热烟气,且在干燥生球过程中,又有新的挥发物及粉尘产生,因此抽风干燥烟气必须经过净化后才能排放。程潮铁矿球团厂抽风干燥系统设有完整、有效的烟气净化系统,且净化设施首次采用了长袋低压脉冲袋式除尘装置,投产后表明,除尘效果达到了预期目的。

系统主要设备的技术参数:

(1) 长袋低压脉冲袋式除尘器

处理烟气量/m³·h⁻¹	46 万
进气形式	下进气
过滤形式	外滤
过滤仓室/个	12
每仓滤袋数/条	216
总过滤面积/m²	6350
滤袋规格/mm×mm	130×6000
滤袋材质	Procon
滤袋工作温度/℃	<190
入口烟气含尘质量浓度/g·m⁻³	<2
出口烟气含尘质量浓度/mg·m⁻³	50
喷吹清灰压力/MPa	0.15~0.25
压气耗量/m³(阀次)	0.17~0.21
设备重量/t	202

(2) 风机型号　　　　　　　　　1788B/163S 型离心引风机

(3) 流量/m³·h⁻¹　　　　　　　　46 万

（4）全压/Pa   7438.3

抽风干燥烟气净化系统经过一段时间的运行表明，该系统设计合理，运行稳定可靠。烟气排放浓度在 50 mg/m³ 以下，不仅污染少，且回收的粉尘可返回造球再利用，经济效益显著。长袋低压脉冲袋式除尘器在链箅机—回转窑抽风干燥烟气净化系统中的成功应用，表明它将以经济上的优势，以及运行管理方便等优点，如果能进一步解决好反吹压力的均衡稳定和烟气结露、除尘灰"糊袋"问题，该技术在类似烟气净化系统中将会有广阔的应用前景。

5.4 典型厂例

5.4.1 鞍钢球团厂

鞍钢弓长岭矿业公司球团一厂煤基链箅机—回转窑法氧化球团生产工艺，设计生产能力 200 万 t/a，占地面积 5.6 万 m²。2002 年 8 月 26 日正式开工，2003 年 10 月 5 日点火烘窑，继而开始热负荷试车和试生产。经过近半年的调试和整改，目前已达到年产 200 万 t 酸性球团矿的生产能力。2004 年该厂又进一步攻关改造，到 5 月份，球团矿日产达 6200t 以上水平，相当于年产 220 万 t 的规模，最高日产突破 6500 t，产量与质量均满足了鞍钢高炉炼铁的需要。

A 主要设备与工艺流程简介

（1）主要设备：主要设备见表 5-15。

表 5-15 弓长岭链箅机—回转窑工艺主要设备

设备名称	规格型号	台　数	能　力
圆盘造球机	φ6m	10	65~75t/（台·h）
链箅机	4.5m×50m	1	350t/h
回转窑	φ6.1m×40m	1	315t/h
环冷机	中径22m	1	350t/h

（2）工艺流程。

干燥系统：原料精矿来料水分一般在 10%~11%，高于适宜造球水分，故设烘干工序。精矿烘干设备采用 φ3.0 m×29 m 圆筒干燥机，由 2 台可调旋流煤粉燃烧器提供热源，将精矿水分降至 7.5% 左右，处理能力为 150 t/h。

配、混料系统：干、湿精矿和膨润土的配料及除尘灰的配加，是采用 6 台 RD×25 圆盘给料机和 3 台 GX400 螺旋输送机通过电子皮带秤自动实现配料的。其中干、湿精矿一般按 1:1 进行配加，膨润土按钙基土 4% 进行配加，配料后的物料经皮带输送到 φ1.6 m 立式强力混合机中；该设备处理能力 500 t/h，混合料水分 8.5%~8.7%。

造球、筛分、布料及返矿处理系统：配料后精矿经由圆盘造球机生产合格生球，生球的最终水分为 9.0% 左右。每台造球盘配备 1 台辊式筛分机，除去不合格生球或粉料，并提高生球表面光洁度和密实度。

返料量的大小与造球质量有很大的关系。鉴于该厂原料精矿的特点，一般来说，湿返料约占造球产量的 20%~30%。这部分湿返料中已配加了 4% 的膨润土，因此将其打散，返回至造球机上方的混合料仓。

生球干燥和预热:生球的干燥和预热在链算机上进行。链算机上的生球用回转窑和环冷机所产生的热废气流进行干燥和预热。回转窑窑尾废气温度一般在1000℃左右。在高温回热风机引导下,热废气先进入预热Ⅱ段,然后进入抽风干燥段,穿过料层与生球进行热交换;环冷Ⅱ段、Ⅲ段热废气分别进入预热Ⅰ段和鼓风干燥段,穿过料层与生球进行热交换。在这一过程中生球氧化和固结。完成干燥、预热后,抽风干燥段和预热Ⅰ段的废气经电除尘排放。

焙烧系统:球团的氧化固结,有80%是在回转窑内完成的,其热源为煤粉,发热值为29 MJ/kg。烧嘴为三通道结构,采用直流风和切向风相结合的方式,并带有手动调节阀门,可以自由缩短和拉伸火焰。

冷却系统:焙烧后,球团矿采用环式冷却机进行冷却。焙烧球在环冷Ⅰ段(高温段)要继续完成5%~10%的氧化量,并放出大量热;其废气作为二次风给入回转窑,以补充窑内氧化及固结所需的热量。环冷Ⅱ段的热废气进入链算机预热Ⅰ段,环冷Ⅲ段的热废气进入链算机鼓风干燥段,Ⅳ段的废气排放大气。

成品的输出及堆放:从环冷机出来的球团矿温度低于50℃,经成品皮带运送到成品矿仓或堆放于成品堆场,由火车运至炼铁厂。

B　全厂工艺设计特点

全厂工艺设计特点如下:

(1)采用精矿部分干燥,使干燥精矿的比例可以灵活调整,保证造球适宜水分。

(2)采用计算机控制自动重量配料,给料设备采用变频高速,提高配料精度。

(3)选用先进立式混合机,保证精矿和膨润土的混匀度。

(4)重视生球质量。采用每台造球机对应1台辊式筛分机+摆动皮带+宽皮带+辊式布料机联合筛分布料方式。摆动皮带采用周期变频高速,使摆动皮带布到宽皮带上的物料横向均匀,经辊式布料机摊开布到链算机上的料层均匀平整。

(5)气体循环系统与国内外先进流程相结合,并做了改进,尽可能回收气体余热,节约燃料,降低能耗。

(6)采用PLC控制系统,实现全厂自动化,提高劳动生产率。

(7)结合国内外生产经验,将链算机、回转窑、环冷机细部结构做相应改进,既延长使用寿命,又便于安装、检修和操作。

C　生产实践

(1)链算机。链算机是由三室四段组成,布料厚度控制为(200 ± 5)mm,机速为(3.4 ± 0.02)m/min。这样,物料在链算机上的停留时间为18.25 min。其干燥时间和预热时间都能满足生产需要,到回转窑后无粉末形成。工艺中主要热工参数控制见表5-16。

表5-16　弓长岭球团厂链算机主要热工参数控制

控制参数	烟罩温度/℃	风箱温度/℃	有效长度/m	风箱/个
鼓风干燥段	50~100	100~200	5.90	2
抽风干燥段	250~350	100~200	14.70	5
预热Ⅰ段	500~600	150~350	11.76	4
预热Ⅱ段	800~980	400~600	17.64	6

（2）回转窑。回转窑为两点支撑窑，通过窑头喷煤提高窑温。回转窑斜度为 4.25%，填充率为 8.2%，转速 0.45 ～ 1.35 r/min，物料停留时间 25 ～ 35 min。回转窑热工制度见表 5-17。

表 5-17　弓长岭球团厂回转窑热工参数控制　（℃）

窑　头	窑　中	窑　尾
950 ～ 1150	1100 ～ 1250	950 ～ 1050

（3）环冷机。该厂环冷机有效冷却面积为 150 m²，风箱 16 个，台车 45 个，台车宽度 2.5 m，料层厚度 800 mm，设计正常冷却时间 48 min，转速 0.3 ～ 1.0 r/min，冷却分四段来完成。环冷机冷却制度见表 5-18。

表 5-18　弓长岭球团厂环冷机冷却制度　（℃）

环冷 I 段	环冷 II 段	环冷 III 段	环冷 IV 段
950 ～ 1150	700 ～ 800	350 ～ 450	< 150

（4）造球。为了进一步了解原料精矿的性能，该厂通过降低混合料水分，减少钙基膨润土配比或改用钠基膨润土。膨润土物化性见表 5-19。从该厂的生产实践看，配用人工钠化膨润土时，成品球的裂纹较多，裂纹比例在 30% 以上。人工钠土配比超过 2%，加上生球水分越高时，成品球在热态下的爆裂就越严重，成品球裂纹就越多，球团的抗压强度就越低，平均值为 1542.2N/个，没有达到生产要求的 2000N/个。

表 5-19　弓长岭球团厂膨润土理化性能

名　　称	蒙脱石含量 /%	膨胀容 /mL·g⁻¹	吸蓝量 g/(100g)⁻¹	2h 吸水率 /%	胶质价 /mL(15g)⁻¹	-0.074mm /%	类　型
黑山镇膨润土	60.2	10.0	32.8	160	68	98.8	Ca 基
刘房子膨润土	62.42	36.0		240	95	98	Na 基

钙基土配比低于 4.3%，加上生球水分越低时，生球的抗压强度都比较高，达到 12N/个以上。生球落下强度随着膨润土用量增加而提高。2004 年 4 月，混合料水分稳定在 8% ～ 8.7% 之间后，把钙基土配比由 4.1% 降至 3.5% 时，生球抗压从 13N/个提高到 16N/个，生球落下强度从 5 次/个降到了 3 次/个，而且造球过程进行得比较顺利，球的表面也较光滑，生球不易爆裂，入窑粉末减少，成品球抗压强度均在 2000N/个以上。当钙土配比降至 3.5% 时，生球的抗压和落下强度都比较偏低，生球表面粗糙，易破碎。因此，该厂目前钙基膨润土的配比控制在 3.5% ～ 4.1% 之间，较为适宜。

（5）产品质量。成品球团矿主要理化指标见表 5-20、表 5-21。

表 5-20　弓长岭球团厂成品球团矿主要理化指标

TFe/%	FeO/%	抗压强度 /N·个⁻¹	粒度/mm	转鼓强度 (+6.3mm)/%	耐磨(-5mm) /%	筛分(-5mm) /%	碱度 R/倍
64.58	0.68	2639	9 ～ 16	92.27	5.92	3.57	0.07

表 5-21　弓长岭球团厂成品球团矿主要冶金性能

3 h 还原度/%	还原粉化指标/%			还原膨胀指数 RSI/%
	RDI$_{+6.3}$	RDI$_{+3.15}$	RDI$_{-0.5}$	
68.88	64.42	83.26	11.33	15.26

5.4.2　新兴铸管公司链箅机—回转窑氧化球团厂

新兴铸管股份公司现有 5 座高炉,炉料结构为 80% 的高碱度烧结矿和 20% 的酸性球团,随着生产能力的进一步提高,年产 40 万 t 球团生产线无法满足生产的需要。为缓解高炉酸性炉料不足的问题,在原球团生产线的基础上进行扩容改造,回转窑由 φ3 m×30 m 改造成 φ4 m×30 m,增加 φ6.0 m 圆盘造球机 1 台,链箅机由单侧出风改为双侧出风,增加循环风机和窑尾风机各 1 台。本次改造于 2004 年 2 月 25 日停产,4 月份恢复正常生产,改造周期为 50 天。改造后球团日产量由 1400 t 提高到 2010 t,实现了当月投产当月达产的生产目标。高炉球团配比达到 23% 以上,高炉利用系数达到 4.8 t/(m³·h)(5 座高炉平均),球团良好的冶金性能得到充分体现。球团改造的主体工程由内部自行设计,自行施工、安装、调试,经过球团生产实践和高炉配加使用,高炉使用效果良好。

A　氧化球团厂的工艺设计

球团改造工程分两期进行。一期工程利用原水泥厂部分设备和厂房改造而成,回转窑由 φ3.0 m×46 m 改为 φ3.0 m×30 m,选用链箅机—回转窑—环冷机生产工艺,设计能力为 40 万 t/a,于 2002 年 7 月 8 日正式投产,8 月份达到生产能力,2003 年达到年产 50 万 t 的生产能力,一期改造投资为 3950 万元。二期工程于 2004 年 2 月份开始改造,施工周期为 50 天,新增加润磨机旁通皮带机 1 条、φ6.0 m 圆盘造球机 1 台、回转窑由 φ3.0 m×30 m 改为 φ4.0 m×30 m,改造后年产量达到 70 万 t,二期改造投资约 1900 万元。

B　生产工艺流程

(1) 生产工艺流程如图 5-3 所示。

(2) 生产原料。该厂采用的原料为酸性精粉和膨润土。

酸性精粉为两种:外地精粉(品位不小于 66.0%,−200 目不小于 65%),本地精粉(品位不小于 65.5%、−200 目不小于 35%)。本地精粉的配比为 10%~20%。2003 年 9 月份该厂又进行了配加巴西 CVRD 镜铁矿的实验(配比为 7%~15%)和本地碱性精粉的实验(配比为 20%~45%),通过调整工艺参数,对球团的产量质量没有造成影响,为使用其他原料开辟了一条新的路子。

膨润土为人工钠化膨润土,膨润土消耗为:25~28 kg/t。

配料工序:有 3 个精粉料仓。配备 3 台 φ1200 mm 圆盘给料机控制精粉下料量,其中 1 台用来配加本地粗精粉。

膨润土有两个仓,采用两台弹性叶轮给料机和螺旋秤控制下料量。

整个配料工序采用计算机自动配料,人工输入配比和下料量,计算机自动控制各圆盘精粉和膨润土的下料量。

(3) 烘干工序。该厂有 φ3 m×20 m 的烘干机 1 台,转速 3.5 r/min;主要作用是采用高炉煤气烘干精粉(特别是雨季和冬季生产),混匀精粉和膨润土。由于该厂进厂精粉的水分在 8.0%~10%,需要对精粉进行烘干,才能满足成球需要。同时由于该厂精粉粒度粗、厂家多,为了确保精粉的成球性能,增加了润磨机。因润磨机要求入磨精粉水分控制在 6.0%~7.0%,为保证润磨机的正常出料,必须对精粉进行烘干。

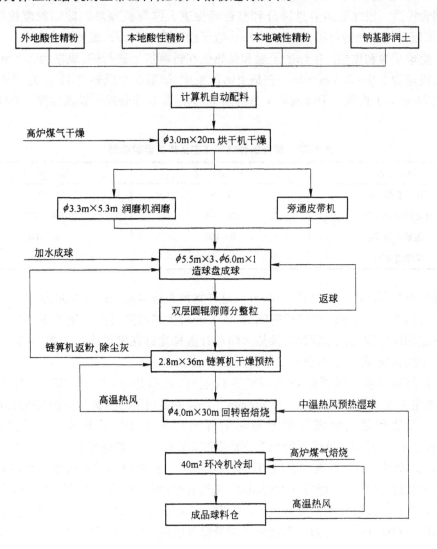

图5-3　新兴铸管球团厂工艺流程图

（4）润磨工序。由于该厂精粉粗,产地杂,因此增加了 1 台 φ3.3 m×5.3 m 的润磨机,转速 16.5 r/min,钢球装入量 47.5 t,电机功率 710 kW。增加润磨机不仅能提高精矿粉的细度,而且增加了精粉颗粒的表面活性,因而精粉的成球性能好,球团强度高,降低了膨润土的消耗,提高了球团矿的铁品位。

（5）造球工序。该厂现有 3 台 φ5500 mm 造球盘和 1 台 φ6000 mm 造球盘,造球盘边高 750 mm,转速为 8.0~8.5 r/min,造球盘倾角为 46°~48°,小时生球产量为 30~40 t。生球水分控制在 8%~9%,落下强度 7 次/个。通过调整给料量、膨润土配比、造球水分来控制生球粒度和落下强度。

（6）筛分和布料工序。生球筛分采用的是圆辊筛分机,分为上辊筛和下辊筛,上辊筛子主要是筛去大于 16 mm 的大球,下辊筛主要是筛去小于 8 mm 的粉末。大球在链算机干燥时间段(18 min 左右)不容易干燥完全,易产生爆裂,小于 8 mm 的粉末易造成回转窑结圈和成品球团含粉高。因此必须经过筛分和整粒确保进入链算机预热的球团粒度控制在 8 ~ 16 mm。圆辊采用不锈钢材质,辊径 120 mm,辊子线速度 0.5 m/s,辊筛倾角 10°。

（7）生球干燥和预热。生球的干燥和预热是在链算机上进行的,规格为 2.8 m × 36 m,正常运行机速为 1.9 ~ 2.3 m/min。它是由两段组成,即前 5 个风箱共 15 m 为预热段,后 7 个风箱共 21 m 为干燥段。干燥段内又分为两室,为的是合理分配干燥段温度。具体控制见表 5-22。

表 5-22　新兴铸管链算机主要热工参数控制

项　　目	干　燥　段	预　热　段
有效面积/m²	58.8	42
烟罩控制温度/℃	200 ~ 450	600 ~ 950
烟罩负压/Pa	0 ~ 100	0 ~ 100
风箱温度/℃	100 ~ 200	< 450

链算机布料厚度控制在 (170 ± 10) mm,这样物料在链算机的停留时间为 17 ~ 18 min,其中干燥段时间为 9 ~ 10 min,预热段时间为 7 ~ 8 min,生球加热升温梯度为 54.8℃/min。按照实验测定和氧化理论,干燥时间、预热时间和升温梯度都能满足生产需要,并减少球团在预热过程中的爆裂现象,基本做到回转窑后无粉末形成。

（8）回转窑焙烧。球团焙烧在回转窑内进行,规格为 ϕ4.0 m × 30 m（有效内径为 3.5 m）,倾角为 3.5°,转速为 1.2 ~ 1.5 r/min。焙烧主要利用的热源是高炉煤气配加部分焦炉煤气,一般比例是高炉煤气用量与焦炉煤气用量为 10:1,混合后煤气的热值为 4443 kJ/m³。4 ~ 5 月份吨球煤气消耗为高炉煤气 226 m³/t、焦炉煤气 22.0 m³/t,煤气热值为 4443 kJ/m³。助燃风分为一次助燃风和二次助燃风。一次助燃风是通过鼓风机进入烧嘴与煤气混合燃烧的,主要是降低烧嘴四周温度,加速火焰旋转,风量为 5000 ~ 6000 m³/h;二次助燃风是环冷机—冷却段的高温热风（温度 900 ~ 1000℃）,通过窑头罩子直接进入回转窑,风量 30000 ~ 40000 m³/h,主要是利用余热降低煤气消耗。回转窑温度控制见表 5-23。

表 5-23　新兴铸管回转窑主要热工参数　　　　　　　　　　　　　　（℃）

窑头温度	窑中温度	窑尾温度
950 ~ 1050	1150 ~ 1250	980 ~ 1050

回转窑生产氧化球团,使用高炉煤气在国内尚属首例。该厂经过一年多的生产,已经成功地把高炉煤气应用在球团焙烧工艺之中,无需使用煤粉或其他燃料,只配加少量的焦炉煤气用来点火和进行高温段的温度调节。使用高炉煤气的成功,充分缓解了公司内部高炉煤气富余空中排放的矛盾,节约了能源,同时生产过程稳定,没有"结圈"现象,成品球团的质量指标满足高炉需要。

（9）环冷机冷却。该厂采用的冷却设备环冷机,其中径为 12.5 m,冷却面积 40 m³,冷却能力可满足年产 70 万 t 球团的需要。环冷机与其他冷却设备相比突出优点是在冷却过程开始时实现氧化放热,冷却过程中球团无相对运动,破裂少,可实现余热利用、节能降耗和高产。该环冷与国内外同类设备相比,采用的是立面密封、均衡象限传动、无水筛梁等独特设计,彻底解决了漏料、运转偏摆、冷却水结垢堵塞等问题。冷却分三段完成,每段的冷却鼓风机风量都是 6.5 万 m³/h,只是一冷段的鼓风机压力为 6000 Pa,高于第二、三冷段。一冷段高温热风(950℃左右)直接进入回转窑作为助燃风(风量 3.5 万 m³/h)提高窑温,中温段热风(500~700℃)经过除尘后进入链箅机作为预热风(风量 8.0 万 m³/h)用于焙烧前生球的预热和干燥,降低燃料消耗。三冷段废气温度在 120℃以下,没有回收利用被排空。

(10) 采用自动控制系统。在改造中采用先进的自动化管理,主控室对链箅机、回转窑、环冷机等主要设备的过程参数如温度、风量、压力、机速等进行自动采集,并将数据输送到中控室的微机内,在控制室内能随时观察到参数的变化和波动情况。自动控制系统采用集中管理监视和分散控制相结合的方式,主控室可以随时监控生产的全过程,掌握一切生产过程的动态信息,对于稳定生产过程、提高球团质量十分有利。

对生产过程的主要设备如配料设备、润磨机、造球盘、链箅机、环冷机等,通过摄像头将运行情况输送到中控室内,能随时观察和监控设备的运行情况。

C 工艺设计特点

(1) 采用润磨工艺,改善原料成球性。由于受资源条件的限制,球团生产采用的精粉较粗(–200 目占 50% 左右),与国家颁布的球团精粉标准 –200 目占 80% 差距比较大。该厂借鉴济钢和邢钢的经验,增加了 1 台 φ3.3 m × 5.3 m 的润磨机。采用润磨工艺,不仅提高了精粉的细度,而且增加了颗粒表面活性,因而成球性能好,球团强度高,并可降低膨润土的消耗,提高球团品位,改善球团质量。

采用润磨工艺的特点:

1) 改善精粉的粒度组成,提高精粉的细度(–200 目提高 5 个百分点)。

2) 润磨后改变了精粉颗粒的表面形状,提高了颗粒的表面活性,成球性能好,球团强度高。

3) 精粉和膨润土在润磨过程中充分混匀并提高物料温度(10℃左右),改善了物料的成球性能和亲水性,提高了球盘的成球率和生球强度。

4) 降低膨润土消耗。采用润磨工艺后膨润土配比可降低 1 个百分点以上,球团品位提高 0.65 个百分点。

(2) 采用高炉煤气作燃料。该公司焦炉煤气产、用基本平衡,高炉煤气富余 35000 m³/h 被放散(点燃),这样既造成能源浪费又污染环境。鉴于公司燃料的现状,公司决定采用高炉煤气为主要燃料焙烧氧化球团。但以高炉煤气为主要燃料在回转窑内焙烧氧化球团没有先例。因此与朝阳拓普公司一起研制开发了 XC-Ⅰ型回转窑的高炉煤气专用烧嘴,根据能量守恒和流体力学原理,结合多年的烧嘴制造和使用经验,确定了在保证焰火位置前提下形成长火焰的设计方案,并在安装过程中对烧嘴进行了改进。生产中从温度显示上看:双色测温仪显示温度 1100~1250℃。该厂自 2002 年 7 月 8 日开始投产,经过近两年的生产证明,预热温度、焙烧温度和焙烧后的氧化球团质量满足炼铁需要,采用高炉煤气作燃料焙烧氧化球团是完全可行的。采用的燃料以高炉煤气为主要燃料,焦炉煤气用来点火和调整窑内温度、热量的分布。高炉煤气和焦炉煤气主要成分指标见表 5-24 和表 5-25。

表 5-24　新兴铸管球团厂高炉煤气组分

CO/%	CO₂/%	N₂/%	H₂/%	热值/MJ·m⁻³
22.5	18.5	56	1	3.59

表 5-25　新兴铸管球团厂焦炉煤气组分

H₂/%	CH₄/%	CO/%	N₂/%	CO₂/%	O₂/%	其余/%	热值/MJ·m⁻³
26.5	57.5	6.0	5.0	3.0	1.0	1~2	20.2

煤气的吨球耗量为高炉煤气 $226 \text{ m}^3/\text{t}$、焦炉煤气 $22.0 \text{ m}^3/\text{t}$，煤气热值为 4443 kJ/m^3。

利用高炉煤气作为燃料的主要特点是：

1）专用的高炉煤气烧嘴技术，其结构一般为三通道，分别配入部分焦炉煤气和助燃风。

2）充分利用了现有的高炉煤气能量，既节约了能源又省掉了一套磨煤系统的设备和人力。

3）温度稳定，便于调节，并且温度在回转窑内分布均匀，不易产生局部高温，投产一年多时间没有发生回转窑的结圈事故。

4）高炉煤气在回转窑内火焰拉的距离长，有利于球团抗压强度的提高。

5）高炉煤气在燃烧过程中产生的烟尘少，有利于保护环境。

（3）产品质量及消耗指标。产品质量及消耗情况分别见表 5-26 和表 5-27。

表 5-26　新兴铸管球团厂球团质量指标

日产量/t	作业率/%	利用系数/t·(m²·h)⁻¹	TFe/%	FeO/%	R	抗压强度/N·个⁻¹	筛分指数/%
2010	91.5	9.52	63.28	2.13	0.08	1650	2.38

表 5-27　新兴铸管球团厂球团消耗指标

精粉/kg·t⁻¹	膨润土/kg·t⁻¹	电/kW·h·t⁻¹	高炉煤气/m³·t⁻¹	焦炉煤气/m³·t⁻¹	热耗/MJ·t⁻¹	工序煤耗/kg·t⁻¹	水/m³·t⁻¹
996	25	41.5	226	22.0	1102	64.0	0.18

思 考 题

1. 链箅机 – 回转窑球团生产有哪些主要工艺过程，其工艺特点有哪些？
2. 链箅机 – 回转窑球团生产的冷却及工艺过程如何？
3. 链箅机布料有哪几种布料方式，常用设备有哪些？
4. 链箅机高温停机应如何操作？
5. 什么叫回转窑烘炉制度？
6. 如何防止回转窑结圈？
7. 窑头出现正压操作的原因及控制办法。

6 带式机球团法

6.1 带式机球团工艺过程及主要参数

带式球团生产工艺有如下几个主要特点：

(1) 生球料层较薄(200~400 mm)，可避免料层压力负荷过大，又可保持料层透气性均匀。

(2) 工艺气流以及料层透气性所产生的任何波动仅仅影响到部分料层，而且随着台车水平移动，这些波动能尽快消除。

(3) 根据原料不同，可设计成不同温度、不同气体流量、不同速度和流向的各个工艺段。故带式焙烧机可用来焙烧各种原料的生球。

(4) 可采用不同的燃料和不同类型的烧嘴，燃料的选择余地大。

(5) 采用热气流循环，充分利用焙烧球团矿的显热，球团能耗较低。

(6) 带式焙烧机可向大型化发展，单机产量大。

带式焙烧机球团厂的工艺流程是根据原料性质、产品要求及其输出方式等条件确定的。通常分为两类：(1)以精矿为原料的球团厂的工艺流程一般包括：精矿浓缩(或再磨)、过滤、配料、混合、造球、焙烧和成品处理等工序；(2)以粉矿为原料的球团厂则设有原料中和及贮存、矿粉干燥和磨矿等，后面的工序与前一种流程基本相同。

6.1.1 焙烧工艺过程

带式焙烧机的工艺特点是：干燥、预热、焙烧、均热和冷却等过程均在同一设备上进行，球层始终处于相对静止状态。带式焙烧机在外形上很像带式烧结机，但是带式焙烧机的整个工作面被炉罩所覆盖，并沿长度方向被分隔成干燥(包括鼓干、抽干)、预热、焙烧、均热、冷却等六个大区(段)。各段之间通过管道、风机、蝶阀等联成一个有机的气流循环体系。各段的温度、气流速度(流量)可以凭借燃料用量、蝶阀的开度等进行调节，这种工艺结构操作灵活、方便、调节周期短。因此，带式焙烧机的焙烧制度是根据矿石性质不同和保证上下球层都能均匀焙烧来确定的。从而在生产实践中出现了各种焙烧制度和不同的设备类型。但无论哪种形式都必须包括下面的基本环节，及确定其各环节的最佳工艺参数。

A 布料

为保证整个球层均匀焙烧，获得高产优质，布料是个重要环节，它必须按照规定的产量和规定的球层厚度来进行。球层的厚度一般是通过试验确定。布料的基本要求是"铺平，布满"，即料层总厚度应与台车边板等高，无论是横断面还是纵断面都应该平，此外还要做到不压料。只有这样才能保证整个断面透气均匀。

往台车上铺底料和边料是带式焙烧机工艺的一项重要革新，现代带式焙烧机毫无例外地都铺有铺底料、铺边料措施，如图 6-1 所示。底边料取自筛分后的成品球，经过皮带运输系统送至焙烧机上的铺底铺边料槽,然后分别通过阀门给到台车上,铺底料层厚度一般为75~100mm。它既解决了台车两侧球层烧不透和底层过湿现象,又保护了台车拦板和算条,延长设备寿命,提高了作业率,因而它还有利于提高球团矿质量,尤其是质量的均匀性。

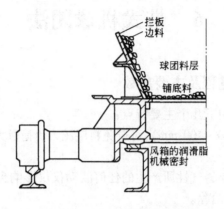

图6-1 台车铺底铺边料示意图

为了保证球层具有较好的透气性和成品球团矿的粒度组成,生球在铺料之前(或同时)都要进行筛分,筛除碎球及粉末,有时还要筛除大块。大块的筛除一般在造球系统进行,碎球的筛除则与布料同时进行。筛分和布料设备几乎都采用辊式(筛分)布料器。碎球及粉末从辊隙中排出,由返料皮带收集后运往混合料系统重新造球。国外也有将辊筛呈双层布置,使大块、合格球、碎球依次分出,而后将大块与碎球收集(汇合)到一起经处理后送去重新造球。

辊式布料器除布料均匀外,还起筛分作用,生球在滚动过程更加致密和变得光滑,提高了质量。另外,配置辊式布料器可使生球布到台车上的落差降低到最低限度,保证了生球强度。

B 干燥

生球中的水分必须在进入焙烧区之前全部脱除,避免因升温速度过快而爆裂。早期的带式焙烧机曾采用全抽风干燥。由于全抽风干燥,底层球团容易产生过湿,使球团变形,降低料层透气性。现代化的带式焙烧机都采用先鼓风后抽风的混合干燥系统,这也是带式焙烧机工艺的重大革新之一。这种干燥流程能保证上下球层干燥均匀而避免出现过湿现象,提高料层的透气性,而且还将大大地延长算条和台车的使用寿命(因为大大减少了过湿废气对算条和台车的腐蚀),据经验表明,由全抽风干燥改为鼓风抽风联合干燥后算条的寿命从4个月延长到2年,即边长寿命达6倍之多。早期的全抽风干燥流程,现已几乎不用,原用这种流程的老厂也已改造。到20世纪70年代,干燥段的回热系统又做了两项重大改进:(1)鼓风干燥利用最终冷却段的不含有害气体的回流热风,而将原来鼓风干燥用的焙烧段回流热风给到抽风干燥段;(2)为改善干燥段的密封状况,在鼓风干燥段前面增加一个副风箱(原为一个副风箱)。

不同原料所需的干燥时间和干燥风温是不同的,应由试验确定。干燥时间与风温、风速有关,与生球中的原始水分,特别是与矿物是否含有结晶水关系更大(见表6-2),而风温取决于生球的热敏感性,即生球的爆裂温度。对于热敏感性差,含水9%~10%的生球,干燥温度可达 350~400℃,每千克球所需风量为 1~2kg。对于易爆裂的含水 13%~15% 的生球,干燥温度一般在 150~175℃,每千克球所需风量高达 7~8 m^3。

从实践中得出,通常生球所需干燥时间、风温和风速在下列范围内:

鼓风干燥:4~7min,风温 170~400℃;

抽风干燥:1~3min,风温 150~340℃;

风速(标米):1.5~2.0m^3/s,或每平方米每分钟的流量为 90~120m^3。

干燥段废气排出温度应高于露点,以免冷凝、腐蚀风机或堵塞管道。当然废气温度过高也没有必要,而且还将带来热量消耗的增加。

C　预热

预热的目的是使球团在焙烧机上逐渐升温至焙烧温度。升温速度,对不含结晶水或碳酸盐的矿物,一般不太严格,可以较快,焙烧磁铁矿时可以快速升温,以控制高温下完成磁铁矿氧化为赤铁矿的过程,使球层迅速达到焙烧温度,这样做可降低燃料消耗。但对人造磁铁矿(磁化焙烧矿石)则相反,这种矿石在低温(200~300℃)下便开始氧化成赤铁矿,升温过快球团表面容易生成赤铁矿外壳,故需放慢加热速度。对含有结晶水或碳酸盐的矿石,预热时的升温速度要严格控制,以免球团爆裂。这种原料一般要由试验确定其最佳加热速度。总之,对非严格要求的矿物,预热时间可控制在 1~3 min;对于人造磁铁矿和土状含水矿石,则需 10~15 min(见表6-1)。

表 6-1　矿石种类和加热时间的关系

厂　名	矿石类型	时间/min						
		鼓风干燥	抽风干燥	预热	焙烧	均热	一冷	二冷
罗布河(澳)	赤、褐混合矿	5.5	10+5.5	1.57	13.36	1.57	13.75	3.53
格罗夫兰(美)	磁、赤混合矿	7.0	2.8	2.8	14.1	4.2	12.2	4.2
瓦布什(加)	磁、镜混合矿	5.2	3.2	2.1	15.8	—	13.7	—
马尔康纳(秘)	磁铁矿	3	2	4	4	5	9	—
包钢(中)	磁铁矿	4.58	3.92		9.82	2.95	9.82	3.92
鞍钢(中)	磁铁矿	5.8	4.8	2.4	9.6	2.4	9.6	4.0

注:时间均为平均值。

D　焙烧和均热

(1)焙烧。焙烧是球团固结的关键环节。焙烧的目的是使球团在高温作用下发生固相反应和生成适量的渣相,即生成各种连接键,球团焙烧必须达到晶粒发育和生成渣键所需的温度,并在这一温度下保持一定时间,使球团获得最佳的物理化学性能。为此,必须有合适的焙烧温度和足够的高温保持时间。这个合适的焙烧温度亦与原料的性质有关,对磁铁矿而言,一般在 1280℃左右,对赤铁矿而言则在 1320℃左右。焙烧时间也不完全一样,一般在 5~8 min 之间,对磁铁矿来说可以适当短一些,赤铁矿则需适当长一些。在保证球团矿质量的前提下,焙烧时间当然是越短越好。极限就是必须保证球团充分焙烧。

(2)均热。均热是带式机焙烧的一个重要阶段。所谓均热,就是使球团在最高焙烧温度下继续持续一段时间,一是使球团内部尚未完全反应的过程得到进一步反应,二是使球料层上下(尤其是下层)得到均匀的焙烧,以保证球团质量。在焙烧过程中带式焙烧机的上、中、下球层的加热时间和加热程度是不一样的,图6-2所示为根据焙烧杯试验结果所提供的带式焙烧机的模拟焙烧特性曲线。

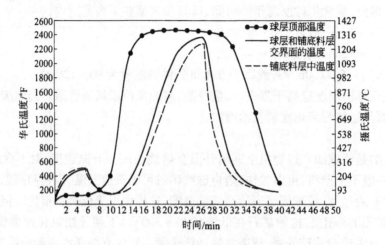

图6-2　D-L型带式焙烧机的模拟焙烧特性曲线

焙烧温度一般在1300～1340℃(见表6-2)。要使球团焙烧均匀和提高机械强度,均热是必要的,高温及其持续时间都是重要的因素。均热温度通常较焙烧温度稍低一些,以降低燃料消耗。

表6-2　国内外几个带式焙烧机球团厂的焙烧制度

厂　名	生球特性				各段加热温度/℃			冷却温度/℃	
	矿石类型	含水/%	鼓风干燥/min	抽风干燥/min	预热	焙烧	均热	一冷	二冷
丹皮尔(澳)	赤铁矿	6～7	177	350～420	560～960	1316	870	872	316
马尔康纳(秘)	磁铁矿	8.6	260～316	482～538	982～1204	1343	538	482～538	260
格罗夫兰(美)	赤、磁混合	9	426	540	980	1370	1370	1200(球温)	540(球温)
瓦布什(加)	镜、磁混合	9	316	286	983	1310	—		120
卡罗耳(加)	镜铁矿	8.9～9.2	260～325	288	900	1316			288
罗布河(澳)	赤、褐混合	10	232	204～649	830	1343	821	—	232
乔古拉(印)	磁铁矿	8～8.5	250	250	450～500	1350	500	821	
克里沃罗格(俄)	磁铁矿	10～11	—	350	1000	1350	1200	500	—
包钢(中)	磁铁矿	8～10	120	330	1000	1300	800		330
鞍钢(中)	磁铁矿	8～10	150	300	800	1300	800	800	常温(风温)

E　冷却

除了早期的带式焙烧机外,目前大多数都采用分段鼓风冷却。冷却不但是球团运输和改善劳动环境的需要,也是利用球团余热的需要;此外,冷却过程中球团可进一步氧化。冷却球团后的热风可通过回热系统全部加以利用(见图6-3)。高温段(一冷)的回风温度达800～1200℃,经炉罩和导风管直接循环到预热、焙烧、均热等段;低温段(二冷)的回风温度一般在250~350℃由回热风机循环到鼓风干燥段,也有不用风机直接循环的。

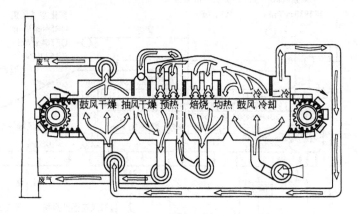

图6-3 D-L型带式焙烧机工艺风流系统示意图

球团最终冷却温度取决于产品的运输条件,如用皮带运输机时,球团平均温度在120~150℃较为合适。过高会烧皮带,过低则会降低设备能力和浪费动力。总的冷却时间一般需10~15min,风球质量比约为2~2.5。

6.1.2 风流系统和风量平衡

生球布到焙烧机上,从干燥开始到冷却终了的整个热工过程是借助于焙烧机的燃烧系统和风流系统实现的。各工艺段能否准确地按照给定参数运行,主要取决于对风温和风量的正确控制和灵活调节。

6.1.2.1 风流系统

带式焙烧机的风流系统由四部分组成:助燃风流、冷却风流、回热风流和废气排放。各部分之间由炉罩、风箱、风管以及调节机构组成一个有机的风流系统。图6-3为DL型带式焙烧机的工艺风流系统示意图,它代表目前带式球团的水平。其特点是:用第二冷却段不含有害气体的热风,经过回热风机给到鼓风干燥段,第一冷却段的高温热风直接循环到均热、焙烧和预热段;焙烧、均热段的废气再循环到抽风干燥段。因此,这种风流系统对原料适应性强,可处理含硫等矿石,热利用率高。

6.1.2.2 风量平衡

带式焙烧机各段的风量平衡是在下述前提下进行的:(1)干燥、预热、焙烧、均热和冷却等各段的温度是根据工艺要求给定的;(2)风是工艺过程的传热介质,因此风量的分配服从工艺过程的热量平衡。风量平衡必须考虑到风流系统中的漏风率、阻力和风温的变化。在一个平衡系统中,从理论上说,供风和排气应该是平衡的,但实际上在确定风机能力时,其额定值应大于理论需要值,以便保证工艺过程的顺利进行和具有一定的调节范围。至于实际值应比理论值大多少合适,这要根据设备的性能和系统的密封情况、操作条件等因素,并结合类似生产厂的实际经验综合考虑确定。

图6-4为澳大利亚罗布河球团厂1台476 m² 带式焙烧机的风流系统和风量平衡图。全机可分成:供风和排气、回热循环两大风量平衡系统,每个系统的理论风量和实际选用的风量综合于表6-3。

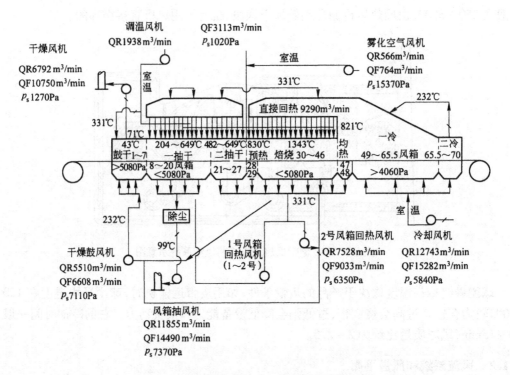

图6-4　罗布河球团厂风流系统和风量平衡图

表6-3　风量平衡

数值名称	回热系统				供风排气系统			
	排出/ m³·min⁻¹	给入/ m³·min⁻¹	排、给差/ m³·min⁻¹	排:给/%	排气/ m³·min⁻¹	供风(一次)/ m³·min⁻¹	排、供差/ m³·min⁻¹	排:供/%
设计值	25244	19775	5469	127.66	25244	19159	6085	131.76
理论值	18647	17304	1343	107.76	18647	15247	3400	122.30

6.1.2.3　热量平衡

带式焙烧机生产过程中,当生球质量一定时,成品球团产、质量和单位热耗主要取决于供热制度,即热量的合理平衡。通过热平衡计算才能看出各工艺段热能分配比例和热利用效率,进而可以帮助找出增加产量和降低消耗的途径。为使理论计算比较准确地反映实际情况,就必须掌握平衡系统中物料的数量及其在工艺过程中的物理化学变化。因此,热平衡计算一般有如下步骤:

(1)系统中物料平衡是热平衡的基础。物料平衡就是确定进入平衡系统和离开该系统的全部物料的数量和质量的变化及其温度的升降,并在平衡图上标示出来。

(2)确定系统中的热收支项目和有关的计算参数,如比热、化学反应的热效应、热辐射和漏风率等。这些参数一般是通过热工测量或从有关资料查出,然后分系统进行计算。

例如,1台年产254万t的带式焙烧机的物料和风量平衡如图6-5所示。在该平衡图中,焙烧段的热平衡计算比较复杂些,这里有燃料的燃烧、磁铁矿的氧化、焙烧机体的热辐射等放热、传热过程发生。该段的固相(物料)热平衡和气相热平衡如图6-6和图6-7所示。焙烧段和全机的热平衡结果分别列于表6-4和表6-5。

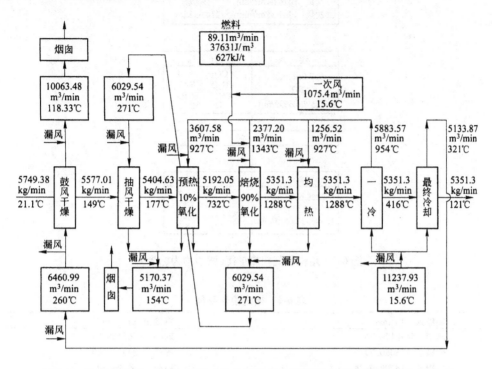

图6-5　年产254万t的DL型带式焙烧机物料和风量平衡图(原料为磁铁矿精矿)

	进入			离开		
	kg/min	温度/℃	kJ·min⁻¹	kg/min	温度/℃	kJ·min⁻¹
球团	5193.72	732	3115582.85	5352.48	1288	6270202.84
底边料	1542.24	538	674181.31	1542.24	1093	1530887.47
台车	4150.44	149	278534.99	4150.44	482	972762.41
算条	2131.92	371	380875.50	2131.92	843	886247.76
合计			4449174.65			9660100.48

图6-6　焙烧段固相(物料)热平衡

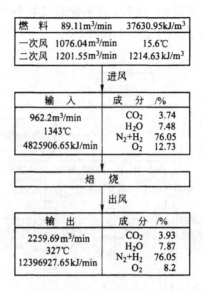

图6-7　焙烧段气相热平衡(图中均为标米)

表6-4　焙烧段热平衡

热输入/kJ · min^{-1}		热输出/kJ · min^{-1}	
球团	4449174.74	球团	9661155.58
燃料	3355080.79	废气	1239691.80
二次风	1470749.24	辐射	406196.88
氧化	2032039.47		
合计	11307044.24		11307044.24

表6-5　全机热平衡

热输入/kJ · t^{-1}		比例/%	热输出/kJ · t^{-1}		比例/%
氧化	421607.36	39.1	辐射	155766.25	14.5
燃料	627218.81	58.2	成品	152650.94	14.2
生球显热	29076.35	2.7	抽风段废气	414338.25	38.4
			鼓风炉罩废气	355147.07	32.9
合　计	1077902.51	100		1077902.51	100

注:单位热耗为627219 kJ/t球团。

6.1.3　成品系统

从焙烧机尾的成品矿槽开始以后的作业统称为成品系统。目前,带式球团厂的成品系统一般包括:成品矿槽、振动给矿机、成品皮带机、铺底铺边料的筛分、成品堆场等。由于球团质量好,返矿少,多数厂已不设返矿筛分,而只分出底边料。底边料的粒度一般为10~25 mm。

6.1.4　带式焙烧机主要工艺类型

带式焙烧机的基本结构是在模拟烧结机的基础上发展起来的,但是带式焙烧机球团工艺发展至今天,与烧结机的烧结工艺已很少有相同之处,甚至可以说完全不同。自20世纪50年代中期起,先后出现了几种带式焙烧机工艺。目前有以下3种类型:即 D-L 型(德腊沃

－鲁奇型)、McKee 型(麦可型)和前苏联的 OK 型,其中 D-L 型占绝大多数。我国包钢的 162 m² 带式机及鞍钢的 315 m² 带式机亦属于 D-L 型。

6.1.4.1　固体燃料鼓风带式焙烧机法

鼓风带式焙烧机法的工艺系统如图 6-8 所示。其具体生产过程为,首先在台车上铺上一层已焙烧好的球团矿,然后铺一层煤粉,采用抽风方式将煤粉点燃。紧接将外滚煤粉的第一层生球铺到点燃的煤粉上面,料层厚约 200 mm。这时将风流改为鼓风方式,第一层生球料层便被干燥和预热,生球所滚煤粉被点燃,随着鼓入的风流,火焰前峰向上推移。当火焰前峰到达料层表面时,再铺上一层生球,并继续鼓风。这种操作过程重复进行,直到料层厚度达到 800 mm。在带式机机尾对球团矿进行冷却。由该段回流利用焙烧球团矿的部分余热,将温度约 450℃ 的冷却废气从台车下部鼓入。

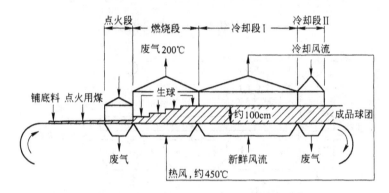

图 6-8　鼓风带式焙烧机球团法工艺系统示意图

机尾排下的球团矿经过筛分,筛上物加以破碎。筛下物经细磨返回与精矿汇合一起重新造球。最终产品是球团与小球烧结矿的混合物。这种工艺的特点是台车与算条始终不同赤热物料或高温气流直接接触。由于该法焙烧的球团矿质量不能满足用户要求。因此,该法目前已被淘汰。

6.1.4.2　McKee 型带式焙烧机法

该球团焙烧工艺是在普通带式烧结机的抽风烧结原理基础之上发展起来的一种球团生产工艺。当生球表面滚上一层煤粉时,由一台带式输送机和一台振动筛组成的布料装置进行生球布料。其焙烧工艺(见图 6-9)与抽风烧结工艺基本相似,所不同的只是烧结机采用的是普通点火器,而带式焙烧机采用的则为较长的点火炉罩。焙烧机台车铺有边料和底料以防止过热。但是,即使台车的挡板和算条采用特种合金材质,而最初产生的过热仍然会对设备带来极大危害。所以为了避免过大的热应力,这种带式焙烧机只限于处理磁铁矿,原因是焙烧磁铁矿球团所需温度要比焙烧赤铁矿球团所需的温度低。

为了改善操作工艺参数,对此做了如下一系列的改进工作:(1)采用辊式布料器与辊筛,使料层具有较好透气性。(2)将抽风冷却改为鼓风冷却。(3)所用燃料改为燃油或气体,不再使用固体燃料煤。这样明显地提高了球团矿质量,降低了燃料消耗。(4)增大焙烧机有效面积。改进后的 McKee 型焙烧工艺如图 6-10 所示。

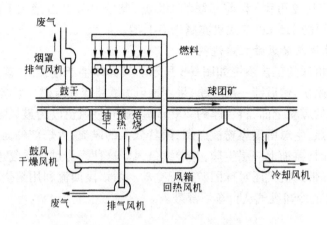

图 6-9　原始的 McKee 式带式焙烧机

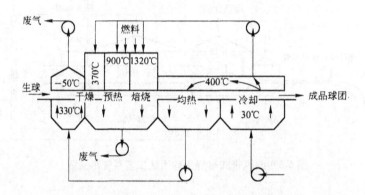

图 6-10　McKee 型带式焙烧机工艺系统示意图

6.1.4.3　Lurjie-Delef 型带式焙烧机法

Lurjie-Delef 带式焙烧机工艺首先由德国 Lurjie 创立。该工艺具有下列一些特点:

(1) 采用圆盘造球机制备生球。

(2) 采用辊式筛分布料机,对生球起筛分和布料作用,并降低生球落差,节省膨润土用量。

(3) 采用铺边料和铺底料的方法,以防止挡板、箅条、台车底架梁过热。

(4) 生球采用鼓、抽风干燥工艺,先由下向上向生球料层鼓入热风,然后再抽风干燥,使下部生球先脱去部分水分并使料层温度升高,避免下层生球产生过湿,削弱球的结构。

(5) 为了积极回收高温球团矿的显热,采用鼓风冷却,台车和底料首先得到冷却,冷风经台车和底料预热后再穿过高温球团料层,避免球团矿冷却速度过快,使球团矿质量得到改善。

Lurjie-Delef 带式焙烧机法最突出的特点是能适应各种不同类型矿石生产球团矿。如同带式烧结机生产烧结矿一样,可根据不同的矿石种类采用不同的气流循环方式和换热方式,这方面可分为以下 4 种类型:

第一种类型:气体循环流程如图 6-11 所示。该流程适宜处理赤、磁铁矿混合精矿。采用鼓风循环和抽风循环混合使用,可提高热能的利用,使冷却段热风直接循环换热。

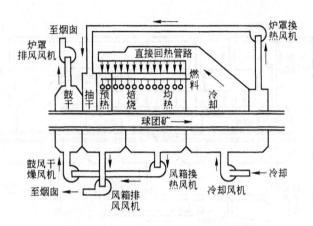

图 6-11 Lurjie-Delef 带式焙烧机气流循环流程之一

第二种类型:气体循环流程如图 6-12 所示。该流程由第一种类型稍加改动后用来处理磁铁矿精矿球团。改动后炉罩内换热气流全部采用直接循环,取消了炉罩换热风机,将较冷端气流直接排入烟囱。

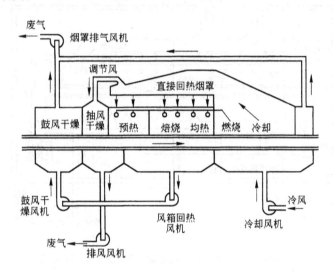

图 6-12 Lurjie-Delef 带式焙烧机气流循环流程之二

第三种类型:气体循环流程如图 6-13 所示。该流程适于生产赤铁矿球团矿。为了满足该类生球需要较长干燥和预热时间的特点,相应增大了焙烧机面积。同时增加抽风干燥和预热区所需的风量,以及炉罩换热气流全部直接循环。其特点是将抽风预热和抽风均热区的风箱热风引入干燥区循环,从而弥补抽风干燥所需增加的风量。

第四种类型:气体循环流程如图 6-14 所示。该流程适于处理含有有害元素的铁矿石球团。可从高温抽风区排除废气,以消除某些矿物产生的易挥发性污染物对环境的污染,如砷、氟、硫等,亦可处理含有结晶水的矿物。

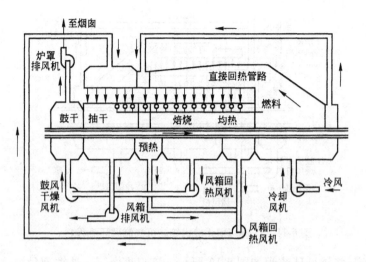

图 6-13　Lurjie-Delef 带式焙烧机气流循环流程之三

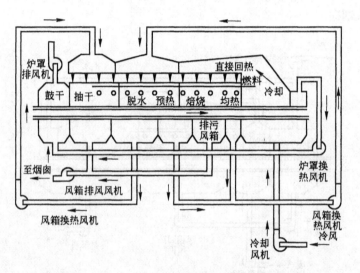

图 6-14　Lurjie-Delef 带式焙烧机气流循环流程之四

　　20 世纪 80 年代 Lurjie 公司又设计出一种以煤代油的新型带式焙烧机。即所谓的 Lurjie 多级燃烧法。该法将煤破碎到一定粒度范围,通过一种特制的煤粉分配器在鼓风冷却段两侧用低压空气将煤粉喷入炉内,并借助于从下而上鼓入的冷却风,将煤粉分配到各段中燃烧。煤粉在带式焙烧机内有 3 种燃烧形式:第一种为固定层燃烧,它发生在煤的重力大于风力的情况下,煤粒停留在球团料层顶部,在随台车移动至焙烧机的卸料端的过程中燃烧。第二种为流态化燃烧,或称沸腾燃烧,它发生在煤的重力与风力相当的情况下,煤在悬浮状态中燃烧。第三种为飘飞燃烧,它发生在风力大大超过煤粉重力的时间范围内。当飘飞燃烧结束以后,即可达到工艺要求所需的最终温度。

　　该工艺要求煤粉必须有合理的粒度组成,煤的灰分熔点要高于球团焙烧温度,对烟煤、无烟煤、褐煤等无特殊要求均可使用该流程可大大降低球团矿成本。

图 6-15 所示为 Lurjie 最新设计流程,该流程可使用 100% 的煤或煤气、油,亦可按任意一种比例混合使用 3 种燃料。

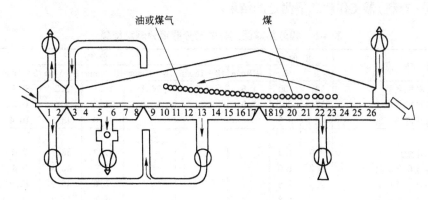

图 6-15 Lurjie 最新设计流程

6.2 主要设备及结构特点

带式焙烧机球团厂的工艺环节较简单,设备也较少,主要设备有:造球设备、布料设备、带式焙烧机及其附属风机等。

6.2.1 布料设备

带式焙烧机的布料设备包括生球布料和铺底边料两个部分。生球布料由 3 个设备联合组成:梭式皮带机(或摆动皮带机)—宽皮带—辊式布料器。宽皮带的速度较慢而且可调,其宽度一般比焙烧机台车宽 300mm 左右。在宽皮带上装有电子秤,随时测出给到台车上的生球量。边底料从铺底料槽分别通过边底料溜槽给到台车上,并用阀门调节给料量。铺底料槽装有称量装置,控制料槽料位。

要使布料均匀关键是要使摆动皮带的摆动角或梭式皮带的往复行程足够大,使其落料宽度与辊式布料器的宽度相适应。当摆动角或往复行程受到限制时,使生球在辊式布料器上适当提高其厚度(即降低辊子的转速)亦能起到一定的均匀作用(不过此时筛分效率要受到一定的影响)。国外就有将最后一个辊子反转以达到铺料均匀的实践经验。目的是减慢单个生球的前进速度以提高辊子上生球层的厚度,利用生球自重在辊子上滚动过程中自行均匀。除此之外,生球的质量、表面是否光滑、碎球量的多少等都将影响生球辅料均匀与否。生球质量好、粒度均匀、表面光滑、粉末极少时辅料较均匀。设备状态尤其是辊子表面的光滑程度与其光滑均匀程度对料流的分布均匀程度影响极大,从而影响铺料的均匀性。为此辊子常用不锈钢管制作。为了提高表面光洁度也可采用抛光处理,也有采用普通钢管电镀的,总之是表面越光滑越好,并要求在运行过程中不得粘料。

延长辊式布料器工作面的有效长度(增加辊子数量)也有助于提高铺料的均匀性。这是不难理解的,因为随着生球在辊子上滚动行程的增加,生球在辊子上分布的均匀性也必然提高。

辊子布料器同时又是生球筛分设备。为了提高生球的筛分效果也要求生球在辊子上分布均匀,这也是由初期的摆动皮带—辊式(筛分)布料器两设备组合到后来的摆动(或梭式)

皮带—宽皮带—辊式(筛分)布料器三设备组合的原因之一。为了保证良好的筛分效果必须有足够的筛分面积,即必须有足够数量的辊子和足够的筛分长度。表6-6是国外某球团厂辊式筛分(布料)器工作状态下测定的结果。

表6-6　国外某球团厂辊式筛分器筛分测定结果

取 样 点	负 荷		组　分/%						
	t·h⁻¹	%	+18mm	18~16mm	16~10mm	10~8mm	8~5mm	5~3mm	−3mm
辊式布料机之前	587	100	1.5	3.6	76.1	14.1	3.2	0.5	1.0
辊式布料机之后	537.3	91.5	2.0	5.4	76.8	10.9	1.6	0.2	0.2
辊式布料机筛下料	49.7	8.5				11.0	48.5	10.4	30.0
其中:									
布料机开始点	7.0	1.3				12.3	38.7	7.0	42.0
距面料点0.5 m处	6.2	1.0				7.7	40.3	9.3	42.7
距面料点1.0 m处	9.4	1.6				7.4	45.9	12.4	22.3
距面料点1.5 m处	10.7	1.8				9.7	55.2	10.4	17.4
距面料点2.0 m处	10.7	1.8				17.0	55.2	10.4	17.4
焙烧机铺底料层上	5.7	1.0				0.7	44.4	15.6	39.3

注:条件:布料器宽度4 m,倾角23°,筛分段辊隙为6 mm。

从上表可以看出,离下料点2m以远的地方还有11.5%(5.7/49.5)的筛下物未能筛除而落入铺底料层上,也就是说这个筛分长度(2m)是不够的。可见筛分长度必须有一个最低限度。分析筛分前后粒级的变化,还发现筛分后+8mm的粒度略有减少(约5%),这是由于质量不好的生球在筛分过程中碎裂的结果。

作为布料器而言,希望料流在布料器的(平均)厚度大一些为好,有利于料流的均匀;作为筛分机来说希望料流厚度薄一些为好,有利于提高筛分效率。因此在选择辊子转速时要尽量两者兼顾,一般来说料流(平均)厚度在2~3个球较为合适。辊式布料器的安装倾角一般都在10°~25°之间。角度小,料流速度慢,但有效筛分间隙大(参见图6-16),因而不但有利于铺料均匀,也有利于提高筛分效率。带式机的辊式布料器的倾角一般都在18°以上,这主要是考虑便于布置粉球皮带和更换台车(当更换台车在机头上部弯道进行时)的吊车。当然倾角也不宜太小,过小亦使生球易顺流,因为生球要从两辊之间凹处爬到下一个辊子上,角度小这个坡的高度也就越大,当生球与辊子间摩擦力小时就难以被辊子带上。国内某球团厂就曾出现过这种现象,当把倾角提高之后这个现象也随之消失。

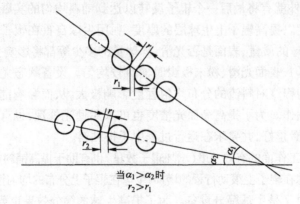

当α₁>α₂时
r₂>r₁

图6-16　辊式布料器安装倾角与辊隙的关系

6.2.2　带式焙烧机及其结构特点

带式焙烧机由以下几部分组成：传动机构、尾部星轮摆架、台车、风箱及其密封装置、焙烧炉、风流系统和焙烧机控制系统等。以 D-L 型带式焙烧机为例，就主要几个部分简介如下。

6.2.2.1　焙烧机头部及其传动装置

焙烧机的传动装置由调速马达、减速装置和大星轮等组成（见图6-17）。台车通过星轮带动被推到工作面上，沿着台车轨道运行。焙烧机的传动装置根据传动功率的大小，有采用单系统传动的，也有采用双系统（两马达、两减速机）同步传动的。变速马达一般采用电磁调速异步电机（又称滑差电机）。为了适应焙烧机在各种情况下运转的不同速度的要求，其变速范围都比较宽。减速系统包括减速机、大小齿轮对等。减速机的减速比一般都比较大（例如，某钢厂为1649∶1），这样可以使其后面的传动齿轮的运转速度放慢，其好处是不但运转平衡，而且磨损量也小，使用寿命长。台车的驱动过程大致是这样的：马达带动减速机，减速机的输出轴带动（主动）小齿轮（也同时带动大星轮），最后大星轮上的大牙啮住台车轱辘内侧的轱辘轴（外有一耐磨的套筒—即滚轮），将其从回车轨道通过弯道送到上行水平轨道。

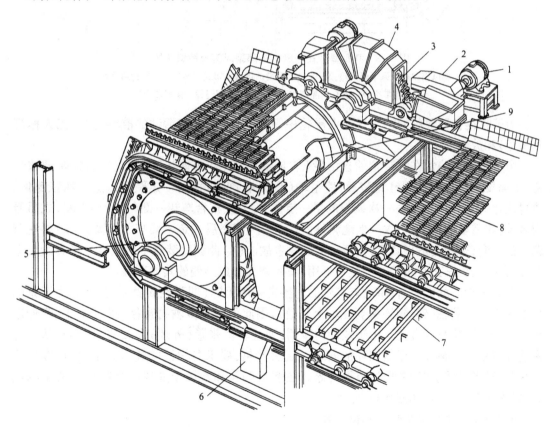

图6-17　D-L 型带式焙烧机传动装置

1—马达；2—减速机；3—齿轮；4—齿轮罩；5—轴；6—溜槽；
7—返回台车；8—上部台车；9—扭矩调节筒

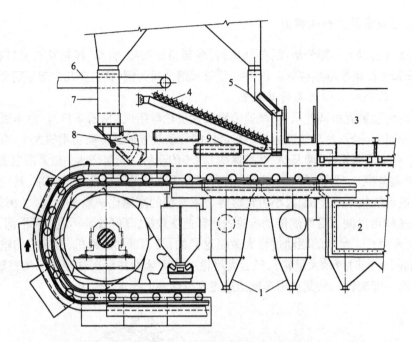

图6-18   D-L型带式焙烧机头部副风箱及散料装置

1—副风箱;2—干风干燥风箱;3—鼓风干燥段炉罩;4—辊式布料器;5—铺边料溜槽;

6—宽皮带机;7—铺底料溜槽;8—铺底料溜槽阀门;9—集料皮带机

为了收集各种散落的料,在(两大星轮中间)滚筒上安装有活动的散料漏斗(工人称簸箕漏斗)和放料溜槽。

为了防止跑偏常在大星轮的自由轮(非传动)端设有调整装置(某钢厂为蜗轮调整装置)。需要时可以通过调整此装置,使主轴(自由端)前后移动一定距离以达到纠正跑偏。值得注意的是:(1)使用时一次调整的量一定要小一些,待台车转一圈(至少得半圈)之后看看效果,如需要,再逐步一次一次地调整。(2)一次调完后一定不要忘了锁紧。(3)要注意调整的方向,否则会适得其反,甚至会造成大事故。(4)此调整装置一般只在更换大量台车时才可使用,台车正常运转时一般不要用,而要查找造成跑偏的其他原因。

开式齿轮对的大小齿、星轮与其轴的连接常采用无键(即弹性紧固环)连接。由于紧固环连接不伤害其轴(键、销连接要在轴上开槽),因此可以减少轴的直径,便于加工,降低造价,而且安装、检修也方便。由于螺栓的紧固,弹性环就张紧(外环)和收缩(里环),从而将两连接件结成一整体。但紧固环的安装一定要严格,要求各螺栓的紧固力矩(使用专用的力矩搬子)要达到指定数值并必须均等。在散料漏斗和鼓风干燥风箱之间设有两个副风箱,以加强头部密封,如图6-18所示。

6.2.2.2 焙烧机尾部及星轮摆架

尾部星轮摆架有两种型式:摆动式和滑动式。D-L型焙烧机为滑动式(见图6-19)。当台车被星轮啮合后,随星轮转动,台车从上部轨道渐渐翻转到下部的回车轨道,在此过程中进行卸矿。当两台车的接触面达平行时才脱离啮合。因此,台车在卸矿过程互不碰撞和发生摩擦,接触面保持良好的密封性能和延长台车寿命。

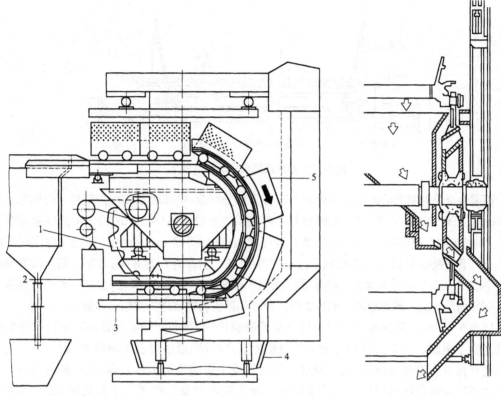

图6-19　D-L型带式焙烧机尾部星轮摆架
1—尾部星轮；2—平衡重锤；3—回车轨道；4—漏斗；5—台车

图6-20　尾部散料溜槽

　　尾部星轮安装在活动性框架(俗称摆架)上。由于焙烧机是在热状态下工作,而台车与(焙烧机)台架的热胀程度往往是不同的(材质不同,温度变化幅度也不同),为了使焙烧机在工作状态能自由伸缩,机尾都采用摆架形式。摆架作用之一就是吸收台车水平方向的线膨胀,即当台车的温度升高而膨胀时,尾部星轮中心向后移动(摆架往后);当台车的温度降低而收缩时,尾部星轮中心向前移动(摆架往前)。摆架的另一个作用就是避免台车在尾部(由水平轨道向弯道和由弯道向水平轨道过渡之处)拉缝,这样不但消除了台车之间的冲击,而且也避免了球团及碎粒粉料的散漏和减少漏风。这是通过摆架的配重来实现的,由于配重的作用使台车(在水平段)始终保持紧密接触状态。为此,配重数量必须适量。当台车受热膨胀时,尾部星轮中心随摆架滑动后移,在停机冷却后,由重锤带动摆滑向原来的位置。卸料时漏下的散料由散料漏斗收集,经散料溜槽排出。图6-20所示中箭头方向为散料排出时流动方向。

6.2.2.3　台车和箅条

　　带式焙烧机链条由一节一节的链子连接起来,并由许多台车组成的一个封闭的循环带,台车是焙烧机的重要组成单元。所谓焙烧机的有效面积就是指台车的有效宽度与焙烧机有效长之乘积。

　　在整个焙烧过程中,台车要循环经过装料、加热、冷却、卸料等过程,又要承受自重、料重和抽风负压的作用。尤其是要经长时间的反复高温作用。在这一点上比烧结机台车更为突出,台车最高温度通常在900℃左右。

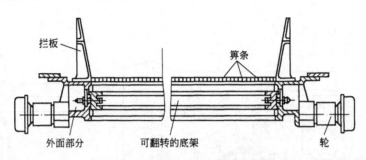

图 6-21　带式焙烧机可翻转的台车

　　德国鲁奇公司制造的带式焙烧机的台车分 3 部分组成:中部底架和两边侧部。边侧部分是台车行轮、压轮和边板的组合件,用螺栓与中部底架连接成整体(见图 6-21)。中部底架可翻转180°。如丹皮尔厂使用的台车宽为 3.35 m,新台车中段上拱 12 mm,每生产 10 万 t 球团时下垂0.25 mm,下垂极限为 12 mm,然后取下校正后再用,该厂台车寿命达 8 年,台车拦板上段寿命较短,一般为 9~12 个月。加拿大一些球团厂使用 3 m 宽台车,台车中部底架约 7~8 个月翻转一次,3 年平均翻 4 次。算条寿命一般为 2 年。台车和算条的材质均为镍铬合金钢。

　　像台车体一样,算条也是长时间的反复受高温作用,算条所经受的最高温度比车体经受的最高温度更高。算条的使用寿命对焙烧机的生产效率、经济效益影响很大,因为算条的寿命不但直接左右着算条消耗量,而且还在很大程度上影响焙烧机作业率,尤其是算条的有效透气性更影响焙烧机的单位时间的生产率。为了适应算条生产工艺上的需要,要求算条必须具有抗激烈温度变化和抗高温氧化的性能,同时又必须具有一定的机械强度。这就需要在材质和形状上都必须有一定的要求。算条材质一般用耐热镍铬铸钢,据沈阳重型机床厂近年的实验研究表明,硅铝耐热球墨铸铁也可充当算条材料,但在抗冲击程度方面则略逊一筹。值得一提的是,为了提高算条的透气性,在选择算条材质时,其抗高温氧化性能应特别的予以重视。生产实践表明,普通材质算条经高温焙烧很容易氧化起皮,尤为严重的是这种氧化皮又很容易与球团粉末(在含水汽的焙烧废气作用下)牢固地粘结在一起,将算条缝隙堵塞,甚至用算条振打器(算条清扫器)也不能将其松动、振落、疏通,从而大大恶化台车算条的透气性,降低焙烧机的生产率。

　　球团带式机的算条形状一般多采用方形。图 6-22 所示为某钢厂算条外形。为了减少边沿效应,靠近台车边板(80~120 mm)处的算条常做成不带算缝的平板形状(工人们称为死算条)。不难理解在台车运行中传入台车体的热量除了炉罩的辐射热、对流热而外,还有很大一部分来自算条,为了减少算条传入车体的热量,近年来开始有在(烧结机)台车体与算条之间加设绝热片,如图 6-23 所示,加绝热片后可使台车体温度降低 150~200℃。

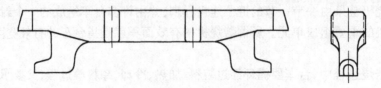

图 6-22　某钢厂带式机算条简图

6.2.2.4 密封装置

带式焙烧机整个生产过程中的电耗绝大部分集中在焙烧阶段,也就是集中在工艺风机上。因此,只有尽量减少漏风,有效地利用工艺风流才能降低能量消耗,提高产、质量,提高经济效益,加强密封就是实现这一目的的关键措施之一。

带式焙烧机需要密封的部位主要有 3 处。

A　台车与风箱之间

台车与风箱之间的密封一般是在台车上装弹簧密

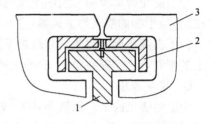

图 6-23　绝热片装配示意图
1—台车体梁;2—绝热片;3—炉箅条

封滑板,在风箱上装固定滑板。弹簧密封滑板用螺栓与车体(端头)连接。弹簧在台车及料的自重作用下压缩使弹簧密封滑板与风箱上的固定滑板紧密接触,为了加强密封效果和延长密封的使用寿命定期地(自动)向固定滑板(通过固定滑板上的油槽)注油。

由于此道密封距离长,又是处在风压的风箱上,因此必须予以充分重视。为了保证良好的密封效果,弹簧密封滑板应当保持伸缩自如,在脱离上行道之后即应能自动弹出密封板槽,否则要进行处理。一般用手锤轻轻敲打即可出槽,当敲打也不起来时则应当换下检修处理。

B　台车与炉罩之间

台车与炉罩之间的密封结构如图 6-24 所示。台车与炉罩之间的密封常采用落棒形式。其结构是在台车上装有密封板,落棒自由悬挂在炉罩的金属结构上,落棒靠自重压在密封板上,落棒的左右位置由弹簧调节,为了加强密封效果和延长密封的使用周期,同样向其间注润滑油。根据使用条件的不同又有采用单层落棒和双层落棒之分。鼓风冷却段一般为双层落棒。

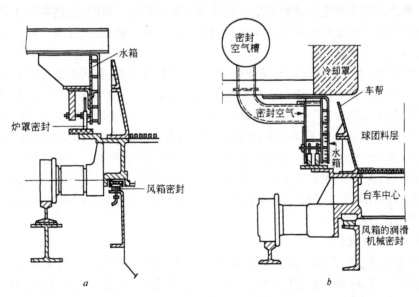

图 6-24　台车与风箱炉罩密封结构示意图
a—台车与风箱和炉罩之间的密封;b—鼓风冷却段炉罩的加气密封

为了防止冷却段的含尘热废气的溢出,常在该段还设有空气密封,原理是用(远远大于炉膛压力)干净的空气形成风幕(正压),从而阻挡炉内热气体的溢出。

为了提高落棒密封效果和落棒不至于被台车上的密封板顶住(造成事故),要求所有台车上的密封板必须安装牢固,表面水平一致,同时落棒端头要有足够的弧形倒角。

C　风箱隔板

由于焙烧机的工艺风流是两端鼓风(鼓风干燥、鼓风冷却),中间抽风(抽干、预热、焙烧、均热),因此在头、尾风箱及中间两处风流反向(鼓风与抽干、均热与冷却)处必须有密封装置。这些地方的密封常采用弹簧密封隔板,其形式又稍有区别:

机头、机尾采用单铰的弹簧密封隔板(机头、尾装配方向相反)。

中间两套密封为平座式弹簧密封隔板。

根据风箱(台车)的宽度不同隔板由若干块组成(3m 风箱为 6 块),两块之间约有 5mm 的间隙,以便各自能单独自由升降。

弹簧的材质应能长时间承受气流的最高温度。为了减少机头(给料侧)的漏风,改善操作环境,在散料漏斗与鼓风干燥风箱之间设有 1 ~ 2 个副风箱,并在其中造成适当的负压(某钢厂带式机是用一管道与主烟道连通)。

弹簧隔板的安装相关尺寸很重要,过低起不到应有的密封效果,过高可能卡台车,甚至造成顶住台车这类恶性事故。

此外,烟道的各放灰点也必须有锁风结构,一般采用双层放灰阀。大致结构及操作情况是这样的,在两层放灰阀中间有一存灰容器,放灰时上、下两阀交替动作,因此即便在放灰时也保证了烟道不与外面大气相通,放灰程序一般由自动控制。

6.2.2.5　风箱

带式焙烧机各段风箱分配比例是由焙烧制度所决定的。通过球层的风量、风速和各段停留时间,根据不同原料通过试验确定。当机速和其他条件一定时,这些参数主要取决于各段风箱的面积和长度,焙烧机风箱总面积是根据产量规模来确定的,见表6-7。

6.2.2.6　润滑系统

带式焙烧机的主要润滑部位有减速机、传动齿轮对其轴承、密封滑道、落棒与滑板,尾部星轮轴等,此外还有台车行走轮轴。其润滑方式一般是:主机减速机采用自带(附属)稀油泵强制润滑,其他各处皆为干油润滑。其中密封滑道、落棒(与滑板)、传动齿轮对采用集中(干油)润滑。而头、尾星轮轴承则采用手动(干油)泵润滑。自动润滑的每次给油量及其给油压力,给油间隔时间皆可人为地自动调节。为了清除台车弹簧密封板上的残(脏灰)油,在(机头)副风箱内装有弹簧刮油板,从而可以保证台车不带残(脏)油进入风箱滑道,这样一方面可以保护滑道不至于被尘灰所磨损,另一方面也可以加强密封效果,余下的残油通过溜槽落入下面的脏油桶。

6.2.2.7　炉体结构

带式焙烧机的整个有效工作面全部被焙烧炉罩所覆盖,因此整个焙烧罩分为与工艺过程相应的鼓风干燥、抽风干燥、预热焙烧、均热、一次冷却、二次冷却等 6 个段,相邻两段之间均设有隔墙,此外还有燃烧室和回热管道。对烧油和烧气体燃料的炉子燃烧室一般设在预热、焙烧段的两侧,对烧煤的炉子也有设在炉顶的。由于整个焙烧过程温度变化很大,因此炉体结构及其耐火材料的品种都比较复杂。

表 6-7　带式焙烧机风箱分配比例

国别	厂名	规格 宽×长/m×m	规格 面积/m²	风箱总数/个	鼓风干燥 风箱数/个	鼓风干燥 比例/%	抽风干燥 风箱数/个	抽风干燥 比例/%	预热 风箱数/个	预热 比例/%	焙烧 风箱数/个	焙烧 比例/%	均热① 风箱数/个	均热① 比例/%	一冷 风箱数/个	一冷 比例/%	二冷 风箱数/个	二冷 比例/%
加拿大	锡伯克	4×116	464	58	9	5.52	5	8.62	3	5.17	17	29.31		6.9	13.5	23.277	6.5	11 21
	卡罗尔(Ⅰ)	3.05	204	34	5	14.7	2	5.9	2	5.9	10	29.4	4	8.8	12	35.5	(炉罩分两段)	
	(Ⅱ)	3.05	285	46	7	15.2	3.5	7.6	2.5	5.4	13	28.3	3	10.5	20	43.5	(炉罩分两段)	
	瓦布什	3.05×76.5	233	38	5	13	3	7.9	2	5.3	15	39.6			13	34.2	(炉罩分两段)	
美国	里塞夫(Ⅱ)	2.44×67	172	29	7	24.1	2	6.9	2	6.9	4	14.3	8	27.6	6	20.7		
	格罗夫兰	3.05×68	209	34	5	14.7	2	5.9	2	5.9	10	29.4	3	8.8	9	26.5	3	8.8
	派勒特布诺	3.05	114	19	3	15.8	2	10.5	2.5	13.2	2.5	13.2	2	10.5	7	36.8		
秘鲁	马尔康纳(Ⅰ)	2.5×54	135	27	3	11.1	2	7.4	4	14.8	4	14.8	5	18.6	9	33.3	(炉罩分两段)	
	(Ⅱ)	3.05×88	268	44	6	13.6	3	6.8	5	15.4	6	13.6	5	1.4	17	38.7	(炉罩分两段)	
荷兰	艾莫伊登	3.5×123	430.5	41	5	12.2	4	9.7	6	14.6	11	26.8			15	36.6	(炉罩分两段)	
墨西哥	阿耳扎达	3.05	180	20	3	15	1.7	8.33			7.3	36.7	1	5	7	35		
瑞典	基律纳	2.44×73.2	179	28	5	17.9	3	10.7	3	10.7	3.5	12.5	6.5	23.2	7	25		
澳大利亚	丹皮尔	3.35×120	402	60	7	11.7	11	18.3	5	8.9	13	21.7	7	11.7	17	28.89	(炉罩分两段)	
	罗布河	3.4×140	476	70	7	10	13.7	18.57	2	2.86	17	24.29	7	2.86	17.5	25	4.5	6.42
中国	包钢	3×54	162	19	3	15.8	2.5	13.2			5	26.3	1.5	7.9	5	26.3	2	10.53

① 均热段或预热段设有标出风箱数者均与焙烧段共计。

鼓风干燥罩的温度一般都在100℃左右,因此此处为一般钢结构,根据废气性质有时在其内表涂以保护层。为了减少炉罩散热常作外层保温。

抽风干燥罩温度是变化的,靠近鼓风干燥隔墙处为300℃左右,而靠近预热段隔墙处则可达700℃左右,因此必须用耐热、保温材料砌筑。

预热、焙烧段是最高温度区,使用温度通常在1350℃左右,因此该段的耐火材料要求较高,某钢厂炉子为高铝砖。

燃烧室是燃料燃烧的场所,是整个炉子温度最高的部位,当使用液体燃料时最高温度可达1700℃以上(据国外介绍,当燃烧煤粉时甚至可达2000℃以上),而且由于燃料或可燃混合物从燃烧器(油枪、烧嘴)喷出时常常具有很大的流速,对燃烧炉墙会有一定的冲刷力,因此在结构上,在砖形选用上应予以高度重视。

均热罩(不设燃烧室)的热气体来自一冷段,因此该段的温度在1000℃左右。

一冷罩的温度是变化的,靠近均热隔墙处温度在1000℃左右,靠近二冷段的温度则在500℃左右(与一次冷却长度有关),整个一冷罩的气流温度一般在800～900℃。因此一冷罩上的总回热管(又称二次风总管)的温度也在800～900℃范围。

在二次风总管与燃烧室之间的管道(又称二次风支管),一般可使用黏土砖。由于二冷罩温度不高,正常时约500～200℃,因此该段的炉罩没有耐火材料,仅做简单的外保温处理。从某钢厂的实际使用来看,发现靠近一冷的炉罩钢结构严重变形,可见此处的温度有时能大大超过500℃,由此看来该处炉罩(尤其是靠近一冷一方)也必须有耐火材料内衬。

6.2.2.8　算条清扫器

台车在工作过程中,算条之间的缝隙不可避免要夹持一些碎球和粉尘。由于新型焙烧机台车在卸料时连转平稳很少冲撞(这是保护台车的需要),因此算条缝中所夹持的碎球、粉尘很难在卸料时卸下去。如果不随时予以清除,必然要影响算条的实际透风面积,增加透风阻力,时间长了甚至会完全堵塞算缝、严重地影响焙烧过程的顺利进行。为此,在台车返回道下面设置了算条清扫器。原理是台车从清扫装置上方通过时,清扫器将台车算条稍稍托起(算条卡在台车横梁上有一定的空隙),而后放下,在托、放过程中使算条得以松动,算缝中的碎料掉下落入下面的散料漏子。设计安装时,托起的距离需很好地调整。

6.2.3　风机

工艺风机是带式焙烧机的主要配套设备之一,它直接影响球团的焙烧质量、产量及球团矿的加工成本。带式焙烧机主要工艺风机有4种:(1)废气风机;(2)气流回热风机;(3)鼓风冷却风机;(4)助燃风机。此外,还有调温风机和用于气封的风机。按其风机的结构性能来分带式焙烧机的工艺风机大多为离心式通风机,而鼓干罩的排风机则采用轴流式风机。风机性能要满足各工作部位的风量、风压和温度等工艺要求。

6.2.3.1　风机基本常识

常用的风机可分为3种:即轴流式、回转式和离心式。

轴流式风机是利用叶片连续旋转推动气体,使气体加速并沿轴向流动。这种风机的特点是风量大而风压小,所以像鼓干罩的排废气风机多选用这种形式。

回转式风机是利用圆柱体壳内的旋转叶片把空气挤向出风口。这种风机的特点是风压较大,风量较小,但较稳定。多用于实验室,现场尤其是球团厂(车间)不曾使用。

离心式风机是利用轴上的叶轮高速旋转而产生离心作用,将气体从叶轮甩向叶轮与机壳之间空间(蜗壳)然后通过逐渐扩张的蜗壳和出风口送入空气管道。这种风机使用最广泛,带式球团厂内的工艺风机(除鼓干排废风机外)几乎毫无例外的属于这种风机。离心式风机又可分为离心式通风机和离心式鼓风机,一般压头在 10 kPa 以下的离心式风机多属于离心式通风机,因此球团厂用的风机通常是离心式通风机。

风机的主要参数为:转数(r/min),风量 Q、风压 H、功率 N 及效率。当转速一定时(实际运转的风机就是如此)。H、N 与 Q 之间有一定的关系,这些关系可用风机的特性曲线来得到,风机的特性曲线要由实验测定。通常是:风压高时风量不大,功率也小,而风压低时,风量大,功率也大。即风量与风压成反比,风量与功率成正比。

实际生产现场的风机又都是在前后有管网阻力的条件运转的,管网包括与风机连通的各管路和炉子等。风机在管网中运行情况则不仅与风机的性能有关,而且与管网的特性也有很大关系。

6.2.3.2 风机运转点(工况)调节

为了满足生产工艺上的要求,常常要对正在运转中的风机进行风量或风压的调节,其实质就是借改变风机在管网上的工作点对风机的运转工况进行调节。通常有以下几种方法:

(1) 在出风管路上设置节流闸阀,用改变闸阀的开启度(实质是改变管网阻力损失—管网特性曲线)以调节风量。这方法最简单,生产中(尤其是小型风机)使用最多,但不经济。

(2) 改变风机转速:改变风机转速也能改变风机风量和风压,由于改变转速比较麻烦,故不常用。某钢厂球团的循环风机就是用的这种方法,目的是为了在不同季节选用,冬天气温低时用低速运转,以降低功率确保风机的正常运转。

(3) 在风机吸风管上装置(前导节流阀)节流闸阀,用改变风机性能曲线的办法来调节风量与风压。在大型风机中常用此法。此节流阀还便于远距离自动控制,如某钢厂球团风机则全部是在风机入口安装百叶窗式的闸阀。随节流闸阀的开启度增大或减小,风机入口的压力也按比例增大或减小。

风机运转点的风压(总压力)= 风管内各种阻力 + 料层的阻力 + 炉内必须剩余的风压。当风管内的阻力或料层阻力发生变化时,管网的特性曲线也会发生变化。对带式焙烧机来说料层阻力占整个阻力的绝大部分,而且变化范围很大(与球的质量、铺料的厚度,均匀性等因素直接有关)。

在带式球团厂提高生球质量,提高铺料质量(满、平),提高料层透气性和均匀性不但是提高产品质量的需要,而且对稳定风机运转,降低风机动力消耗也是非常重要的,两者相辅相成。

6.2.3.3 风机的并联与串联

当把两台两样型号的风机并联接入同一管路,并同时运转往同一炉子送风(或抽风),这种装置和运行的方法称作风机的并联。理论上并联后风量应等于两台之和,风压不变,实际上是并联后风量小于两台之和,风压比单台高。并联的目的是为了解决风量的不足。

当把第一级风机的出口用管道接到第二级风机的入口运转时,这种装置和运动方式称作风机的串联,串联后的风机特性曲线理论上风压等于两台之和,风量不变,实际上是风压小于两台之和,风量略有增加。这种运转方式在带式机的鼓风干燥中常得到采用。如某钢厂带式机的鼓风干燥就是两台风机串联使用,其中第一台抽取焙烧后段(包括均热段)的废气,第二台则将此风加压后鼓入干燥段用于生球的鼓风干燥。在这种情况下其风压损失集中在抽和鼓上,因此要求两风机之间连接管内严格保持为零压,这样可以使两台风机合理分担负荷,不至造成厂房内的污染(正压),或管道的振动(负压过大时)。

6.2.4　带式焙烧机的操作与控制

6.2.4.1　开车前的准备

A　试车

带式焙烧机装机装料之前要进行全面试车,既要对焙烧机全身进行试车,也要对整个工艺流程中的全部设备进行全面试车,试车应遵循先单体后联锁的原则。单体试车,即单个设备逐一进行试车。单体试车的目的是检查机械和电力拖动系统的可靠性。只有所有设备单体试车全部合格后方可进行联锁试车。联锁又可分为工艺系统联锁(如按工艺分为原料系统、造球系统、焙烧系统、集尘系统、成品返矿系统、风机系统等)和整体联锁(习惯称为大联锁)两种。作法是先工艺系统联锁,后整体联锁。联锁试车的目的是考查电力控制和自动控制的可靠性,因此联锁试车应在中央控制室操作。对于有些新安装或大修后的设备(如造球机、焙烧机等)还要进行负荷试车。试车必须按各设备的试车要求严格进行,只有当全部设备全面试车皆达到正常运转要求,并且一切控制仪表也都已全部调试完毕,全部达到标准之后方可进行点火烘炉。

B　准备铺底料

带式焙烧机烘炉时,工作面上的台车必须装满有烧好的球团矿或块状铁矿,以保证台车在烘炉过程中不至于烧坏。为此,在烘炉前必须准备足够数量的球团矿或粒度合适的(一般为 10 ~ 25 mm)块状铁矿。经验表明,对于已经投产的焙烧机,只要在停产检修前将底边料矿槽及机尾的矿槽(又称冷却矿槽)贮满球团矿就足以供烘炉时的用量(因为设计底料矿槽容积时就已经考虑到了这一要求)。对于新安装的焙烧机则必须备 3 ~ 5 倍于焙烧机工作面上全部台车之容积的球团矿,即有效面积×台车边板高度×(3 ~ 5),如 162 m² 焙烧机则是 162 × 0.4 × (3 ~ 5) = 194 ~ 324 m³,设球团矿堆密度为 2.0 t/m³,则必须备足 400 ~ 650 t 的铁矿石。原始底料量的多少在很大程度上还取决于底料的质量。底料质量好,在烘炉运转过程中损失量少,则可以少一些,反之则必须多准备一些。为此,也为了保护台车(箅条不被堵塞)及工艺风机(不受磨损),要求作为铺底料的球团矿或铁矿石必须粒度均匀、大小合适、强度好、粉末少,入炉前必须进行认真过筛。

C　烘炉

烘炉前全部台车要铺满"底料",对新安装和大修后的焙烧机进行负荷试车,当焙烧机负荷试车全面符合要求之后方可进行烘炉。

烘炉一般分为两个阶段进行:第一阶段燃烧强度小,因此可以采用堆烧木材或使用煤气利用点火棒点燃;第二阶段:待炉膛温度升到一定高度时即可直接用炉膛(燃烧室)的烧嘴(点燃重油或煤气)烘炉。在第一阶段炉温较低,一般不开主轴风机。烘炉作业的具体操作过程如下:

(1) 将准备好的点火棒(一般由机尾或机头运进)从油枪杆入孔(油枪事先拔出)或燃烧室的窥视孔插入,用胶皮管把煤气引入管与点火棒(露出炉外部分),连接起来,点火棒

（管）入燃烧室部分（根据点火棒长度决定）可用钢支架支承。某钢厂点火棒的制作如图6-25所示。点火棒的插入长度不得超出燃烧室。因此有孔部分的最大长度要小于燃烧室长度1.0m左右。

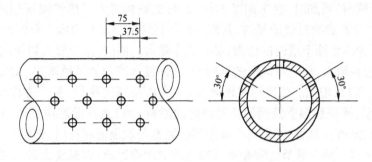

图6-25 某钢厂烘炉用煤气烧嘴示意图（点火棒）

（2）将底料循环系统及集尘、返矿系统投入运转。

（3）打开底料闸门使（其开度）料层与台车挡板高度相等（此时边料闸门不必开启，以免边料从台车边板溢出）。

（4）运转台车（即给 焙烧机传动滑差电机以适当速度）。随着台车的向前行走，台车上被铺满底料，而从台车算条缝等处漏下去的散料则通过集尘系统、返矿系统（或底料系统）运走。当第一块装满底料的台车到达机尾（即露出炉罩）时，方可停止台车的运转。随后也可停止底料、集尘、返矿系统的运转。

（5）开启炉罩排废风机和助燃风机。

（6）点燃引火棒，用引火棒逐一点着（烘炉）点火棒。

（7）严格按烘炉曲线控制燃烧室温度。待燃烧室温度上升至一定高度时（某钢厂为600℃）启动主轴风机（或全部工艺风机），在这之前要将返矿、集尘、铺底料系统全部运转起来，而后点燃各燃烧室的烧嘴（最好是左右交叉进行）并要特别注意控制烧嘴的燃烧强度（火焰大小），防止炉温的大幅度升降。此时还要注意风箱温度的变化，当温度升高到一定程度时要慢慢运转台车。某钢厂经验是把风箱温度控制在250～300℃以下，即只要一个风箱温度高于300℃（冬天250℃）时台车就必须运转，当所有风箱温度皆低于250℃（夏天可放宽到300℃）即可停止运转。开始时台车是间断运转，逐步过渡到持续运转，随着温度的升高，运转速度由慢到快。当台车速度达到最快速度风箱温度还不能控制在300℃以下时，即开启造球系统，开始运转一个造球机（并控制适当给入料）向台车上铺一薄层生球，同时相应降低底料厚度，并开启边料闸门，随着炉膛温度的升高逐渐提高生球层的厚度，降低底料厚度，直至达到正常生产条件（状态），烘炉过程即到此结束。

在烘炉后阶段，即在全部工艺风机运转起来之后，除了炉膛温度要严格按烘炉曲线控制而外，炉罩的各段压力应按正常生产时的要求（设定值）控制，否则会造成炉罩局部温度过高，甚至会产生燃气或火焰的倒流，严重影响炉罩寿命。

6.2.4.2　生产操作

焙烧机生产操作（控制）过程中尽可能地降低原料、燃料、动力的消耗，以达到降低生产成本的目的。统计表明，焙烧系统的热能、动力消耗占整个带式焙烧球团工艺中能耗的

80%以上。因此,正确合理控制焙烧系统的风、热平衡是降低球团生产过程中能耗的中心环节。

A　风、热的调节过程

当生球量(瞬时)增加时,台车速度加快,这时主轴风机入口废气温度须降低。当低于给定值(如200℃)而影响焙烧质量时,其调节执行机构就自动开大吸入口闸阀,干燥段内的负压随之增大,为满足抽干罩内的压力,必须关小蝶阀。同时,由于吸入口闸阀的开大,焙烧段罩内的风压也将增大,从而使风机的闸阀开大,即鼓入炉内的风量增加。因此通过一冷罩内的风(即二次风)量增加。二次风量的增加,一方面使温度降低,另一方面使燃烧室内的温度(炉膛)降低,受炉膛温度控制的各燃烧室的燃料(油)量及助燃风量就随之增大,以保持炉膛温度为设定值。最后,使得每个被控制参数都与设定值相符时,则整个自动调节过程才算达到重新平衡。整个调节过程要求在很短的时间内完成,以避免出现控制过程的失调、失控,造成重大设备事故。

B　炉罩压力的控制

炉罩内各段压力控制(设定)合理与否,不仅影响炉气在罩内分布是否均匀,流向是否合理,而且也将影响炉气的利用效率,严重时甚至可造成炉体结构破坏,使用寿命缩短。

鼓风罩的负压控制过大,则抽干罩内部分热废气将通过鼓干与抽干之间的隔墙间隙被直接吸入到鼓风干燥罩内,由废气排风机排出,从而降低抽干段的抽干效应。

抽干罩的负压过大,鼓风干燥罩内含湿量很大,温度较低的废气将部分通过鼓干罩与抽干罩之间的隔墙(间隙)吸入到抽风干燥罩,甚至通过管道倒流入抽风干燥罩。此风与正常的抽风干燥热风混合,降低了抽风干燥热风温度,提高了抽风干燥热风中的湿含量,使在鼓风干燥过程中蒸发出来的水分第二次通过生球层,降低了(抽风)干燥效果,降低热的有效利用。为了将倒流过来的低温风输送走,还要因此增加抽风干燥段主抽风机的负荷。此外,如果抽风干燥的负压大于焙烧罩内的负压,则会出现焙烧罩内的高温热废气通过抽干罩与焙烧罩之间的隔墙流向抽干罩。其影响为:(1)使抽干罩特别是预热段的温度控制偏高,由于升温速度过快,使热稳定性差的球团出现炸裂。(2)出现焙烧罩内产生风流由后往前蹿的现象,打乱热废气的正常流动,造成各燃烧装置热负荷的不均。

对预热焙烧罩除应保持与其他各段压力相对平衡外,重要的是要绝对保证该罩必须有一定的负压,否则将出现热风以至火焰的倒流,这不仅影响正常生产及热量有效利用,而且也将危害炉罩的寿命,造成炉罩耐热材料的严重损伤,以至倒塌。

C　热风倒流

若使带式焙烧机焙烧段的热风借助抽风机向下全部通过料层,则必须有足够的风机负压抽力,否则热风将向上流动。焙烧炉的一冷罩和鼓风干燥罩的上方分别设有放风管,它们分别通过闸阀或连接管与燃烧室相通。当风机抽力不足时,燃烧室的热风除正常向下通过料层外,还将有部分热风通过放风管向上排出。这部分非正常流向的热风,称之为倒流热风。很明显这种倒流不但对焙烧过程不利,而且对耐热材料也将造成破坏。

由上述不难得出,焙烧、预热罩内不允许正压操作。一般情况下,在不产生热气倒流的条件下,负压值越小越好,控制的极限值与放风管的高度和炉膛温度有关。防风管(烟囱)对热气体的拔力:

$$\Delta P = \Delta H(\gamma_1 - \gamma_2)$$

式中　ΔP——烟囱拔力，Pa；

　　　ΔH——高度差；

　　γ_1,γ_2——分别为空气和热气体的密度。

放风管越高，燃烧室的温度越高，要求所控制的负压应越大。根据某钢厂的生产实践，正常生产时，此负压不得高于 $-30\ Pa$，为保险起见一般应控制在 $-50\sim-40\ Pa$。

焙烧罩内的负压受两种因素影响：冷却风机鼓入的冷风量和抽风机的抽力大小。二冷罩的压力一般不做严格控制，通常应控制为负压，这样可以避免含尘的热风气体逸出炉罩污染操作环境；但是也不宜将负压控制得太大，过大时易出现：（1）漏入的冷风量增加尤其在料层较薄时，即降低热效率又增加抽风机的负荷；（2）热风中的含尘量增加，加快了风机叶片的磨损以及增加灰尘的循环量。

6.2.4.3　停炉操作

停炉有两种情况：一是有计划的停炉：如计划检修、计划停产等。第二是事故停炉：即出现各种突发事故停炉。

A　计划停炉

计划停炉按停炉性质或停炉时间长短，又可分为短时间停炉和长时间停炉两种：

（1）长时间计划停炉（包括大修、中修）或长期停产。

1）逐渐减少生球给入量和逐步减少造球机的运转台数，相应开大底料闸门，提高底料厚度。

2）变底料槽料位控制自动为手动，装满底料矿槽，并注意随时保持。

3）随着生球量的减少，把底料层厚度增加到与台车挡板等高度，此时应关闭边料闸阀，最后停止生球给料。

4）解除各风机风门（闸阀）的自动控制，转为手动；在保持各炉罩的压力前提下尽量关小风机闸门；解除台车速度自动控制，转为手动；并使风箱内废气温度严格控制在极限（300℃以下），以保护台车车体。

5）减少燃烧装置的燃烧量，逐渐减少燃烧嘴燃烧，使炉体按降温曲线降温。

6）当炉膛温度降到300~400℃，即可熄灭烧嘴，随后停止各工艺风机运转，并作适当时间的闷炉。

7）台车必须继续运转到台车上的球团矿温度无损于台车时为止，某钢厂的经验是继续运转到所有风箱温度都低于200℃时停止。

8）当炉膛温度下降到200℃以下时，可开启一冷罩上的放风阀门以加速炉体的继续冷却。

9）全部降温过程中必须保持正常生产时各炉罩内的压力，防止热风倒流。

10）按工艺方向停止其他运转设备。

（2）短时间停车。在炉体温度降到450℃左右后，只要适当控制各风机风量就可既保证炉罩压力不倒流，又可保证各风箱温度不超过300~250℃，即可将台车停止运转，在停止底料循环的条件下检修铺底料系统、返矿系统及集尘系统。

此时的操作同上述长时间计划停炉操作中的1）~5）所述相同，不同的是当炉温降到450℃左右后将各工艺风机、风箱尽量控制到最小，以减少风循环量。如果炉膛内的负压与风箱温度相矛盾时，还可以关闭冷却风机。以不出现热风倒流和不使风箱温度超过250℃

（冬天为200℃）为原则。

B 事故停炉

事故停炉的操作方法视事故性质的不同而异。如：发生部位，事故处理时间，以及工艺流程方式。

（1）布料系统以前及成品运输系统：

1）事故发生在布料系统以前。此时由于底料循环系统能正常运转，可采用以下方法进行操作：

① 立即开启底料闸门，使底料厚度满台车并同时停运成品运输系统，将台车卸下的料全部返回底料系统；

② 变焙烧机速度自动控制为手动控制，使台车速度和风机闸阀的开度既尽量照顾到已装入炉内的生球焙烧好，冷却好，又必须保证炉罩内各段风量的尽量平衡，合理流向；

③ 视处理事故所需时间，考虑是否需要降温。

2）事故发生在成品运输系统：

① 视底料槽料位高低逐步停运造球机台数，并同时开启底料闸阀，提高底料厚度，到底料槽满槽时全部停运造球机系统，底料厚度达到与台车挡板等高；

② 变焙烧机速度自动控制为手动控制，风机闸阀为手动控制，台车速度及风箱温度逐渐按低限控制（减少燃料及电能消耗）；

③ 视事故大小，处理时间长短，考虑是否（按降温规程）降低温度。

（2）焙烧机机身或底料循环系统：

1）事故发生在焙烧机，此种情况下应采用如下操作：

① 立即将所有燃烧器全部灭火；

② 把各风机闸阀关至最小；

③ 开启一冷罩的放风阀；

④ 打开焙烧、均热段的风箱人孔盖；

⑤ 在采取上述措施后风箱温度仍超过300℃时，则应停运全部工艺风机。

2）事故发生在底料循环系统，具体操作如下：

① 将底料厚度降到最低限度；

② 减少生球给入量，适当降低台车运行速度；

③ 关小各工艺风机的闸阀；

④ 适当降低预热、焙烧带温度；

⑤ 待事故处理好之后，重新恢复正常运转。

（3）事故发生在返矿系统，可将筛下的返矿漏斗的皮带溜子卸下，将返矿暂放在返矿皮带尾部的地坪上，待事故处理好后再做处理。

C 工艺风机

工艺风机一般按启动顺序联锁运转。因此，只要一台停运，依启动顺序在该台风机之后的风机全部停运。在这种条件下一旦发生风机事故则首先全部灭火，同时停止给入生球，开启底料闸门，将台车上铺满底料，保持台车在不使台车过热的速度下继续运转到将热球团矿全部排出为止。

D 发生停水事故

发生停水事故必须采取以下措施：

(1) 立即灭火；

(2) 立即停止给入生球，开启底料闸门将台车铺满底料；

(3) 将各工艺风机关至最小；

(4) 继续运转台车，将台车的热球全部卸出；

(5) 待热球全部卸出，停运各工艺风机。如果焙烧机为水冷式滑差电机，则应用人工打水冷却的方法让其运转。

6.2.4.4 焙烧机速度计算与控制

设台车的高度为 $L_0(\text{m})$、铺底料厚度为 $L(\text{m})$。则台车上生球层厚度为 $L_0 - L(\text{m})$，台车的有效（除边料）宽度为 $B(\text{m})$。

设生球的堆密度为 $\gamma(\text{t/m}^3)$，生球的给入量为 $G(\text{t/h})$，台车的速度为 $v(\text{m/min})$。

则上述参数之间存在着下述关系

$$\frac{G}{60\gamma} = (L_0 - L)Bv$$

得

$$v = \frac{G}{60(L_0 - L)B\gamma}$$

由上式可以看出：当铺底料厚度 L 一定，焙烧机速度 v 与生球给入量 G 成正比。B、γ 可视为常数。

假定 $B = 3 \text{ m}$　$L_0 = 0.43 \text{ m}$　$\gamma = 2.0 \text{ t/m}^3$

则

$$v = \frac{G}{60(0.43 - L) \times 3 \times 2} = \frac{G}{360(0.43 - L)} = K \times G$$

即

$$K = \frac{1}{360(0.43 - L)}$$

6.3 带式焙烧机球团厂主要技术经济指标

6.3.1 带式焙烧机生产能力

生产中常用的几个基本概念：

烧成率 = 成品球团产量/生球产量（干）

成品率 = 成品球团产量/（铁精矿 + 黏结剂 + 其他添加物）

焙烧机产量的计算，常以混合料为基础。即：产量 = 干混合料量 × 烧成率

在现代球团厂流程中，各关键工艺过程中均有计量设施，因此生产过程中的各中间产品及最终产品产量，可直接从各有关的计量仪表中读出。

为了降低单位成本和生产费用，近年来带式焙烧机的单机能力迅速增长。目前，最大的单机能力达年产球团 500 万 t 以上。多数带式焙烧机球团厂投产后很快就达到和超过设计能力。表 6-8 为北美 3 国和我国几个球团厂的设计能力和实际生产能力对比。

表 6-8　几个球团厂的实际产量

厂　　名	投产年份	设计产量/万 t·a^{-1}	实际产量/t·a^{-1}								
			1973	1974	1975	1976	1977	1979	1993	1998	2003
里塞夫(美国)	1956~1961	1080	1087.7	1036.7	902.4	194.7					
格罗夫兰(美国)	1963	140	210.4	198.2	203.9	1008.4					
卡罗尔(加拿大)	1963~1967	950				117.0					
斯提普罗克(加拿大)	1967	125					140.8				
包钢(中国)	1973	110	6.27	11.58	6.19	1.94	2.42	26.63	91.64	118.37	110.75
鞍钢(中国)	1989	200							175.71	205.19	214.53

6.3.2　单位面积产量

　　带式焙烧机的利用系数即单位面积产量,主要取决于原料性质、操作条件和设备性能。德腊沃公司 D-L 型焙烧机处理不同原料时的利用系数列于表6-9。

表 6-9　D-L 型带式焙烧机利用系数与矿石种类的关系

矿 石 种 类	利用系数/t·(m²·d)$^{-1}$	矿 石 种 类	利用系数/t·(m²·d)$^{-1}$
天然磁铁矿	25~30	褐铁矿 – 赤铁矿	15~20
赤铁矿	20~25	褐铁矿及人造磁铁矿	10~15

　　国内外许多球团厂的带式焙烧机利用系数一般都能达到和超过设计值,见表6-10。

表 6-10　几个球团厂的带式焙烧机利用系数

厂　　名	焙 烧 机(m²×台)	矿 石 种 类	利用系数/t·(m²·h)$^{-1}$
里塞夫(美)	94×6	磁铁矿	1.06
鹰山(美)	274×1	赤、磁铁矿	1.2
布莱克里佛(美)	98×1	磁铁矿	1.03
希宾(美)	304×3	磁铁矿	设计0.89万 t/(a·m²),实际1.14t/(a·m²)
米诺尔卡(美)	304×1	磁铁矿	设计0.86万 t/(a·m²),实际1.16t/(a·m²)
国际镍公司(加)	117×1	黄铁矿、浮选精矿	0.54
马尔康纳(秘)	135×1	磁铁矿	1.1
拉姆科(利比里亚)	356×1	赤、褐铁矿	0.76
艾莫伊登(荷)	430×1	混合粉矿	0.75
哈默斯利(澳)	370×1	赤、褐铁矿	0.68
丹皮尔(澳)	402×1	赤铁矿	设计:0.75万 t/(a·m²),实际:0.94t/(a·m²)
罗布河(澳)	476×2	褐铁矿	设计:0.53万 t/(a·m²),实际:0.68t/(a·m²)
锡伯克(加)	464×2	镜铁矿	设计:0.65万 t/(a·m²),实际:0.86t/(a·m²)
西卡查(墨)	278.25×1	磁铁矿	设计:0.65万 t/(a·m²),实际:0.94t/(a·m²)
鞍钢(中)	321.6×1	磁铁矿	0.886

6.3.3 电热消耗

球团厂单位电耗和热耗主要与矿石性质有关。如焙烧天然磁铁矿时,氧化过程放出一部分热量,每千克球团约为 420 kJ。而焙烧含结晶水或碳酸盐的矿石时,不仅不产生氧化放热反应,反而在加热过程中由于矿石中结晶物的分解而大量吸热,并需要较长的加热时间。因此,焙烧机的利用系数降低,单位电耗、热耗都相对增加。此外,还与焙烧机的回热系统合理与否和操作条件有关。如美国里塞夫球团厂初期使用的 94 m² 带式机,投产初期单位热耗为 1680 MJ/t,后来增加一段抽风干燥并进行了其他一些改革,热耗降低到 714 MJ/t。电、热消耗与矿石种类的关系见表 6-11。近几年新建的带式焙烧机球团厂的热耗显著降低,见表 6-12。

表 6-11 矿石种类与电、热耗关系

矿石种类	热耗/MJ·t^{-1}	电耗/kW·h·t^{-1}
天然磁铁矿	336 ~ 504	23 ~ 27
磁、赤混合矿	546 ~ 840	25 ~ 30
赤铁矿	966 ~ 1092	28 ~ 33
褐铁矿	1260 ~ 1890	35 ~ 40

注:电耗包括混合、造球、焙烧及成品系统用电,但不包括精矿再磨用电。

表 6-12 几个球团厂电、热耗指标

厂 名	投产年份	原料种类	热耗/MJ·t^{-1}	电耗/kW·h·t^{-1}
艾莫伊登	1970	混合矿	714	19 ~ 20
希 宾	1976	磁铁矿	316.68	21
锡伯克	1978	镜铁矿	798	26.3
包 钢	1973	磁铁矿	912	66.15
鞍 钢	1989	磁铁矿	685	47.86

6.3.4 球团工序能耗

A 球团工序单位能耗

球团工序单位能耗是指球团工序生产每吨球团矿所需要消耗各种能源的总和(包括各项燃料、动力消耗,并扣除回收利用的余热、余能,以标准煤计量),其计算公式:

球团工序单位能耗 =(球团工序能耗合计 - 利用余热量)/球团矿产量

= (燃料消耗 + 动力消耗 - 回收利用余热量)/球团矿产量

或者:球团工序单位能耗 = 各种能源单耗总和 - 单位产量回收利用余热量

(1)球团工序能耗合计。球团工序能耗合计是指球团生产中各种能源实际消耗的总和,主要包括燃料和动力消耗。但由于它们消耗的能源种类不同,不能简单相加。为了进行能源的统计和比较,人为假设一种标准煤,其低发热量为 29271.9 kJ/kg,在进行工序能耗计算时,首先要把各种燃料和动力消耗,全部都折算成标准煤,然后合计相加,各种燃料和动力折算成标准煤的参考系数见表 6-13。

表 6-13　各种能源折算标准煤的参考数据

无烟煤	焦粉	煤气	电	蒸汽	水	空气
/kg·kg^{-1}	/kg·kg^{-1}	/kg·GJ^{-1}	/kg·(KW·h)$^{-1}$	/kg·GJ^{-1}	/t·万t^{-1}	/t·万m^{-3}
0.736	0.97	34.16	0.386	1.083	0.4598	0.5322

（2）利用余热量。利用余热量是指球团生产过程中回收利用的余热或余能,如:余热蒸汽、余热废气、余热电等。但必须是回收后实际得到利用的量(折算成标准煤),如果回收后又放散的,则按未回收利用。

（3）球团矿产量。指球团工序在消耗能源的同时所生产的成品球团矿的实际数量,不是加入高炉使用的数量。

（4）各种能源单耗。能源单耗是指生产每吨球团矿所实际消耗的某种能源数量(应折算成标准煤),计算公式:

$$能源单耗 = 某种能源的实际耗量/球团矿产量 \times 折算标准煤系数。$$

（5）单位利用余热量。单位利用余热量即生产每吨球团矿所实际回收利用的余热数量(应折算成标准煤):

$$单位利用余热量 = 回收余热实际使用量/球团矿产量 \times 折算标准煤系数$$

B　球团工序单位可比能耗

球团工序单位可比能耗是反映球团工序及焙烧设备工作和节能的好坏,它是具有可比性较强的一种单位能耗表示方法。

$$球团工序单位可比能耗 = (焙烧能耗 + 动力消耗 - 利用余热量)/球团矿产量$$

式中　焙烧能耗——球团焙烧设备自身消耗的燃料,不含球团工序中原料干燥或其他所消耗的燃料;

　　　动力消耗——球团工序本身消耗的动力,不包括其他服务单位,如:原料、机修、生活设施等所摊派的动力消耗。

我国带式球团近年来球团工序单位可比能耗见表 6-14。

表 6-14　球团工序单位可比能耗　　　　　　　　　　　　(kg/t)

厂(车间)名	可比能耗						
	1993 年	1994 年	1995 年	1996 年	1997 年	1998 年	1999 年	2003 年
包钢带式球团			69.59	70.07	62.99	64.46	64.31	60.24
鞍钢带式球团	50.82	48.97	47.95	43.93	42.72	44.80	44.04	42.77

6.3.5　膨润土用量

膨润土是球团厂生产费用中主要项目之一。添加膨润土的目的主要是为了改善球团质量,提高生球强度。因此,膨润土用量与原料的成球性有关,与加热过程对球团抗磨、抗冲击强度的要求有关。研究认为,在带式焙烧机法生产过程中球层在台车上是相对静止的,不发生摩擦、冲击作用,故要求球团强度相对比回转窑低,膨润土用量也相应减少。国外球团厂膨润土用量一般在 8kg/t 球团矿左右,而国内的球团厂相对较高,见表 6-15。实际球团生产中的膨润土用量主要是决定于矿石种类和成球性能。

表6-15 膨润土用量

厂　　名	矿石种类	<325目/%	比表面积/cm² · g⁻¹	膨润土用量/kg · t⁻¹
里塞夫	磁铁矿	90	1700	6.4
鹰山	磁、赤铁矿	65		6.8
布莱克里佛	磁铁矿	93.5		9.0
瓦布什	镜、磁铁矿	63		6.4
派勒特诺布	磁铁矿	85~95	1700	7.0
格罗夫兰	磁、赤铁矿	80~90	1800~2000	10.0
卡罗尔	磁、赤铁矿	65~70	1400~1700	12
帕莱	磁、赤铁矿	60	1350~1500	5
圣胡安	磁铁矿	62		5~10
米诺尔卡	磁铁矿	88		6.3
锡伯克	镜铁矿	<20目100%		6.7
希宾	磁铁矿	77.9	1430	9.4
包钢	磁铁矿			19.2
鞍钢	磁铁矿			14.0

6.3.6　作业率与检修周期

　　国外绝大多数带式焙烧机球团厂在不受外部条件影响的情况下,作业率一般都能达到90%以上。因原料种类、设备材质、操作制度等具体条件不同,各厂检修期限也有些差别。但一般都分为大、中、小修,见表6-16。

表6-16　检修制度与易耗件、大件寿命

厂　名	焙烧机(m² × 台)	检修制度	易耗件、大件寿命
丹皮尔	402×1	小修周期为6周,每次修理时间1.5~2 d。焙烧炉18个月检修一次,主要修理部位是燃烧室	台车寿命8年,台车拦板上段寿命为9~12个月,箅条寿命达2年
罗布河	476×2	大修周期为1年,每次停机7~10 d	台车寿命预计能达15年,箅条寿命3~4年
希　宾	304×2	中修周期为8个月,每次修理时间3 d,6周小修一次,停机12 h	箅条寿命达2年以上
西卡查	278.25×1	每3个月检修一次,时间5~8 d	箅条寿命达2年以上
锡伯克	462×2	每2周停机一次,维修8 h,中修周期2~3个月,检修时间4 d。大修周期为2年,计划检修时间21 d	预计寿命:台车10年,箅条2.5~3年,焙烧炉耐火砖2年

　　据介绍,台车本体的材质为WC6高温合金铸钢,含铬1.0%~1.5%,钼0.45%~0.65%;台车箅条及台车上段拦板为耐热镍铬不锈钢,含铬24%~28%,镍11%~14%,钼不大于0.5%,一般都能达到6~13年的寿命。

6.3.7　产品质量指标

部分带式焙烧机球团厂的球团质量指标见表6-17。

表 6-17　球团质量指标

国　别	厂　名	产量/万t·a⁻¹	化学成分/%							粒度/mm	转　鼓 (<28目)/%	抗压强度/N·个⁻¹
			TFe	SiO₂	CaO	MgO	Al₂O₃	P	S			
美　国	里塞夫	1080	63.3	8	0.4	0.6	0.5	0.026	0.005	10~15	5.9	
美　国	格罗夫兰	210	61.25	8.54	1.14	1.02	0.5	0.020	0.003	9~13	4~6.5	6500
美　国	派勒特诺布	100	64.4	6.37	0.11	0.24	1.12	0.022	0.007	12.5	2.5~3.5	4500
美　国	希宾	810	65.85	4.93						9.5~12.7 占54%	>6.3 mm 95.4	2060
加拿大	卡罗尔	1000	65.05	5.12	0.35	0.25	0.35	0.009	0.008	10~15	5~7	5500
加拿大	瓦布什	600	65.9	2.61				0.016		10		
加拿大	锡伯克	600	65.5	5.5	0.47						>6.3 mm 96.8	4200
秘　鲁	马尔康纳	350	65.58	4.46	0.39	0.64	0.9	0.01	0.014	12~15	>5 mm 95.4	2230
澳大利亚	哈默斯利	200	63.3	5.65	3.59	0.06			0.003	12.5	>5 mm 95.4	2640
澳大利亚	丹皮尔	300	63.4	4.7	0.7		2.9	0.065	0.004	9~16 占85%	<1 mm 4.4	2500~2900
澳大利亚	罗布河	500	62.7	6.3	0.85		3.0	0.04	0.007	9~16 >85%	<4.5	>2500
墨西哥	西卡查	180	65.3	2.77	2.47	0.47	0.32					3500

注:罗布河厂的球团其他质量指标:膨胀系数<14%,还原度>55%,还原后强度>450 N/个。

6.4　典型厂例

6.4.1　包钢带式球团

包钢162 m²带式焙烧机设计能力为年产高炉球团矿110万t,台时产量135t。原设计的气体循环流程如图6-26所示。由于精矿中的氟在高温焙烧时挥发,而这种流程正是将高温焙烧段含氟高的热废气鼓入第一干燥段,使生产过程中产生大量的含氟废气,严重污染室内外环境,并直接威胁工人的身体健康,致使包钢162 m²焙烧机设备投产十多年一直不能正常生产,产量达不到设计能力。

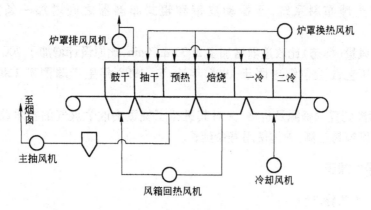

图 6-26　包钢 162 m² 带式焙烧机原设计的气体循环流程图

A　第一次技术改造

随着球团技术的发展和多年生产实践的摸索,1986 年包钢将焙烧机气体循环流程进行了改造。改造后的气体循环流程如图 6-27 所示。

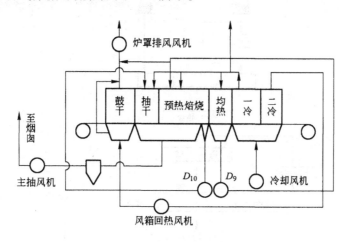

图 6-27　包钢改造后的气体循环流程图

这次改造的目的主要是解决室内氟污染。改造内容为采用二次冷却段烟气作为鼓风干燥段的热源介质;一次助燃空气,抽风干燥热源。介质分别由新增加的 DD 风机抽取均热段和焙烧段末尾端的废气;将预热焙烧段含氟高的热废气经除尘后排入大气中;增加了一套强力混合机系统。此次改造虽然解决了室内氟污染,但是由于总抽风量(标态)减少 1300 m³/min,使产量受到严重影响。

B　第二次技术改造

1994 年包钢针对第一次改造存在的问题,对其又进行了一次技术改造。主要改造内容如下:

(1) 增加 D_9 风机(均热段 11 号、12 号风箱抽风机)的功率;

(2) 原 D_{10} 风机移位,新增加一台 D_{11} 风机抽均热段前端 9 号、10 号风箱的废气,作为抽风干燥段热源兼可放散,其他风机不变;

（3）改造生球布料系统，于摆动皮带和辊式布料器之间增加一条宽皮带（B-3200 mm）。

此次改造风量（标态）比改造前增加了 2000 m³/min，比原设计增加了 700 m³/min。

经过两次工艺改造包钢球团于 1995 年达产。1998 年生产球团矿 118 万 t，创历史之最。

1996 年考虑到重油资源及价格，又对其进行了烧重油改烧煤气的技术改造，改烧煤气后点火炉内温度容易控制，炉体使用寿命延长。

6.4.2　鞍钢带式球团

6.4.2.1　工艺特点

鞍钢球团由鞍山冶金院设计，规模为年产 200 万 t 氧化镁酸性球团矿，主机为 1 台 321.6 m² 带式焙烧机于 1989 年投产，是我国目前最大的球团生产线。其焙烧机的主体部分及与之配套的 5 套工艺风机是购买澳大利亚罗布河球团厂的二手设备，经国内修、配、改。强力混合机，N-90 控制系统从美国引进，其余设备为国内配套。球团车间的工艺流程如图 6-28 所示。

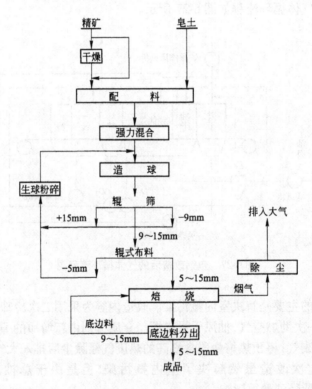

图 6-28　工艺流程图

以下分别就原料接受及贮存、原料准备、配料、混合、造球和焙烧等工序进行介绍。

A　原料接受及贮存

（1）精矿的接受、中和、贮存。球团车间主要含铁原料为大孤山磁选铁精矿和烧结总厂自产精矿。除此之外，还有大孤山浮选铁精矿和弓长岭磁选铁精矿。大孤山精矿从大孤山选矿厂用准轨火车运至鞍钢烧结车间,通过翻车机、皮带运输机运至烧结车间精矿仓库。正常情况下精矿在烧结车间精矿仓库贮存,使用时用抓斗吊车将精矿抓至矿槽,通过圆盘给料机转交皮带运输机,运至球团车间精矿中和仓。特殊情况下亦可从翻车机室出口转运站用皮带直接运至精矿中和仓库。其他精矿均通过准轨火车运至烧结车间翻车机室,运输方式和大孤山磁选精矿相同。

为了稳定精矿化学成分,球团车间设精矿中和仓库,对入厂精矿进行中和。中和仓库长192.8m,宽24m。精矿经过移动漏矿车沿仓库纵向往复布料,用两台 4 m³ 起重型桥式抓斗起重机沿料堆横向断面取料,并送到矿槽,通过 φ2000mm 圆盘给矿机交皮带运输机运至精矿干燥间或直接运至料槽。

(2)菱镁矿粉的接受和贮存。菱镁矿粉用火车从桦子峪镁矿运至烧结厂受矿槽,再通过皮带运输机运到球团车间菱镁矿粉贮矿仓。

(3)膨润土的接受和贮存。黏结剂膨润土来自吉林刘房子和辽宁的黑山两地。通过火车运至配料室附近的膨润土卸料站,经压缩空气管道输送到配料槽。

各种原料的矿槽容积及贮存时间见表 6-18。

表 6-18 矿槽容积及贮存时间

原 料	贮存形式	堆密度 /t·m⁻³	矿 槽				用量/t·h⁻¹	贮存时间/d
			单槽容积/m³	单槽贮量/t	矿槽数/个	总贮量/t		
精 矿	精矿仓	2.4	17000			42336	263.4	6.7
菱镁粉	矿槽	1 2	360	432	4	1728	18.7	3.8
膨润土	配料槽	0.7	294	205.8	3	617.4	2.7	9.5

B 原料准备

(1)精矿干燥。大孤山磁选铁精矿进厂水分最高为 11%,自产精矿为 10.5%。为了保证混合料水分控制在造球所需的最佳范围内,鞍钢采用圆筒干燥机将部分精矿干燥,干燥后可控制混合料水分在 8.5% 左右。

圆筒干燥机规格为 φ3.6 m×24 m,干燥强度为 35 kg/(m³·h)。干燥机产生热介质的燃料为混合煤气,其发热值 7100 kJ/m³,干燥机进口烟气温度为 700℃,出口废气温度 120℃。

(2)菱镁矿粉磨矿。菱镁矿粉进厂粒度为 8~0mm,其中 5~0mm 的占 95%,水分为5%。球团车间设 2 台 φ2.4 m×10 m 中卸式烘干磨。从贮矿仓来的菱镁矿粉通过固定可逆皮带转交称量矿槽,槽下设置定量给料皮带机,将料送至烘干磨,已磨物料从磨机中部卸下,提升机将其提升至 5 m 选粉机进行分级,大于 0.074 mm 部分被返回磨机再磨,小于0.074 mm 部分通过螺旋运输机进入单仓泵,然后用压缩空气送到配料室。

烘干磨燃烧炉使用热值为 7106 kJ/m³ 的混合煤气。烘干磨通入 450℃ 热风将物料水分从 6% 烘干到 1% 左右,出磨机废气温度为 90℃。

C 配料

配料采用自动称量配料。精矿通过 φ2500mm 调速圆盘给矿机给到称量漏斗,漏斗下设定量给料皮带机。在正常配料时,称量漏斗保持恒料位,定量给料机按既定配料比配料。当配料比需要变动时,由于定量给料机给料量的变化引起称量漏斗料位变化,这时圆盘给料机自动调节其转速使称量漏斗保持恒料位。膨润土采用定量给料圆盘给矿机给料。菱镁矿粉配料所用给料装置由叶轮给料机、螺旋给料机及定量给料皮带组成。各种原料按照既定配料比和用量进行自动配料。自动配料系统用美国 Baley 公司生产的网络—90 集散型控制系统控制。配料室各种原料矿槽数及贮量见表6-19。

表6-19　配料矿槽容积及贮量

原料种类	堆密度/t·m⁻³	单槽有效容积/m³	单槽贮量/t	矿槽数/个	总贮量/t	用量/t·h⁻¹	贮存时间/d
大孤山精矿	2.4	270	648	3	1944	158	12.3
自产精矿	2.4	205	492	3	1476	105.4	14.0
菱镁矿粉	1.2	254	304.8	1	304.8	18.7	16.3
膨润土(钠基)	0.7	400	280	3.5	980	2.7	15.0

D　混合

采用二段混合工艺。第一段用轮式混合机,第二段采用 ϕ1800 mm × 5000 mm 强力混合机。该设备为美国 Littleford 公司产品,具有使物料剧烈运动混匀的特点,效果显著。适合于添加膨润土的细磨湿精矿的混合,并可得到均质而无母球的混合料。

E　造球

造球室设有 7 台 ϕ6000 mm 圆盘造球机。该造球机是在 Luriie 公司制造的 ϕ5500 mm 圆盘造球机基础之上设计而成的,增加了旋转刮刀和边刮刀。造球机设计台时产量为 65 t。

混合料用皮带运输机运至混合矿槽。矿槽下设有调速圆盘给料机,混合料由称量皮带运输机定量给料,以便稳定造球机操作。造球机上方设置轮式给料机。从造球机排出的生球采用辊式筛分机进行筛分,9～15 mm 的作为产品运往焙烧室,小于 9 mm 及大于 15 mm 的物料经粉碎机粉碎后送回造球室混合矿槽。

F　焙烧

(1) 布料。包括包钢球团在内,以前设计的带式球团厂其生球布料系统多采用以下形式:集料皮带—摆动皮带—辊式布料机—焙烧机系统。为了使生球更均匀地布到台车上,鞍钢球团采用了目前世界球团厂最先进的布料形式,即在摆动皮带与辊式布料机之间加一条宽3.4m的可调速皮带机,主要目的是克服摆动皮带布料时的正弦曲线效应,实践证明效果良好。生球经 B－1400mm 的集料皮带转交摆动皮带后均匀地运到 B－3400 mm 宽皮带机上。宽皮带机的作用主要保证生球在辊式布料机宽度方向均匀分布,从而保证台车宽度方向料层厚度一致。生球经辊式布料机后,小于 5mm 部分筛出,通过筛下皮带运输机返回造球室混合矿槽,合格生球布到焙烧机上。底料和边料则通过电动给料装置布到台车侧板及算条上以保护台车算条和侧板。

(2) 焙烧。焙烧机面积 321.6 m²,台时产量为 262.6 t,利用系数为 0.817 t/(m²·h),总焙烧时间为 38 min。焙烧机上共设 7 段即鼓风干燥、抽风干燥、预热、焙烧、均热、第一段冷却、第二段冷却,每段的工艺参数见表6-20。

表6-20　焙烧机各段工艺参数

项目	干燥段		预热段	焙烧段	均热段	冷却段		总计
	鼓干	抽干				一冷	二冷	
长度/m	14	12	6	24	6	24	10	96
面积/m²	46.9	40.2	20.1	80.4	20.1	80.4	33.5	321.6
时间/min	5.8	4.8	2.4	9.6	2.4	9.6	4.0	38.4
风温/℃	150	300	800	1300	800	常温	常温	
风箱数/个	7	6	3	12	3	12	5	48

焙烧机气体循环系统如图6-29所示。图6-29所示流程综合了国外目前较先进的风流程,吸取了包钢的经验教训,鼓干风来自二冷段通过鼓干风机送来的热风,考虑到鞍钢生球爆裂温度低,将此热风兑入冷风后温度控制在200℃。二冷段的风比较干净,可减少机头环境污染。焙烧后段与均热段抽下的风(一般在600℃左右),经兑冷风后温度控制在300℃,通过回热风机送至抽风干燥段。这个流程克服了过去使用焙烧,均热风作鼓干风用而引起的环境污染较严重的缺点,能够较合理使用余热。

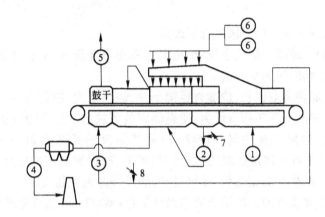

图6-29 鞍钢球团气体循环流程图

1—冷却风机;2—风箱回热风机;3—鼓风干燥风机;4—主抽风机;5—炉罩风机;
6—雾化风机(一次风);7,8—兑冷风阀

国外球团厂多采用天然气或重油等高热值燃料,燃烧温度高,二次风兑入量大,因此焙烧气体含氧浓度高,保证球团矿充分氧化。鞍钢焙烧机使用的燃料为发热值2540 kJ/m³的高炉,焦炉混合煤气,使用这种低热值煤气,理论燃烧温度低,而球团矿焙烧温度又要求1300℃,不能过多地加入二次风,影响了焙烧气体中的氧含量。为提高焙烧段的氧化气氛,开发了"自吸风"助燃技术,即用烧嘴把高温回风吸入助燃,以提高燃烧温度,增加二次风兑入量,借以提高氧浓度。据计算,用"自吸风"助燃,可以将焙烧气体氧含量从完全用冷风助燃的11.2%提高到13.49%,可使球团在焙烧过程中有足够的氧量在短期内完成其氧化反应过程,既提高球团矿的质量,又节省能耗。

为了保护台车,在焙烧段设置一台事故风机,当停车时,开启事故风机,通过焙烧段风管鼓入冷风,防止台车塌腰和箅条烧坏。

(3)底料、边料的分出及成品运输。从焙烧机卸下的熟球经板式给矿机交皮带运输机,运至底边料分出室。底边料分出室设置两台3.0 m×9.0 m的冷却振动筛。从焙烧室卸矿槽至冷矿振动筛有两个系统,分为生产系统和备用系统。从熟球中分出的边、底料用皮带运输机运至焙烧室底、边料矿槽。其他熟球则经皮带运输机运至装车矿槽,并通过皮带运输机运往高炉。

6.4.2.2 生产实践

A 开工初期存在的问题

鞍钢球团车间的工艺流程是先进的,合理的,符合鞍钢的实际情况。球团车间使用的原料主要是大孤山磁选精矿和烧结总厂自产精矿,基本上稳定。进口的二手设备经修、配、改后运转良好,但由于国内配套设备的制造质量和施工安装等问题,使开工初期生产运行并不顺利。

　　球团车间于 1989 年 9 月 8 日投入试生产,四个半月只产球团矿 39.4 万 t,台时产量 138t/h。1990 年球团矿产量为 76.4 万 t,只有设计能力的 38.2%,设备作业率仅为 58.9%,1991 年作业率提高到 64.28%,产量达 103 万 t,达产率为 51.5%。导致产量低,作业率低,检修率高的主要原因是机械设备故障多,如:运输胶带机故障(跑偏,压料自动停);圆盘造球机产量低;生球辊筛瓷辊卡坏;台车更换困难;焙烧炉燃烧室烧塌;干燥机干燥效果差等,还有一些电气故障,这些原因都影响达产。

　　B　改进措施

　　针对上述原因,现场对一些设施进行了改进。

　　(1)改造焙烧炉。球团焙烧机全长 96 m,其中高温焙烧段 24 m,占总面积的 25%,每侧设 12 个烧嘴,焙烧固结时间约 9 min。

　　生产实践发现,原燃烧室偏长,烧嘴直径偏小,燃烧强度大,控制不好,会使燃烧室的温度过高,再加上使用的刚玉环砖质量低劣,使燃烧室故障较多。解决的办法是:1)采用混合充分,火焰长度适宜,温度分布均匀的烧嘴;2)将燃烧室的长度由 2575 mm 缩短到 1500 mm,使火焰温度的峰值移至焙烧炉膛的大空间再扩散,减轻燃烧室的热负荷;3)改用质量好的耐火砖。改造后的生产测定表明,效果良好,炉子寿命大大延长。

　　(2)改进圆盘造球机刮刀。球团车间原设计 7 台 ϕ6000 mm 圆盘造球机,边高600 mm,倾角 48°~58°,转速为 5.5r/min、6.5 r/min、7.5 r/min,三挡可调,驱动功率 90 kW,台时产量 60~65 t。使用旋转刮刀。改变了投产初期旋转刮刀清底效果差,球盘粘料严重,导致造球产量低,甚至常常引起停车事故的现象。

6.4.2.3　技术经济指标

　　鞍钢带式球团 1997 年以后主要技术经济指标见表 6-21 及表 6-22。

表 6-22　鞍钢带式球团 1997 年以后主要技术经济指标

年　份	年产量/t	作业率/%	利用系数/t·(m²·h)⁻¹	台时产量/t·h⁻¹	电耗/kW·h·t⁻¹	煤气消耗/GJ·t⁻¹	工序能耗(标煤)/kg·t⁻¹
1993	1757118	80.50	0.775	249.17	57.10	0.812	50.82
1994	1777880	84.82	0.774	239.28	55.78	0.773	48.97
1995	1730693	84.55	0.727	233.67	55.71	0.744	47.95
1996	2108387	85.11	0.877	282.03	55.54	0.699	43.93
1997	2107835	84.29	0.888	285.47	48.46	0.676	42.72
1998	2051920	87.05	0.850	273.08	49.68	0.723	44.80
1999 (1~9 月)	1706456	92.10	0.895	287.67	47.73	0.716	44.04
2003	2145300	86.82	0.886	284.94	47.86	0.685	42.77
2004 (1~3 月)	565500	90.79	0.897	288.47	47.52	0.710	45.08

　　从表中可以看出,鞍钢球团车间自 1989 年投产以来,至 1992 年初,各项指标均处于较低水平。经技术改造后,设备作业率和台时产量迅速达到一定水平,并逐年提高。

　　随着球团矿产量的提高,球团矿电耗、煤气消耗和工序能耗降低,并且降低的幅度非常明显,充分显示了大型焙烧机生产球团矿的优越性。从表 6-22 还可以看出,球团矿的质量也在逐年提高,并且其转鼓指数和抗压强度能够保持在较高的水平。

表 6-22 鞍钢球团历年主要物理化学指标

年 份	化学成分/%					抗压强度 /N·个$^{-1}$	筛分指数 /%	转鼓指数 (>6.3 mm)/%	耐磨指数 (<0.5 mm)/%
	TFe	FeO	SiO$_2$	CaO	MgO				
1990	61 63	0.26	9.12	0.62	1.78	2256	3.98	89.98	9.68
1991	62.80	0.30	8.71	0.50	0.80	2110	3.80	91.08	8.10
1992	63.12	0.26	8.54	0.36	0.76	2444	3.30	92.77	6.25
1993	62.80	0.36	8.87	0.37	0.75	2396	3.40	93.52	5.71
1994	62.85	0.32	8.95	0.40	0.32	2441	3.40	93.65	5.59
1995	63.00	0.29	8.48	0.37	0.29	2533	3.30	93.55	5.75
1996	63.14	0.32	8.30	0.42	0.32	2679	3.20	93.57	5.89
1997	63.13	0.37	8.29	0.41	0.47	2776	3.20	93.49	5.87
1998	63.08	0.46	8.04	0.39	0.47	2604	3.26	93.40	5.90
1999 (1~9月)	62.91	0.53	8.33	0.42	0.47	2340	3.31	92.96	5.51
2003	64.56	0.53				2426	3.83	92.97	
2004 (1~3月)	64.49	0.41				2430	3.71	93.21	

6.4.2.4 高炉使用效果

鞍钢球团主要供 10 号、11 号、7 号高炉使用,3 座高炉均是容积 2500 m^3 以上的大高炉。10 号和 11 号高炉使用的是新烧结分厂生产的高碱度冷烧结矿和酸性球团矿,其配比约 7:3。7 号高炉以前使用单一碱度自熔性烧结矿,生产指标一直落后,1997 年公司将鞍钢老三烧热烧结矿工艺改为冷烧结矿工艺,生产高碱度冷烧结矿,与酸性球团矿搭配,比例约 8:2,供 7 号高炉使用。从 3 座大高炉几年的生产情况看:鞍钢酸性球团矿和高碱度烧结矿均能满足大型高炉生产要求,并且高炉使用新型炉料以后,各项技术经济指标明显改善,高炉利用系数提高,焦比降低,使鞍钢大型高炉技术经济指标迈入全国先进行列。

鞍钢高炉使用高碱度烧结矿和酸性球团矿的冶炼效果见表 6-23。

表 6-23 鞍钢高炉使用新型炉料结构的效果

年 份	炉号	炉容 /m^3	年产量 /万t	利用系数 /t·(m^3·d)$^{-1}$	吨铁入炉焦比 /kg	吨铁综合焦比 /kg	吨铁烧结矿消耗 /kg	吨铁球团矿消耗 /kg
1997	7	2557	112.9	1.507	480	561	1755	92
	10	2580	177.7	1.910	433	508	1310	437
	11	2580	170.9	1.845	457	535	1313	438
1998	7	2557	158.5	1.698	447	552		
	10	2580	175.3	1.898	419	511	0	
	11	2580	167.1	1.840	434	526		

思 考 题

1. 带式焙烧机主要有哪几种形式?
2. 带式焙烧机在工艺上有哪些主要特征?
3. 简述带式焙烧机的主要结构?
4. 带式焙烧机中哪些部位有密封装置,各是什么形式,在安装上使用上各应注意什么?
5. 带式焙烧机的炉罩在整体上有什么主要特点,带式焙烧机炉罩为什么要分隔成若干区(段),这些区(段)的主要作用是什么?
6. 风机运转中工况点常用的调节方法有几种?
7. 何谓热风倒流,热风倒流有什么弊病或危害性,你认为在哪些情况下能够产生热风倒流,用什么办法控制?
8. 现代带式机台车在结构上有什么特点,你认为应当如何维护使用台车才能有效地提高台车使用寿命?

7 竖炉球团法

7.1 竖炉炉型及结构

以竖炉的横截面形状划分,可分为圆形竖炉和矩形竖炉。目前,世界上绝大多数的竖炉为矩形竖炉。

7.1.1 矩形竖炉

A 按炉身结构划分

矩形竖炉按炉身结构划分基本可以分为3类:

(1)高炉身、无外部冷却器竖炉,如图7-1所示。这类高炉身竖炉的燃烧室布置在矩形竖炉长方向的两侧。这种结构的竖炉,利用两侧火道对吹,较容易将炉料中心吹透。高炉身竖炉,焙烧带、冷却带相应较长,有利于球团矿的焙烧与冷却,提高了热效率,但有时效果不理想。

(2)矮炉身、外部设有冷却器竖炉,如图7-2所示。这种结构形式的竖炉,由于设置了外部冷却器和热交换系统,回收的余热(热空气)进入燃烧室作助燃风,使竖炉的热量获得较充分的利用,成品球也得到了较好的冷却,排矿温度可控制在100℃以下。但外部带冷却器和热交换器的竖炉结构比较复杂,单位产品的投资和动力消耗有增加。

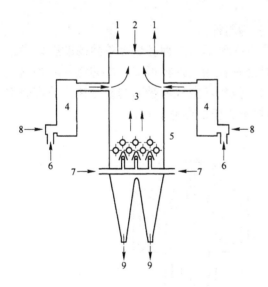

图7-1 高炉身竖炉

1—废气;2—生球;3—竖炉;4—燃烧室;5—破碎辊;
6—助燃风;7—冷却风;8—燃料;9—成品球团

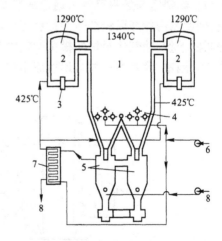

图7-2 带有外部冷却器和热交换器的矮炉身竖炉

1—竖炉;2—燃烧室;3—烧嘴;4—破碎辊;5—球团冷却器;
6—助燃风;7—热交换器;8—冷却风

（3）介于高、矮炉身之间的中等炉身竖炉,如图7-3所示。这种竖炉在外部也设有冷却器,但不设热交换器,炉身较高,球团矿先在竖炉内尽可能进行冷却,然后将已冷却到一定程度的球团矿引入一个小型的单独冷却器,完成最终的冷却过程,这样可以省掉一个热交换器。

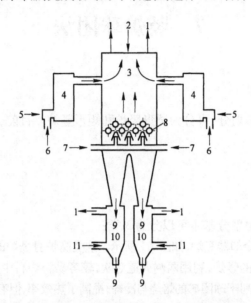

图7-3　带有外部冷却器的中等高度炉身的竖炉

1—废气;2—生球;3—竖炉;4—燃烧室;5—燃料;6—助燃风;7——次冷却风;
8—破碎辊;9—成品球团;10—冷却器;11—二次冷却风

B　按燃烧室与炉身连通方式不同划分

矩形竖炉按燃烧室与炉身连通方式不同可分为两种。

（1）燃烧室与炉身有两条通道的竖炉,如图7-4所示。这种竖炉无单独的助燃风供给系统,助燃风由冷却风经炉体上行后部分进入燃烧室供给。这样可减小冷却空气对炉内气流分布的干扰,使气体沿炉体横截面较均匀分布。但冷却空气所带入的灰尘往往使燃烧室操作产生困难,尤其在焙烧自熔性球团矿时,燃烧室边壁很容易结渣。

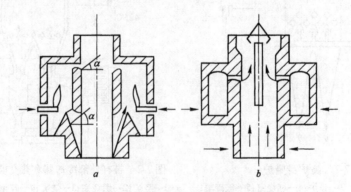

图7-4　燃烧室与炉身有两条通道竖炉

a—瑞典竖炉;b—日本竖炉

（2）燃烧室与炉身只有一条通道的竖炉，如图7-5所示。

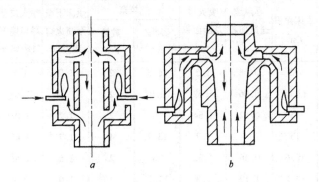

图7-5 燃烧室与炉身只有一条通道的竖炉
a—中国竖炉；b—美国竖炉

这种竖炉的助燃风由专门的助燃风机提供，保证了助燃风的清洁与高含氧量及足够的风量，净化了燃烧室环境。

7.1.2 中国竖炉

7.1.2.1 中国新型竖炉构造

由于在竖炉内设置了导风墙和烘干床，形成了具有中国特色的、新型的"中国式球团竖炉"，中国新型竖炉的构造如图7-6所示，部分竖炉炉体的主要技术规格见表7-1。

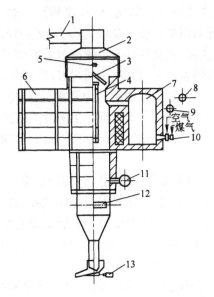

图7-6 中国新型竖炉的构造
1—烟气除尘管；2—烟罩；3—烘床炉箅；4—导风墙；5—布料机；
6—炉体金属结构；7—燃烧室；8—煤气；9—助燃风管；
10—烧嘴；11—冷却风管；12—卸料齿辊；13—排矿电振机

表 7-1　我国部分竖炉体的主要技术规格

厂　名	焙烧面积 /m²	烘床面积 /m²	导风墙 通风面积 /m²	喷火口 总断面积 /m²	燃烧室		烘床下缘 至喷火口 距离/m	喷火口至 导风墙下 口距离/m	导风墙下 口至冷风 口距离/m	冷风口 至排矿口 距离/m
					容积/ m³·个⁻¹	数量 /个				
济南钢铁厂	8	12	0.68	1.5	26.5	2	1.7	1.8	3.6	5.1
杭州钢铁厂	8	12.25	0.96	1.62	23.07	2	1.62	2.66	3.3	8.27
安钢水冶分厂	8	15	0.52	1.54	26	2	1.2	3.06	2.41	6.33
凌源钢铁厂	8	13	1.1	1.7	13.7	4	1.7	2.47	2.19	7.05
承德钢铁厂	8	10.6	0.36	1.22	26	2	1.5	1.65	2.24	3.15
萍乡钢铁厂	5.5	14.2	1.12	1.3	17.2	2	1.9	3.1	1	5.43

　　我国新型竖炉的主要构造有:烟罩、炉体钢结构、炉体砌砖、导风墙和干燥床、卸料排矿系统、供风和煤气管路等。

　　A　烟罩

　　烟罩安设在竖炉的顶部,一般由 6~8mm 钢板焊制而成,它与除尘下降管连接,炉顶烟气(炉底冷却风和煤气助燃风燃烧后产生的废气)经烟罩,通过除尘器而引入风机,然后从烟囱排放。烟罩还是竖炉炉口的密封装置,可以防止烟气和烟尘四处外逸。

　　B　炉体钢结构

　　炉体钢结构主要有炉壳及其框架。炉壳可分燃烧室和炉身两部分,一般采用 6~8mm 钢板制成,有条件应采用 10~12 mm 钢板,以防止受高温变形;为确保其密封性,必须内外连续焊接。炉壳钢板外面有许多钢结构框架(俗称拉筋),与炉壳焊在一起,用来支撑和保护炉体,承受炉体的重力和抵御因炉体受热膨胀的推力;另外煤气烧嘴、人孔和热电偶孔都固定在框架或炉壳上。严格说来,框架应按受力情况的计算结果设计,但由于炉壳的受力情况比较复杂,计算值与实际的偏差较大,因此一般仅按经验选取。框架多采用工字钢或槽钢组合制成。炉壳的组合制成,布置形式除满足受力要求外,还应考虑烧嘴、人孔和热电偶孔的配置。炉壳的下部有一水梁(俗称竖炉大水梁),用较大的工字钢、槽钢和钢板焊制,主要是承受炉身砌砖和炉身钢结构的重量。炉体的全部重量由下部的支柱支承(燃烧室除外)。

　　C　炉体砌砖

　　炉体砖墙包括燃烧室和炉身两部分。我国竖炉的燃烧室设置在炉身长度方向的两侧。燃烧室的内层一般用耐火黏土砖砌筑,外层用保温性能较好的硅藻土砖,砖墙与钢壳之间填入鸡毛灰(石棉泥和水泥的混合物)。目前我国竖炉燃烧室有矩形和圆形两种。圆形燃烧室不仅受力均匀,又不存在拱脚的水平推力,而且容易密封,寿命长。经过使用,效果很好。目前圆形燃烧室有立式和卧式两种,如图 7-7 所示。

　　炉身砌砖上部为黏土砖,下部为高铝砖,中部喷火道部位采用异形黏土砖。

　　炉身上部的炉口砖墙,常因受急冷急热作用,而出现长边炉墙向炉内凸出的情况(俗称鼓肚皮),可在炉口浇注 600~800 mm 高的硅酸盐耐火混凝土,而获得解决。

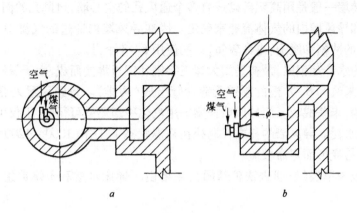

图 7-7 圆形燃烧室示意图

a—卧式剖面;*b*—立式剖面

炉身下部的冷风口附近(上下 1 m 左右),应用大砖(345 mm × 150 mm × 75 mm)或其他耐磨的特种耐火砖砌筑(如碳化硅或电熔莫来石砖),抵抗冷却风和球团的冲刷磨损,延长使用寿命。

炉身中部(炉膛)、喷火道周围的高温区域,必须使用高强度磷酸盐泥浆(701 泥浆),其余为普通耐火泥浆。

目前我国的竖炉炉体砌砖,以 T-3 标准为主(230 mm × 113 mm × 65 mm),砖缝多,炉体又呈矩形,砖墙的稳定性差,极易引起炉墙松动漏气,应及时处理。我国的竖炉工作者在生产实践中摸索出一种较好的处理方法——压力灌浆法。这种方法即在漏风处的炉壳上焊一钢管,用泵或压缩空气(压力 0.4 ~ 0.6MPa),将耐火泥浆(生料:熟料 = 7:3 或用 701 泥浆)喷灌入炉壳与砌体之间。灌满后去掉钢管,焊好炉皮,就可解决漏风问题。

D 导风墙和干燥床

导风墙由砖墙和托梁两部分构成如图 7-8 所示。

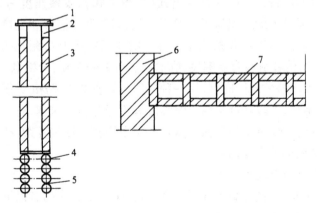

图 7-8 竖炉导风墙构造示意图

1—盖板;2—导风墙出口;3—导风墙;4—水冷托架

5,6—导风墙进口;7—通风口

　　导风墙的砖墙一般是用高铝砖砌成有多个通风孔的空心墙,通风孔的面积,可根据所用的冷却风流量和导风墙内的气体流速来确定。因在导风墙内通过的气流中,带有大量的尘埃,造成对砖墙的冲刷和磨损,寿命较短,只能使用 6 ~ 8 个月。

　　托梁一般为水冷却钢梁,最初是用大型工字钢和钢板焊接而成,由于焊缝易出现裂纹产生漏水现象,后来改为 6 ~ 8 根的厚壁无缝钢管组成(两排)。曾经用耐火混凝土梁作替代水冷却梁的试验,未获成功。而导风墙托梁采用汽化冷却还是可行的,不仅可以回收和利用余热,还能降低水耗。导风墙的托梁长期处在高温状态下工作(1000 ~ 1200℃),条件恶劣,冷却效果不佳,易变形而寿命较短。

　　干燥床一般为单层(处理磁铁矿球团),主要由干燥床水梁和干燥箅组成,如图 7-9 所示。

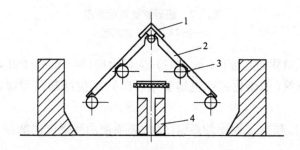

图 7-9　炉口单层干燥床构造示意图
1—烘床盖板;2—烘床箅条;3—水冷钢管;4—导风墙

　　干燥床水梁俗称炉箅水梁,一般有 5 根,用于支撑干燥箅子,因此要求在高温下具有足够的强度。早期的干燥床水梁是用角钢焊接的矩形结构,焊缝容易开裂漏水。现已改为厚壁无缝钢管,延长了使用寿命。曾探索使用无水冷结构,如耐火混凝土,耐热铸铁及含铬铸铁等,均未获得良好的效果。

　　干燥箅普遍采用箅条式,有的为百叶窗式(见图 7-10),安装角度为 38° ~ 45°。箅条式具有拆卸更换方便,但箅子的缝隙易于堵塞不透气,需要经常清理和更换。百叶窗式的特点虽不易堵塞,但实际通风面积比箅条式小。箅条材质目前有高硅耐热铸铁和高铬铸铁(含铬 32% ~ 36%)两种,前者材料容易解决,成本低。后者寿命高,价格也高。

　　在处理褐铁矿和赤铁矿球团时,曾用一种 3 层干燥箅的干燥床(见图 7-11),3 层干燥箅的干燥床面积大为增加,可以降低生球干燥温度和干燥介质的风速,对于防止生球爆裂是有利的,但也有不利强化干燥过程的一面。这种 3 层干燥箅的结构复杂,在安装、维护、检修上增加了困难,因而未获得推广使用。

7.1.2.2　导风墙和干燥床的作用

竖炉导风墙和干燥床,在竖炉中获得广泛应用,生产实践表明有以下六方面作用。

A　提高成品球团矿的冷却效果

竖炉增设导风墙后,从下部鼓入的冷却风,首先经过冷却带的一段料柱,然后极大部分(70% ~ 80%)不经过均热带、焙烧带、预热带,而直接由导风墙引出,被送到干燥床下面。这样大大减少了冷却风的阻力,使冷却风量大为增加,提高了冷却效果,降低了排矿温度。

例如:某竖炉球团厂设置导风墙后,冷却风量从14000 m³/h,增加到20000~22000 m³/h,提高幅度为43%~57%;而排矿温度由600℃降低到300℃(在500t/d的生产条件下)。

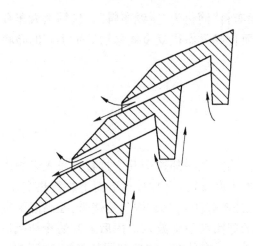

图7-10 组合百叶窗炉箅示意图

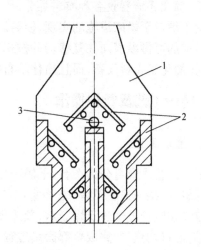

图7-11 竖炉3层干燥床构造示意图
1—烟罩;2—烘床;3—混风管

B 改善生球的干燥条件

竖炉炉口增设导风墙和干燥床后,为生球创造了大风量、薄料层的干燥条件,生球爆裂的现象大为减少;同时又扩大了生球干燥面积(比原增加1/2)加快了生球干燥速度,提高了竖炉产量。

据某厂测定:竖炉有了导风墙和烘干床,干燥带温度从800~900℃降低到600~650℃(烘干床中、下部)。当生球料层(约200 mm厚)沿着倾斜的干燥箅(38°~45°),从顶端向下移动进入预热带(约经过5~6min),生球水分由8.5%左右降低到0~1.5%。这样基本上做到了干球入炉,消除了湿球相互粘结而造成结块的现象,彻底消除了死料柱,保证了竖炉正常作用。此外,由于炉口干燥床的出现,有效地利用了炉内热能,降低了球团焙烧热耗。

C 竖炉有了明显的均热带和合理的焙烧制度

竖炉设置导风墙后,绝大部分冷却风从导风墙内通过,导风墙外只走少量的冷却风。从而使焙烧带到导风墙下沿出现了一个高温的恒温区(1160~1230℃),也就是使竖炉有了明显的均热带,有利于球团中的Fe_2O_3再结晶充分,使成品球团矿的强度进一步提高。

另外,干燥床出现,使竖炉又有了一个合理的干燥带,而在干燥床下与竖炉导风墙以下,又自然分别形成预热带和冷却带,这样使竖炉球团焙烧过程的干燥、预热、焙烧、均热、冷却等各带分明,温度分布合理,形成了比较合理的焙烧制度,有利于球团矿产、质量的提高。

D 产生了"低压焙烧"竖炉

竖炉设置了导风墙和干燥床,改善了料柱透气性,炉内料层对气流的阻力减少,废气穿透能力增加,燃烧室压力降低。风机风压在30 kPa以下就能满足生产要求(国外风机风压在50~60 kPa),从而形成了"低压焙烧"球团竖炉,比国外同类球团竖炉降低电耗50%以上。

E 竖炉能用低热值煤气焙烧球团

由于消除了冷却风对焙烧带的干扰,使焙烧带的温度分布均匀,竖炉内水平断面的温度差小于20℃。当用磁铁矿为原料时,由于Fe_3O_4的氧化放热,焙烧带的温度比燃烧室温度高 150～200℃。所以实践证明,我国竖炉能用低热值的高炉煤气或高炉——焦炉混合煤气,生产出强度高、质量好的球团矿。

　　F　简化了布料设备和布料操作

　　由于炉口干燥床措施的实现,使竖炉由"平面布料"简化为"直线布料"。使用由大车和小车组成的可做纵横向往复移动的梭式布料机,简化成只做往复直线移动的带小车的布料机,不仅简化了布料设备,而且简化了布料操作。

7.2　竖炉工艺及竖炉操作

7.2.1　竖炉工艺

　　竖炉工艺大致可分为布料、干燥和预热、焙烧、均热及冷却这样几个过程。布入竖炉内的生球料,以某一速度下降,燃烧室内的高热气体从火口喷入炉内,自下而上进行热交换。生球首先在竖炉上经过干燥脱水;预热氧化(指磁铁矿球团);然后进入焙烧带,在高温下发生固结;经过均热带,完成全部固结过程;固结好的球团与下部鼓入炉内后上升的冷却风进行热交换而得到冷却;冷却后的成品球团从炉底排出。在外部设有冷却器的竖炉,球团矿连续排到冷却器内,完成最终的全部冷却。竖炉的整个设备配置如图 7-12 所示。

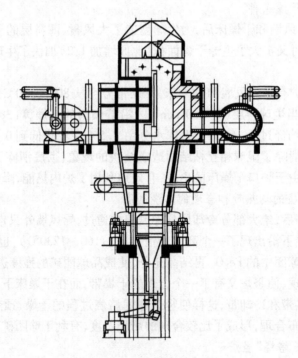

图 7-12　竖炉设备配置

7.2.1.1　布料

　　布料的目的,一是将生球顺利送入竖炉干燥带,二是尽量使不同粒径大小的生球均匀分布而使炉料具有良好的透气性,以有利于炉内温度和气流分布。

　　根据炉型及竖炉特点,目前竖炉的布料方式主要有"之"字布料与直线布料两种,如图

7-13 和图 7-14 所示。国外竖炉一般采用"之"字布料,我国竖炉由于有独特的干燥床结构,一般采用直线布料。

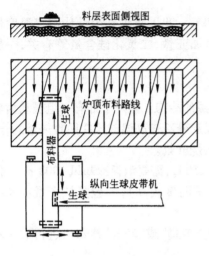

图 7-13 "之"字布料示意图

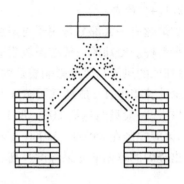

图 7-14 球团竖炉直线布料示意图

7.2.1.2 干燥和预热

生球在竖炉内自上往下运动,与预热带上升的热废气发生热交换进行干燥。对于无干燥床的竖炉,生球下降到离料面 120～150 mm 深度处时,大约在炉内停留了 4～6 min,湿球已基本干燥并且磁铁矿已开始氧化。干球继续下行进入预热阶段,当炉料下降到 500 mm 左右时,料温已基本达到焙烧温度。

我国竖炉有独特的"人"字形烘干床结构,一般烘干床上料厚 150～200mm。湿球在干燥床上一般停留 5～6 min,此时生球已基本干燥并已开始预热(磁铁矿球团已开始氧化)。炉料下降到 1500 mm 左右,料温达到最佳焙烧温度。

干燥介质的温度与流速决定于生球的热稳定性,在不影响生产的前提下,为提高生产率一般总希望干燥介质的温度与流速较高。竖炉球团生产干燥介质的温度一般在 450℃ 左右,干燥介质的流速一般在 1.8 m/s 左右。

7.2.1.3 焙烧

生球通过竖炉预热带,被加热到 1000℃ 左右,接着便进入了焙烧带。球团在竖炉焙烧带发生的变化,主要有两方面:一方面被继续加热;另一方面是发生固结,强度提高。因此,焙烧阶段是影响竖炉球团质量的关键阶段。

对于竖炉,整个竖炉断面上温度分布的均匀性是获得高质量球团矿的先决条件,而温度分布均匀与否则直接受气流分布状况的影响。炉内气流的分布与料柱高度、宽度、料层的透气性、助燃风量与风压、冷却风量与风压等因素有关。对于有导风墙的竖炉,炉内气流的分布还与导风墙的人风口到燃烧室的火道口的距离有关。

由于料柱对气流的阻力作用,燃烧气流从炉墙往料柱中心的穿透深度便受到限制。较大的燃烧气流有助于对料柱的穿透,但燃烧气流流速过大会造成炉料喷出或者引起料层表面流态化,一般认为燃烧气流流速以 3.7～4.0 m/s 为宜。

气流分布状况是限制竖炉大型化的重要原因。目前,竖炉断面最大宽度为 2.5 m,进一步扩宽竖炉会恶化气流分布。为使各种工艺气流在燃烧室火道口附近充分混合,火道口到料柱表面应有足够的距离,国外一般为 2.5 ~ 3.0 m,我国竖炉因有导风墙结构,火道口到料柱的距离一般为 2.0 m。

国外竖炉球团最佳焙烧温度保持在 1300 ~ 1350℃。我国竖炉球团最佳焙烧温度保持在 1250℃左右。最佳焙烧温度与球团矿的原料性质如亚铁、二氧化硅含量等有关,一般最佳焙烧温度与时间可通过试验确定。

7.2.1.4　冷却

竖炉炉膛有一大部分是用于对焙烧好的高温球团的冷却。竖炉下部有一组摆动齿辊支撑着整个料柱。冷却风一般在齿辊附近鼓入,冷却风起着冷却高温球团并回收热量的作用,另外,冷却风的风压与风量影响着炉内气流分布与焙烧气氛。

理论计算得出,1 t 成品球团矿从 1000℃冷却到 150℃,需要消耗冷却风 1000 m³。但在实际操作中,一般只能达到 600 ~ 800 m³/t(因此排矿温度较高),一般竖炉产量在 45 t/h 时,冷却风应控制在 25500 ~ 34000 m³/h。

排出竖炉的球团矿如果温度过高,可以再次采用"带式"或"环式"冷却机进行进一步的冷却。

7.2.2　竖炉操作

竖炉操作按具体情况可分为:开炉操作、引煤气点火操作、放风灭火操作、停炉操作、竖炉焙烧热工制度的控制和调节、竖炉事故的处理等。

7.2.2.1　竖炉开炉操作

竖炉新炉投产及竖炉大、中修(燃烧室和炉体重新砌砖)后的操作称为竖炉开炉操作。

A　开炉前的准备工作

(1)竖炉新炉投产开炉,必须在基建工作基本结束和所有的设备安装完毕后才能进行。

(2)安装完工及大、中修后的设备,必须先进行试车,速度调至正常。对新炉首次开炉,必须先进行全面单体试车,然后进行空载联动试车及带负荷联动试车。如行车、配料设备、混合机(或烘干机)、造球机、圆辊筛、布料机、皮带机、鼓风机等设备,都应带负荷试车。特别是鼓风机的运转时间一般不得少于24h。

(3)操作人员必须进入本生产、工作岗位,熟悉本岗位的设备性能,并参加设备试车工作,做好生产前的一切准备。

(4)检查生产所需要的原、燃料的准备和供应情况。

(5)检查供电、供水是否正常。

B　烘炉

在做好上述开炉前的准备工作后,方可进行烘炉。

竖炉烘炉的作用:主要是蒸发耐火砌体内的物理水和结晶水,并提高砖泥浆的强度和加热砌体,使炉体达到要求的一定温度,以便投入生产。

竖炉烘炉主要是烘燃烧室为准,炉身砌体主要是靠以后缓慢向下运动的热料来烘烤。烘炉的步骤与方法如下所述。

(1)烘炉前的准备。

1)烘炉必须在竖炉砌砖全部结束和设备安装检修完毕(主要是指竖炉除尘系统、仪器仪表、通讯、鼓风机、煤气加压机、水泵等)并经试车正常后才能进行。

2)烘炉前,竖炉所有的水梁、水箱都必须通上冷却水,并必须保证进、出水畅通。

3)烘炉前,竖炉内必须清理干净,特别是在火道、冷风管、漏斗、溜槽内及齿辊上的杂物必须彻底干净。

4)准备所需用的木柴、柴油和棉纱(破布或木刨花)等烘炉物品。

一次烘炉一般约需用木柴 8 ~ 10 t,柴油 20 kg,棉纱(破布或木刨花)若干。

5)烘炉前,应绘制烘炉曲线和制订正确的烘炉方法。烘炉曲线与耐火材料的性能、砌筑质量、施工方法及施工季节有关。一般砖砌竖炉的烘炉曲线如图 7-15 所示(各厂家可根据自己的实际情况制定烘炉曲线)。

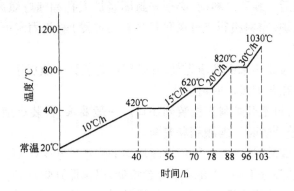

图 7-15 竖炉的烘炉曲线(砖砌体)

(2)烘炉过程。烘炉应严格按烘炉曲线进行,一般可分为 2 个阶段。

1)低温阶段:烘烤温度从常温 20 ~ 420℃。这时主要是蒸发竖炉砌体中的物理水,要求以 10℃/h 缓慢升温,防止急剧升温而造成砖缝开裂,并在 420℃需要有一定的保温时间。这个阶段一般用木柴烘炉。

2)中温阶段:烘烤温度在 820 ~ 1030℃。这时主要是加热砌体,升温速度可快些(30℃/h)。为了使砌体的温度达到均匀,也可进行保温,一般为 8 h。

(3)烘炉操作。

1)木柴烘炉:烘烤温度在 400℃以下用木柴烘炉。

① 先用木柴填满两燃烧室,但不得堵塞烧嘴、人孔和火道,并在点火人孔(或烧嘴)周围放上引火物——棉纱(破布或木刨花)少许,并浇上柴油。

② 打开全部竖炉的烟罩门和顶盖;

③ 从人孔(或烧嘴)处进行点火;

④ 温度高低的调节,可用开启烧嘴窥孔的数量或开闭燃烧室人孔的大小来控制;

⑤ 当燃烧室木柴将燃尽而尚未达到要求的烘炉温度和时间时,应从燃烧室人孔处继续添加木柴。

2)低压煤气(<6000 Pa)烘炉:当用木柴烘炉,温度达到 400℃左右而不断继续往上升时,可用低压煤气烘炉。

① 引煤气前,先往燃烧室中填入一定数量的木柴,用低压煤气点火时,有足够的明火,

并砌死两燃烧室人孔；

　　② 引煤气前开启竖炉除尘风机,关闭竖炉烟罩门和顶盖；

　　③ 引煤气操作(详见引煤气操作)；

　　④ 引煤气点火后,可先打开烧嘴窥孔自然通风燃烧,必要时可启动鼓风机调节助燃温度的高低,可用煤气量或助燃风量的大小来控制。

　　3) 高压煤气(>8000 Pa)烘炉:当烘炉温度达到800℃低压煤气已不能达到要求的烘烤温度时,如继续升高,可开启煤气加压机,用高压煤气烘炉直到投入生产。

　　C　开炉操作

　　(1) 装开炉料。竖炉正式开炉投产前,必须先装满炉料(称开炉料)。装开炉料可在烘炉过程中或烘炉结束后。装开炉料前,必须先封闭竖炉人孔和铺好烘床干燥箅条。然后通过布料机进行均匀装炉(布料机行走开关可打到自动位置)避免固定下料点,以防止造成料偏析和料柱密度不均。

　　如果烘炉尚未结束或还未引高压煤气,开炉料可先装到火道以下,以防止开炉料并结或软熔结块。剩下的可在开炉投产时再装入。

　　如果烘炉已结束,可把开炉料直接装到炉口。一般要求,在装火道以上开炉料时,燃烧室应停煤气灭火,可使开炉时下料顺利和安全。

　　开炉料一般可用成品球团矿,也可用粒度均匀的烧结矿和生矿石,但不论使用哪种开炉料,都必须经过严格的筛分干净,并要求水分含量低,以确保开炉顺利。

　　(2) 活动料柱。竖炉装满开炉料后,应先活动料柱。活动料柱的目的:主要是使竖炉内料柱松动,及烘床整个料面下料均匀。这是竖炉开炉顺利、成功或失败的不可忽视的重要环节。具体方法:

　　先开竖炉两头齿辊活动和进行排料,一面观察干燥床料面下料情况,一面继续用开炉料补充,并及时采取措施调整料面下料情况,直到干燥床整个料面下料基本一致后,可停止加开炉料。引高压煤气点火,使燃烧室继续升温到生产所需温度,加热开炉料,提高烘床温度。此时冷却风需暂时关闭。

　　最好在引高压煤气点火后,进行倒料操作——即一面加开炉料,一面排矿。这样既可以用热料来烘烤竖炉炉体砌砖,又可以使炉内料柱处于不间断的活动状态。

　　(3) 开炉。在干燥床温度上升到300℃左右,就可以停止倒料,可开启造球机加入第一批生球(约占1/3烘床)。

　　当干燥床加满第一批生球后,停造球机。待烘床上的生球干燥后,就可排料。当干燥床上排下1/3生球后,停止排料,再加一批生球等待干燥。

　　这时因为干燥床温度不高,生球干燥速度慢,只能间断加生球和排料,否则生球要粘在炉箅和湿球进入烘床下的预热带(引起结块)这样干燥床上干燥一批生球,排一批料,再加一批生球。如此往复,直至干燥床升到正常温度(600℃左右),这时生球干燥速度也加快了,就可连续往炉内加生球。当热球下到冷却带时,就可送冷却风。

　　竖炉刚开炉时,因整个竖炉尚未热透,焙烧温度低,风量较小,要适当控制生球料量,以保证成品质量和开炉顺利。这种情况持续1~2天,待竖炉内已形成合理的焙烧制度后,就可转入正常作业。此时风量增大,产量提高,质量符合要求。

7.2.2.2 引煤气点火操作

A 引煤气

在竖炉开炉或生产前,必须先将煤气从加压站(或混合站)引到竖炉前,以便点火。不论引低压煤气或高压煤气,都可按下述步骤进行操作。

(1)引煤气前的准备。

1)引煤气前,应先与加压站取得联系,得到同意后,方可做引煤气操作。

2)检查竖炉煤气总管和助燃风总管阀门有否关闭。

3)检查竖炉燃烧室烧嘴阀门有否关闭。

4)打开煤气总管(1只)和煤气支管(两只)放散阀。

5)通知开启竖炉除尘风机。

6)通知开启助燃风机和冷却风机,并放风(烘炉时除外)。

(2)引煤气操作。

在做完上述的引煤气准备工作后,方可进行引煤气操作。

1)通知煤气加压站,用蒸汽吹刷煤气总管。并负责用蒸汽吹刷煤气支管。

2)见煤气总管放散阀冒蒸汽 10 min 后,通知加压站关煤气,稍刻关闭煤气总管蒸汽。

3)见煤气总管放散阀冒煤气 5 min 后,开启煤气总管闸阀(或蝶阀),关闭煤气总管放散阀,关闭煤气支管和蒸汽。

4)通知烘干机及其他用户使用煤气。

B 点火

(1)点火操作。

1)见煤气支管放散阀冒煤气 5 min 后,开启助燃风总管闸阀(或蝶阀)。

2)开启两燃烧室烧嘴阀门进行点火。点火时,应先略开烧嘴助燃风阀门,然后徐徐开启烧嘴煤气阀门,并同时开大助燃风阀门。

3)待燃烧室煤气点燃后(在烧嘴窥孔中观察),关闭煤气支管放散阀和助燃风放风阀。

4)调节两燃烧室的煤气量和助燃风量,使其基本相同。

5)开启冷却风总管蝶阀或闸阀,并关闭冷却风机放风阀(烘炉时除外)。

6)通知布料加生球和排料(烘炉时除外)。

(2)煤气点火时的注意事项。

1)如果使用高-焦混合煤气,应先做爆炸试验,经合格后才能点火,以确保安全。

2)煤气点火时,燃烧室必须保持一定的温度,如高炉煤气应大于 700℃(高压需大于 800℃);高—焦混合煤气应大于 560℃(高压需大于 750℃),才能直接点火。否则燃烧室要有明火才能用煤气点火。

3)点火时,烧嘴前的煤气和助燃风应保持一定的压力。煤气压力在 4000 Pa 左右(400 mm 水柱);助燃风在 2000 Pa 左右(200 mm 水柱)。待煤气点燃后逐渐加大煤气和助燃风压力。

严禁突然送入高压煤气和助燃风,以防把火吹灭,引起再次点火时而造成煤气爆炸。

4)使用低压煤气时,煤气压力低于 2000 Pa(200 mm 水柱)和在生产时,煤气压力低于 6000 Pa(600 mm 水柱),应停止燃烧。

7.2.2.3　停炉操作

根据停炉的情况不同,具体操作可分为:临时性停炉操作或称放风灭火操作,停炉操作和紧急停炉操作等3种。

A　放风灭火操作

在竖炉生产中,某一设备发生故障或其他原因而不能维持正常生产时,需作短时间(< 2 h)的灭火处理,称为放风灭火操作。

(1)通知烘干机及其他用户停止使用煤气。

(2)通知布料停止加生球和排料。

(3)通知风机房,关小冷却风机进风蝶阀或闸阀,并打开放风阀,关闭冷却风总管蝶阀。

(4)通知煤气加压站作降压处理。

(5)在煤气降压的同时,通知助燃风机放风,并关小助燃风机进风阀。

(6)同时,立即打开煤气总管放散阀。

(7)关闭煤气和助燃风总管的闸阀。

(8)关闭燃烧室烧嘴门。同时打开煤气支管放散阀,并通入蒸汽。

B　停炉操作

在燃烧室灭火时间需要超过2h以上,应做停炉操作。停炉操作除先做放风灭火操作外,还应采取以下措施:

(1)通知风机房,停助燃风机和冷却风机;

(2)通知煤气加压站停加压机,并切断煤气,用蒸汽吹刷煤气总管;

(3)当竖炉需要排料时,仍可继续间断排料,直到炉料全部排空。

C　紧急停炉操作

在遇到突然停电、停水、停煤气、停燃风和冷却风机、停竖炉除尘风机时,应做紧急停炉操作。

(1)首先应立即打开煤气总管的蝶阀,助燃风机和冷却风机放散阀;

(2)立即关闭煤气总管、助燃风机的闸阀和蝶阀,切断通往燃烧室的煤气和助燃风;

(3)立即关闭冷却风总管的蝶阀;

(4)立即关闭燃烧室烧嘴的全部阀门;

(5)打开煤气支管放散阀,并通入蒸汽。

其余可按放风灭火和停炉操作处理。

7.2.2.4　竖炉焙烧热工制度的控制和调节

A　竖炉正常炉况的特征

在竖炉生产中,正常炉况是通过:(1)竖炉仪器仪表所反映的数据;(2)对成品球团矿质量的检验;(3)依靠操作人员的经验、观察等三个方面来判断的。

正常炉况的特征:

(1)燃烧室压力稳定。在燃烧室废气量一定的情况下,燃烧室压力主要与竖炉产量和炉内的料柱透气性有关。

在竖炉产量基本一定和料柱透气性良好时,燃烧室压力有一个适宜值,一般在8000 ~ 12000 Pa(800 ~ 1200 mm 水柱),超过适宜值,就被认为是燃烧压力偏高。

在竖炉产量和料柱透气性基本不变的情况下,燃烧室压力基本不变,两燃烧室压力也应基本保持一致。所以竖炉两燃烧室压力低而稳定是正常炉况的标志之一。

(2)燃烧室温度稳定。燃烧室温度取决于球团的焙烧温度,而原料的性质不同,其焙烧温度也不同。当原料条件和燃烧热值不变的情况下,燃烧室的温度应该基本稳定。

此外,燃烧室温度还与竖炉下料速度有关。在煤气量和助燃风量基本不变的情况下,下料速度快,燃烧室温度会降低,下料速度慢,燃烧室温度会升高。所以燃烧室的温度稳定,说明竖炉下料速度基本一致,焙烧均匀,成品球团矿的产、质量有保证。

(3)下料顺利,排矿均匀。竖炉下料通畅,排矿均匀,烘床料面的下料快慢基本一致,炉料的下降速度也均匀。说明炉内料柱疏松,透气性好,没有黏结物和结块现象。这样得到的成品球团矿质量和强度均匀,产量也有保证。

(4)煤气、助燃风、冷却风的流量和压力稳定。在竖炉产量一定的情况下,煤气、助燃风、冷却风的流量和压力有一个与之相对应的适宜值。在竖炉炉况正常时,炉内料柱透气性好,炉口生球的干燥速度快,煤气、助燃风、冷却风的流量和压力都趋于基本稳定状态。

(5)烘床气流分布均匀、温度稳定、生球不爆裂。烘床的气流分布均匀,温度稳定,生球基本不爆裂。说明竖炉内料柱透气性好,下料均匀,生球质量高,烘床干燥速度快,竖炉的废气量适宜。

(6)成品球强度高,返矿量少、FeO 含量低。如果成品球的抗压强度在 1961~2452N/个,不大于833N/个的比例≤5%,转鼓指数(≥5mm 或≥6.3 mm)≥95%,返矿量≤8%,FeO 含量≤2%。说明燃烧室温度适宜,焙烧均匀,炉内料柱透气性好,下料速度适宜、均匀,氧化完全(指磁铁矿球团)。

B 竖炉热工制度的控制和调节

球团竖炉是一个连续性的生产设备,焙烧工的主要职责是对竖炉热工制度的控制和调节,必须做到三班统一操作,确保炉况正常,使竖炉优质高产。

(1)煤气量。竖炉煤气量的确定,可按照焙烧每吨球团矿的热耗来计算。

例如:某厂竖炉焙烧球团的热耗为 585438~669072 kJ/t 每小时球团产量 40~45 t,燃料为高炉煤气,发热量为 3554.45 kJ/m³(850 kcal/m³)。当竖炉产量高时,热耗就降低。产量低时,热耗就升高。按平均值(627255 kJ/t)计算,则竖炉每小时需要消耗的煤气量为:

$$\frac{627255}{3554.45} \times 42.5 = 7500 \ m^3/h$$

则每个燃烧室煤气支管的流量为 3750 m³/h。此外,当竖炉产量提高或煤气热值降低时,应增加煤气用量,反之应减少煤气用量。

(2)助燃风量。竖炉助燃风流量的确定,可根据所需要的燃烧室温度和焙烧温度来调节。一般助燃风流量是煤气流量的 1.2~1.4 倍。根据上述计算出的煤气量,助燃风量应在 9000~10500 m³/h。

(3)煤气压力和助燃风压力。在操作中,煤气压力和助燃风压力,必须高于燃烧室压力,一般应高于 3000~5000 Pa(300~500 mm 水柱),助燃风的压力比煤气压力应略低一些。

(4)冷却风流量。经计算,1 t 成品球团矿从 1000℃冷却到 150℃,需要消耗冷却风 1000 m³。但在实际操作中,一般只能达到 600~800 m³/t(因此排矿温度较高),这样按上述的竖炉平均产量(42.5 t/h),冷却风应控制在 25500~34000 m³/h。

此外,竖炉的冷却风量也可根据排矿温度和炉顶烘床生球干燥情况来调节。

如果排矿温度高、烘床生球干燥速度慢,应适当增加冷却风量。如果烘床生球爆裂严重,可适当减少些冷却风,以维持生产正常。

(5) 燃烧室温度。竖炉燃烧室的温度,可以根据球团的焙烧温度来决定。而球团的焙烧温度可以通过试验而获得。

在生产实践中,焙烧磁铁矿球团时,燃烧室温度应低于试验得到的球团焙烧温度 100 ~ 200℃。而在焙烧赤铁矿球团时,燃烧室的温度应高于试验获得的球团焙烧温度 50 ~ 100℃。

竖炉开炉投产时,燃烧室温度应低一些,可以暂控制在试验得到的焙烧温度区间的下限,然后应视球团的焙烧情况来进行调整。

燃烧室温度还与竖炉产量有关,当竖炉高产时,燃烧室温度应适当高一些(20 ~ 50℃)。当竖炉低产时,燃烧室温度应低一些。在竖炉生产正常时,燃烧室的压力应基本保持恒定,温度波动一般应小于 ±10℃。

(6) 燃烧室压力。当燃烧室压力升高,说明炉内料柱透气性变坏,应进行调节:

如果是烘床湿球未干透下行造成,可适当减少布料生球量或停止加生球(减少或停止排矿),使生球得到干燥后,燃烧室压力降低,再恢复正常生球量。

如果是烘床生球爆裂严重引起,可适当减少冷却风,使燃烧室压力达到正常。

如果是炉内有大块,可以减风减煤气进行慢风操作,待大块排下火道,燃烧室压力降低后,再恢复全风操作。

一般燃烧室的压力不允许超过 20000Pa(2000mm 水柱)。

(7) 燃烧室气氛。目前,我国竖炉基本上都是生产氧化球团矿,因此要求燃烧室具有强氧化性气氛(含氧量 >8%)。但因我国的竖炉大部分是高炉煤气作燃料。高炉煤气的发热值较低,火焰长,以及设备、操作上的问题等原因,使燃烧室的含氧较低,只有 2% ~4% 属弱氧化性气氛。有时还会残留少量的 CO,对生产磁铁矿球团极为不利。这样,磁铁矿球团的氧化,只有依靠竖炉下部鼓入的冷却风带进的大量氧气,通过导风墙,在竖炉的预热带得到氧化。

因此,要求燃烧的每个烧嘴燃烧完全,所给的煤气量和助燃风量均匀,适宜。严防在多烧嘴(6 ~8 个)的情况下,有一或两个烧嘴,燃烧不完全,向燃烧室灌入煤气的现象发生。

改进办法:

1) 采用大烧嘴代替小烧嘴,使煤气混合均匀,燃烧完全,提高燃烧温度,增加过剩空气量。可使燃烧室的氧含量提高到 4% ~6%,CO 含量减少到 1% 以下。

2) 尽可能采用较高热值的高 - 焦混合煤气,使燃烧室的氧含量达到 8% 以上,成为强氧化性气氛。

(8) 球团矿的产、质量。竖炉焙烧热工制度的控制和调节,主要目的是为了获得优质、高产的成品球团矿。

目前我国的竖炉球团经过不断的改进,球团矿的产、质量已提高到一个新的水平。8 m^2 竖炉一般日产可达 1000t ~ 1200 t。成品球的抗压强度达到 1961N/个以上和转鼓指数(≥5 mm)>95%。

竖炉提高球团矿产、质量的关键在扩大烘干面积;提高生球的干燥速度;适宜的焙烧制度。

而在实际生产中,竖炉的产、质量,主要受煤气量、生球质量和作业率的影响。

1) 煤气量。煤气量大,助燃风量也增大,带进竖炉的热量和废气量就多,产量就可提高,质量就有保证。否则反之。

2) 生球质量。生球质量在抗压强度大于 9.81N/个；落下强度大于 3 次/个；粒度小而均匀，10～16 mm 占 90%。用这样的生球焙烧，竖炉产量就高，质量也好。反之，则竖炉的产、质量就会降低。

3) 竖炉作业率。竖炉作业率高，连续生产，焙烧制度稳定，热利用好，球团矿的产、质量有保证。否则反之。

在操作上，当球团矿的产量与质量发生矛盾时，应该首先服从质量，不要盲目追求产量。在保证质量的前提下，做到稳产、高产。

7.2.2.5 竖炉炉况失常及事故的处理

A 炉况失常

在竖炉生产过程中，因操作不当而引起的炉况失常，应及时分析判断其原因，采取有效方法进行处理。

(1) 成品球团强度低、粉末多。判断：供热不足、焙烧温度低；下料过快；生球质量差。

处理：增加煤气量，为球团焙烧提供充足的热量；适当提高燃烧室温度；控制产量，降低排料量和入炉生球料量；提高生球质量；减少生球爆裂和入炉粉末，改善料柱透气性。

(2) 成品球团生熟混杂、强度相差悬殊。判断：下料不均、焙烧不匀。

处理：主要是控制和调节排矿和布料：做到勤排少排；入炉生球量均匀；布料均匀。

(3) 局部排矿不匀、成品球温差大。判断：产生偏料。

处理：调整两个排矿溜槽的下料量，加大下料慢一侧或减少下料快一侧溜槽的排矿量；多开下料慢一侧的齿辊；适当增加下料快一端或减少下料慢一端的助燃风，煤气调节与助燃风相反。

B 竖炉事故

(1) 塌料。竖炉由于排料不当或炉况不顺而引起生球突然塌到烘床炉算以下称为塌料。

征兆：排料时间过长，而竖炉烘床不下料，必然引起塌料。

处理：1) 减风减煤气或竖炉暂时放风；

2) 迅速用熟球补充，直加到烘床炉顶；

3) 然后加风加煤气转入正常操作。

(2) 管道。由于炉况不顺，而引起局部气流过分发展称为管道。

征兆：下料不顺，悬料或有大块形成。

处理：慢风或暂停放风，必要时可采取"坐料"操作（即突然放风排料），待管道破坏后，用熟球补充亏料部分，然后就可恢复正常风量，继续生产。

(3) 结块。竖炉结块也称结大块或结瘤，主要是由于操作不当而引起湿球大量下行或热工制度失调等所造成。

征兆：下料严重不顺，甚至到了整个料面不下料；燃烧室压力升高；排矿处可见过熔粘结块，排出的料量偏少；油泵压力高；齿辊转不动。

处理：一般结块，可减风减煤气进行慢风操作，并减少生球入炉量，在烘床上的生球必须达到 1/3 干球后才能排料。这样一直维持到正常。

严重结块：只好停炉处理：把炉料排空；打开竖炉下部人孔；把大块捅到齿辊上，用人工破碎，搬出炉外，处理干净；进行重新装炉恢复生产。

对竖炉结块不仅要处理，还必须找出结块的真正原因，并采取有效措施，才能彻底根除。

引起竖炉结块的主要原因有：

（1）湿球下行。竖炉炉况不顺，排料过深或为了赶产量，致使大量未干燥的生球（湿球）到了预热带或焙烧带，受到料柱的挤压变形，粘结在一起；或者产生严重爆裂而形成大量粉末发生粘结；使磁铁矿未能氧化，到焙烧带发生再结晶或软熔形成大块。

（2）焙烧温度过高。当配料比发生改变，而焙烧温度未加调整；或煤气热值增加及仪表指示不准而引起操作失误；使焙烧温度超过球团矿的软熔温度发生粘结而结块。

（3）焙烧带出现还原气氛。竖炉生产时，煤气未完全燃烧而进入焙烧带或停炉时因阀门不严，煤气窜进炉内燃烧等原因。使焙烧带出现还原性气氛，球团产生硅酸铁等低熔化合物而造成炉内结块。

（4）配料错误。例如配入大量消石灰，可产生低熔化合物，降低球团软熔温度。或者配入大量高硫精矿及混入含碳物质的原料，使竖炉摄入过多的热量而产生结块。

（5）竖炉停、开。炉内结块，经常发生在竖炉停、开的过程中，停炉时没有及时切断煤气和冷却风，没有及时松动料柱。开炉时下料过慢或操作不当，使炉料在高温区停留时间过长而引起结块。

7.2.2.6　布料操作

布料是竖炉除焙烧外的一个比较重要的生产岗位，它的工作好坏，直接影响着竖炉的正常和成品的产、质量。布料必须掌握烘床料面情况，在加入一定生球料量的条件下，及时用电振排矿和齿辊调节料面，使整个料面做到——布料均匀、干燥均匀、下料均匀、排矿均匀。

（1）根据竖炉生产情况，连续均匀地向炉内布料，在不空炉算的前提下，实行薄料层操作，做到料层均匀。

（2）要求烘床下部有1/3干球才允许排矿，不允许未干燥湿球直接进入炉算下预热带。

（3）及时通知链板（或卷扬机）和油泵的开启、关闭，并操作电振排矿。尽量做到连续均匀排矿，尽量做到勤排少排，使排矿量和布料量基本相平衡。

（4）如遇到烘床炉算粘料时，要经常疏通。如因故料面降到炉算以下，不得用生球填充，要及时补充熟球。

（5）布料机停止布料时，要及时退出炉外，防止设备烧坏。

7.3　竖炉的主要问题及解决途径

7.3.1　布料机

我国竖炉基本上都采用"直线布料"（简称线布料）。布料机是一台位于炉口中心线上方，可做往复移动的胶带运输机（亦称梭式布料机）。

A　布料机的构造

目前，我国竖炉所用的布料机，实际上是一台装设在小车上的胶带运输机。为使生球自头轮卸下时不致跌碎，胶带速度须限制在0.8 m/s以内（一般胶带速度0.6 m/s）。

小车的走行速度一般在0.2～0.3 m/s。根据小车的传动形式，可以分为钢绳传动和齿轮传动两种。

（1）钢绳传动布料机。钢绳传动的布料机（见图7-16）其传动装置位于地上，由电动机经减速机（或液压油缸）驱动卷筒缠绕钢丝绳，驱动在轨道上的小车往复运行。

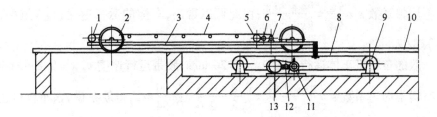

图 7-16　简支式钢绳传动布料机示意图

1—头轮；2—行走轮；3—车架；4—胶带；5—传动轮；6—减速机；7—布料胶带传动电机；
8—钢绳；9—绳轮；10—轻轨；11—行走电机；12—减速器；13—钢绳卷筒

钢绳传动布料优点：

1）车体走行部分的重量轻、惯性小；

2）传动为全封闭式；

3）所有的车轮都是从动轮，车轮与轨道不存在打滑问题；

4）传动电机装于地面，无需活动电缆。

缺点：钢绳寿命较低，大约 3 ~ 4 周需更换一次，所以作业率较低。

（2）齿轮传动布料机。齿轮传动的布料机其传动装置安在小车上，由电动机经减速机、开式齿轮驱动小车主动轮轴，带动小车在地面轨道上往返运行，如图 7-17 所示。

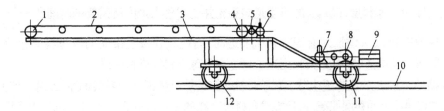

图 7-17　悬臂式齿轮传动布料机示意图

1—头轮；2—胶带；3—车架；4—传动轮；5—减速机；6—布料胶带传动电机；
7—行走电机；8—减速器；9—配重；10—轻轨；11—主动轮；12—从动轮

齿轮传动的布料机，具有运转平稳可靠、寿命长、作业率较高等优点。但应注意：主动轮轴要有足够的轮压，以避免布料机在启动和制动时产生打滑。

B　布料机的布料不均匀问题

（1）布料不均匀性的产生。目前，我国竖炉使用的布料机，采用电气控制，自动或手动作往复运动。但由于布料胶带速度是固定的，而不能作自动调节，因此易出现布料料层厚薄的不均匀问题。

来自造球的生球上料胶带运输机的速度（v_0，m/s）和单位长度上的生球量（q_0，kg/m）基本为恒定不变的。但给到布料机胶带上后，在布料机胶带的单位长度上的生球量，却随车体前进或后退而发生变化。

若车体运行速度为 $v_{车}$（m/s），胶带的运行速度 $v_{车带}$（m/s）。

当车体前进时，则布料机胶带上的生球量 $q_{进} = \dfrac{q_0 v_0}{v_{车带} + v_{车}}$；当车体后退时，$q_{退} = \dfrac{q_0 v_0}{v_{车带} - v_{车}}$。

则布料的不均匀系数 $\varepsilon = \dfrac{q_{退}}{q_{进}} = \dfrac{v_{车带} + v_{车}}{v_{车带} - v_{车}}$;由此可以看出,车体的运行速度($v_{车}$)越小,则不均匀系数(ε)越小。

若取一般的布料机车体运行速度 $v_{车} = 0.26$ m/s,胶带运行速度 $v_{车带} = 0.8$ m/s 时,则此布料机的布料不均匀系数 $\varepsilon = \dfrac{v_{车带} + v_{车}}{v_{车带} - v_{车}} = \dfrac{0.8 + 0.6}{0.8 - 0.6} = \dfrac{1.06}{0.54} \approx 2$,也就是说,该布料机在车体后退时,单位胶带上的生球量约为车体前进时的2倍。

由于生球上料胶带运输机的卸料点距炉口近端通常有一段距离,我们称它为 C ,假设炉口的长度为 S(即布料机的工作行程),则生球上料胶带机卸料点到炉口另一端的距离为 $C + S$。这样当布料机头轮前进并到达远离生球上料胶带卸料点的一端时,布料机就开始后退。此时布料机胶带上就有长度 $C + S$ 的一段较薄料层。随着布料机的后退,这一段薄料层以 $v_{车}$ 的速度向竖炉内布下。这段长度为 $C + S$ 的较薄料层,以 $v_{车带}$ 的速度走向头轮,并全部落入炉内所需时间为 $t = \dfrac{C + S}{v_{车带}}$ 秒。当布料机的头轮后退到 $v_{车} \times t$ 处,这时才开始有因布料机的后退,而使其胶带上接受的较厚料层向炉内布下。布料机继续后退,厚料层一直布到其头轮到达炉口靠近生球上料胶带机卸料点一端。

当布料机到达炉口靠近生球上料胶带一端时,开始返回又向前行进。此时布料机胶带仍然有长度为 C 的一段由于布料机后退时所接受的较厚料层,这一段厚料层也以 $v_{车}$ 的速度向炉内布下。这段长度为 C 厚料层,以 $v_{车带}$ 的速度走向头轮并全部落入炉内所需要的时间 $t' = \dfrac{C}{v_{车带}} s$。等到布料机头轮前进到 $v_{车} \times t'$ 处,才有因布料机前进时,而使其胶带上接受的较薄料层,开始向炉内布入。布料机继续前进,直布到头轮到达炉口远离生球上料胶带机一端。

如此循环,必然发生在靠近生球上料胶带机一侧的炉口烘床上的料层偏厚,远离生球上料胶带机一侧的炉口烘床上的料层偏薄,这是梭式布料机存在的较普遍问题。当布料机为手动操作时,可在炉口内薄料层处进行人为的布料来解决。若采用自动布料,则必须给予足够重视并予以解决。

(2)解决布料不均匀的方法。解决竖炉布料机布料不均匀问题有以下两种方法。

1)单向布料法。单向布料法是布料机在前进时不向竖炉内布料,而只在后退时才布料的方法。

采用单向布料法,首先应将布料机上的胶带传动装置移到地面上,如图7-18所示。并使布料机的胶带速度等于车体速度,即 $v_{车带} = v_{车}$。

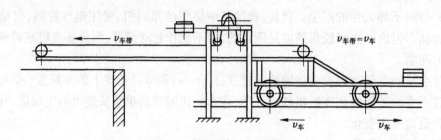

图 7-18　单向布料机示意图

这样,当布料机车体前进时,布料机胶带只承受由生球上料胶带机的来料,而不向炉内布料。

当布料机车体后退时,即将布料机胶带上的生球向竖炉内布下,而不承受由生球上料胶带机的来料。

2)布料面胶带变速法。布料胶带采用变速电机(如2/4或4/8极双速电机)传动,使其在车体前进和后退时具有两种不同的胶带速度的一种方法。

采用此法,必须使布料机车体前进时,胶带速度是车体速度的两倍。而当车体后退时,布料机胶带速度是车体速度的4倍。这样使布料机胶带的相对速度始终保持不变,因而在布料机胶带上的料量也不变。

C 布料机易发生的故障及改进措施

(1)皮带烧毁。由于竖炉炉口的温度较高,有时直接与火焰接触,以致引起橡胶的龟裂、起泡,甚至烧毁。为解决胶带烧毁问题,有的竖炉球团厂曾成功地使用过钢丝网带。实施竖炉顶除尘技术可使布料机作业环境大有改善,如果除尘风机不出故障和竖炉生产及布料机运行正常情况下,布料机胶带烧毁的现象基本上可以避免,使用寿命可延长到3~6个月。

(2)布料胶带头轮轴承损坏。布料机胶带的头轮处在高温、多尘的恶劣环境下工作,早期曾采用单列向心球轴承(200型或300型)常因轴承受热后膨胀,使间隙咬死,以致损坏。目前有的已改用滑动轴承(即轴瓦)或间隙可调的圆锥辊子轴承,并改善润滑条件,或在轴承座进行水冷却,效果较好。

(3)行走电机烧毁。布料机的行走电动通常选用JZR型电机,以适应正、反向频繁启动的工作条件。但是实际上布料机的工作条件差(多尘、温度高);行程短(正、反向启动太频繁),即使是JZR型电机也难以胜任,常出现温升过高,甚至烧毁。

由于布料机走行阻力不大,走行电机的负荷甚小。因此,采用电抗器降压启动、降压运行,以减少其启动电流,效果甚好,得到了广泛应用。把JZR型电机改换成JZ型电机,也可以延长布料机行走电机的寿命。

操作中应力求减少启动次数,用长行程布料,尽量避免或减少短距离往、返行车,以保护电机免于过热。

此外,由于制动器失灵;接触器不良;电机碳刷磨损;轮轴损坏等机械、电气上的原因,引起电机烧毁的现象也都偶有发生,应予注意。

(4)制动器线圈烧毁。布料机行走传动部分的制动器电磁铁线圈,经常容易引起烧毁。烧毁的主要原因是启动频繁和电流过大所引起。电流过大可能由于衔铁吸合不严或吸合冲程过大所致,所以应注意调整制动器的退距。对于200 mm制动器,退距应保持在0.5~0.8 mm。

目前,布料机行走传动部分的制动器,有的采用液压推杆制动器,则可大大延长其使用寿命。当布料机行走采用齿轮传动时,也可以取消不用制动器。

布料机除了易发生以上故障外,当采用简支式车体结构时,还容易发生前部车轮轴承损坏,其原因与胶带头轮轴承损坏相同,亦可用同样方法处理。布料机胶带伸进竖炉内的上、下托辊,也极易咬死,应及时更换。

7.3.2 辊式卸料器

辊式卸料器亦称齿辊,是竖炉的一台重要设备。我国早期的竖炉一般都装设有8根齿辊,因此俗称八辊。近年来有些竖炉通过实践,逐渐减少齿辊的数量,增大齿辊间隙,使下料较为通畅,并简化传动装置,已有改为七辊或六辊的。

国外竖炉,一般都设有两层齿辊,上层相邻两齿辊的齿间距为 350 mm,下层为 150 mm,齿辊摆动 45°,由压缩空气或液压装置传动。

我国竖炉的齿辊,一般由单层排列,相邻两辊的齿间距为 80 ~ 120mm,液压传动,摆动 45°左右。我国某厂竖炉辊式卸料器的技术性能见表 7-2。

表 7-2　我国某厂竖炉辊式卸料器的技术性能

（一）齿辊				
根数×辊径	辊体结构	材　质	冷却方式	摆动角度
7×φ600 mm	整体中空铸造	ZG45	水冷	±22.6°

（二）传动机构							
种类	油　缸			油　泵		正常情况下的工作压力 /kPa	齿辊的相当转速 /r·min⁻¹
	直径 /mm	行程 /mm	布置形式	压力 /kPa	流量 /L·min⁻¹		
液压	φ150	450	立式	63765	25	2943 ~ 3924	12 ~ 15

A　辊式卸料器的构造

我国竖炉常用的辊式卸料器构造,主要由齿辊、挡板、密封装置、轴承、摇臂、油缸所组成,如图 7-19 所示。

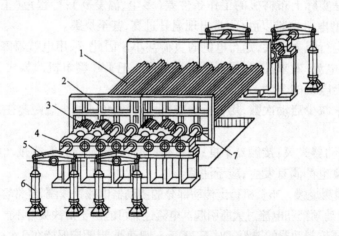

图 7-19　我国竖炉辊式卸料器构造示意图
1—齿辊;2—挡板;3—开式齿轮;4—轴承;5—摇臂;6—油缸;7—轴颈密封装置

（1）齿辊的作用。齿辊实际是装设在竖炉炉体下部的一组能绕自身轴线作旋转的活动炉底。它主要起 3 种作用:

1）松动料柱。由于在竖炉生产时,齿轴不停地缓慢的摆动或旋转,已焙烧完的成品球团矿,通过齿辊间隙,落入下部溜槽,经排矿设备排出炉外。所以炉料得以较为均匀的下降,料柱松动,料面平坦,炉况顺行。同时,在利用齿辊松动料柱作用的过程中,还可以通过控制齿辊的转速和开停的数量,来调整料面,使之下料均匀。

实践证明,如果齿辊发生故障而停止运转,炉料将不能均匀下降,下料速度快慢相差悬殊,并产生"悬料"、"塌料"等现象,致使竖炉不能正常生产。

2)破碎大块。球团在竖炉内,因故粘结形成的大块。在齿辊的剪切、挤压、磨剥作用下被破碎使之顺利排出炉外,生产正常得以维持。

3)承受料柱重量。因齿辊相当于一个活动炉底,所以具有承受竖炉内料柱重量的作用。

(2)齿辊的构造。齿辊是辊式卸料器中的重要部件,它在整个炉料重力的作用下,须承受很大的弯矩和扭矩,而且齿辊所处的工作环境温度较高(400~700℃),所以需要较好的结构和材质。

我国竖炉的齿辊辊体大多用45号普通碳素钢铸造,中心采用通水冷却。根据目前使用的齿辊体结构,概括起来有以下3种:

1)整体铸造式。齿辊为中空整个铸造的铸钢件(见图7-20),具有辊向强度大的优点。但铸造工艺比较复杂,容易出废品,成品率低;中心通水孔的清砂也比较困难。

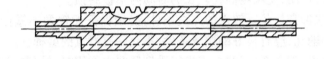

图7-20　整体铸造式齿辊

2)分段铸造式。为了解决整体铸造式齿辊在铸造工艺上的困难,将齿辊分为3段铸造,然后焊接成一个整体(见图7-21)。分段铸造成品率高,但铸造后需进行机械加工即整体焊接—机械加工的过程,加工复杂,成本增加。

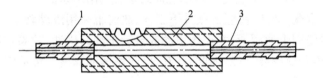

图7-21　分段铸造式齿辊
1—短轴颈;2—齿套;3—长轴颈

3)中空方轴齿套式。这种结构的齿辊是在一根空方轴上,外面套以若干节齿套(见图7-22),以便当齿套磨损后,可以进行更换。这种结构在实际生产中,由于齿辊工作一段时间后,中空方轴和齿套发生变形,难以实现顺利拆卸和更换,同时易发生齿套断裂和脱落事故。此外,中空方轴由于寿命短,故目前基本已不使用这种结构的齿辊。

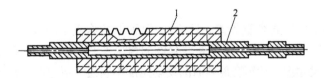

图7-22　中空方轴齿套式齿辊
1—齿套;2—中空方轴

（3）挡板。挡板是齿辊辊体与轴颈之间的护墙,用于防止竖炉内高温热废气和炉尘外逸的一种防护装置。目前,采用的整体焊接式挡板,是用双层钢板整体焊接而成,做成冷却壁形式,内通冷却水,有利于降低挡板的温度,寿命长。同时施工后,即可不必再取下,拆卸齿辊时,可以直接从挡板内通出,比较方便,便于维修。

（4）密封装置。齿辊的密封装置,是指齿辊颈与挡板间的密封,由于该处炉内温度较高(400～700℃),压力较大(10000 Pa),有大量的炉尘存在。一旦齿辊颈与挡板的密填料磨损以致破坏,就使附近的各种设备、部件,处于极端恶劣的条件下工作,导致磨损加剧,寿命缩短,严重影响竖炉的作业率;同时造成环境污染,危害操作人员的健康。尤其是大量的冷却风从该处跑掉,破坏炉内气流的合理分布,影响了竖炉的正常作业。目前使用较成功的是填料油脂密封装置。

填料油脂密封装置是一种较好的密封方法,它的润滑脂消耗量较低(1～2 kg/d)。

填料油脂密封是由于高温润滑脂充填了齿辊轴颈与密封圈之间的空隙,不仅阻止了气流外逸,并能起润滑作用,使填料能在较长的时间内不被磨损。

但是,要保持这种密封装置效果的先决条件:必须保证齿辊颈不做径向跳动。因此,要求齿辊两个轴承的轴瓦,应有良好的润滑条件,不允许有严重的磨损。

如果轴瓦被磨损,就会产生间隙,当齿辊受到径向力作用时,轴颈将被抬起和落下,产生径向跳动,导致密封填料被压缩,密封间隙扩大,这样当油脂不能继续储存在间隙之中时,密封即遭到破坏而失效。

（5）轴承。轴承是齿辊的支点,它保证齿辊绕自身轴线摆动旋转,避免产生径向或轴向的位移。由于齿辊的轴颈较粗(≥200 mm),且转速缓慢(10～20 r/h)因此一般多采用滑动轴承(轴瓦)。但有的竖炉厂为避免齿辊的径向跳动,改用滚动轴承。

因齿辊轴承在重载、低速、高温的条件下工作,故齿辊采用滑动轴承,必须加强润滑。

齿辊轴承一般使用干油润滑,并采用手动或自动干油站供油,效果较好。但如果润滑系统发生故障,却很难采取应急措施,因此有的厂已改用稀油润滑。稀油润滑系统不易发生故障,偶有堵塞,也易疏通。

B　齿辊的传动

（1）齿辊的传动形式。竖炉齿辊,除少数为机械传动,可做360°旋转外,极大多数皆为液压传动,做往复摆动,摆动角度为30°～45°。

1）双缸双臂传动。双缸双臂传动是以每根齿辊为一组,把从动辊改为主动辊,用双油缸和双摇臂驱动齿辊作摆动旋转。克服了开式齿轮传动的缺点,具有受力均匀,轴瓦磨损小等优点,是目前齿辊传动中的一种较好形式。

2）单缸单臂传动。我国有些竖炉的齿辊采用单缸单臂传动,为使齿辊实现同步旋转,还采用了拉杆连接。

在单缸单臂传动中,虽然能节省一只油缸,但轴承却承受了与油缸推力相等的附加径向力,加速了齿辊轴瓦的磨损。因此,在条件允许的情况下,采用双缸传动为宜。

（2）齿辊的摆动角度。齿辊在旋转时的摆动角度不宜过大或过小。摆动角度过大,则引起油缸活塞杆轴线与摇臂垂线的夹角增大,推动摇臂的有效力减小,引起换向时工作压力上升。

摆动角度过小,则油缸行程缩短,换向频繁,对换向阀工作不利。所以齿辊一般的摆动角度以30°～40°为宜。当齿辊上结块多,阻力增大时,应调整行程开关,减小齿辊摆动角度,减轻液压系统的负荷。

7.3.3 排矿设备

A 对排矿设备的基本要求

(1)能保证均匀、连续排矿。竖炉的排矿设备,应能保证将炉内的成品球团均匀、连续地排出炉外,使排矿量与布料量基本保持一致。这样,可使竖炉内的料柱经常处在松散和活动状态,以利竖炉内料柱均匀的下降气流和温度均匀的分布,达到焙烧均匀,确保炉况顺行和防止结块,生产出质量均匀合格的球团矿。

(2)保证竖炉下部密封。这是对排矿设备的又一个要求,排矿设备要能起到料柱密封作用,严防竖炉内大量的冷却风从排矿口逸出而产生漏风,确保竖炉内的气流和温度的合理分布。

B 排矿设备

国外竖炉球团的排矿设备大致可归纳为5种:(1)电磁振动给料机;(2)汽缸(或称风泵)推动排料器;(3)密封圆盘给料机;(4)三道密封闸门;(5)圆辊给矿机。目前我国竖炉采用以下两种形式的电磁振动给料机排矿。

(1)电磁振动给料机—中间矿槽—卷扬机排矿法,如图7-23所示。这种排矿形式的优点是,可以实现连续、均匀排矿,调节灵敏,设备可靠;密封性好等。缺点是结构复杂,设备笨重,使用后期设备事故多,竖炉高度要相应增加。

(2)电磁振动给料机—链板运输机排矿法,如图7-24所示。此种排矿方法具有结构紧凑,能力大,易操作等优点。缺点是不能做到持久连续的排矿,密封困难。

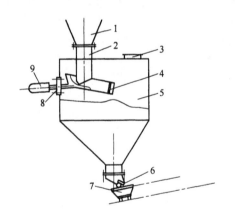

图7-23 电磁振动给料机—中间矿槽—卷扬机排矿法
1—竖炉下部漏斗;2—直溜槽;3—检修孔;4—挡料链条;
5—中间矿槽;6—扇形阀门;7—卷扬矿车;
8—迷宫密封装置;9—电磁振动给料机

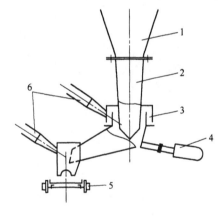

图7-24 电磁振动给料机—链板运输机排矿法
1—竖炉下部漏斗;2—直溜槽;3—气封装置;
4—电磁振动给料机;5—链板机;6—除尘风管

思 考 题

1. 竖炉的炉型有哪几种结构?
2. 简述我国竖炉导风墙和烘干床的特点和作用。
3. 简述竖炉开炉生产时的操作。

4. 竖炉正常生产时,如何确定煤气、助燃风和冷却风用量?

5. 竖炉会发生哪些炉况失常现象,如何处理?

6. 产生竖炉结块的主要原因是什么,如何处理?

7. 竖炉布料机易发生哪些故障,如何改进?

8. 齿辊存在的最大问题是什么,如何克服?

9. 对竖炉排矿设备有哪些基本要求?

8 工艺过程检测与产品质量检验

8.1 主要工艺参数的测量方法及装置

准确而迅速地测量料场、球团厂生产过程的各项工艺参数是实现自动控制的前提。近年来,对各项参数的测量方法人们进行了大量的研究工作,并取得了较好的成果。其中包括各种物料的质量及化学成分、混合料的水分及透气性、料槽料位及球团焙烧过程的温度、压力、流量以及成品质量等检验方法。

8.1.1 料流质量检测

目前在料场及球团厂对料流质量进行检测所使用的秤体种类较多,有核子秤、电子秤、冲击秤以及漏斗秤4种。

8.1.1.1 核子秤计量

核子秤是根据γ射线穿过物料时其强度按指数规律衰减的原理,对输送机上传送的各种物料的累计重量、流量进行非接触式在线测量,并且核子秤具有温度漂移和放射衰减补偿,所以测量精度既不受物料的温度和腐蚀性的影响,又不受皮带磨损、张力、振动等因素的影响,能够在极恶劣的环境下使系统长期稳定可靠地工作。核子秤的组成如图8-1所示。主要由下述部分组成:

(1)辐射输出器:辐射输出器为同位素^{137}Cs,其强度为3.7×10^9Bq(100mCi),半衰期为30年,其源罐为钢壳,铝层厚度为7cm。放射源固定在铅罐的旋转塞上,当旋转塞处于"开"的位置时,射线经准直孔射出,经物料衰减后到达探测器;处于"关"的位置时,γ射线全部被铅罐屏蔽。

(2)A形支架:A形支架将辐射输出器和γ射线探测器连接在一起;使其几何位置固定,保证测量条件一致。

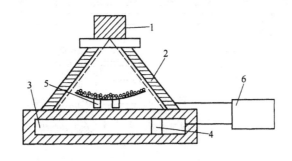

图 8-1　核子秤的组成示意图

1—辐射输出器;2—A形支架;3—γ射线探测器;4—前置放大器;5—测速装置;6—微机系统

（3）γ射线探测器：核子秤的γ射线探测器为高压、灵敏、大体积的电离室，具有精度高、稳定性好、寿命长、结构简单等优点。

（4）前置放大器：前置放大器由高增益、高输入阻抗、低噪声的专用器件组成，它将γ射线探测器输出的弱电流信号转换成为电压信号，提供给微机采样。

（5）测速装置：测速装置为速度—频率转换型，由专用恒磁测速电机、从动轮、支架等组成，可安装在任意的合适位置。经电缆将测速所得的电机输出信号送往仪表控制系统和微机系统。

（6）微机系统：可显示和打印所需参数和数据，并输出信号，控制变频器，达到控制皮带电机的转速，从而控制皮带下料量的目的。

8.1.1.2　电子皮带秤计量

电子皮带秤是一种在皮带运输机上连续称重的计量设备，国内外已广泛应用。其精度一般在 ±0.5% ~1.0% 之间，有的可达 ±0.25%。

根据结构形式的不同，可将电子皮带秤分为单组托辊式和多组托辊式两类。前者精度较低，多用于生产过程控制；后者用于测量较长皮带上的物料量，即使物料在皮带上分布不均匀的情况下，也能取得较高的测量精度。多组托辊皮带秤一般应用在要求较精确控制的情况下。

电子皮带秤的检测元件一般是用应变传感器。近年来，瑞典通用电气公司研制了一种利用压磁传感器测量皮带负荷的电子皮带秤，如图 8-3 所示。压磁传感器具有坚固、高的信号输出、大的超载能力和对灰尘、湿度及电干扰不敏感等特点。

电子皮带秤的皮带速度检测，目前多采用光电脉冲及磁脉冲检测装置。图 8-2 为美国 Philip 公司制造的 BW₂ 型电子皮带秤系统图。该皮带秤最重要的特点是采用多组托辊双重杠杆式秤架，克服了一般皮带秤难以解决的机械问题。

目前，应用电子皮带秤进行自动配料的方式有给料配料皮带秤、双重短皮带配料秤、圆盘给料机加称量小皮带以及振动给料机加称量小皮带等。

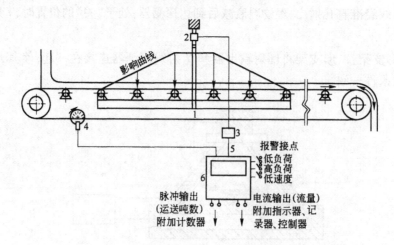

图 8-2　美国 Philip 公司 BW₂ 型电子皮带秤系统

1—双重机械杆式秤架；2—应变传感器；3—接线盒；4—皮带速度传感器；
5—电缆；6—电子皮带秤积分器

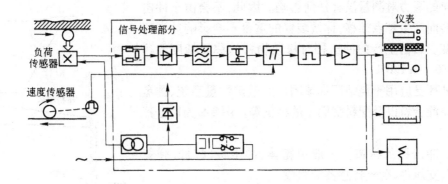

图 8-3　瑞典通用电气公司电子皮带秤系统图

（1）给料配料电子皮带秤。在此种配料秤中,秤的短皮带直接设置在配料槽下部,配料秤既具有给料机的作用,又可以连续称量,通过自动装置控制短皮带传动电动机的转速,达到自动配料的目的。这种配料秤具有结构简单的优点。但是,当料槽料位变化较大时,则配料秤的称量精度将受到影响。

（2）双重短皮带配料秤。此种配料秤的一个短皮带起给料机的作用,另一个短皮带起连续称量作用。这样配置可以消除由于料槽料位变化对称量精度的影响,但其结构较复杂。

（3）圆盘给料机加称量小皮带。此种配置方式可以克服料槽料位变化影响称量精度和检修皮带困难等缺点,但其结构较复杂,而且圆盘给料机给料不均匀。

（4）振动给料机加称量小皮带。此种配置基本上与上一种相同,只是圆盘给料机改为振动给料机。振动给料机具有给料均匀、易于控制的特点。此法不适用于黏度较大、粒度较细和水分较大的物料,如铁精矿等。图 8-4 所示为德国 Senke 公司配料秤控制系统图。

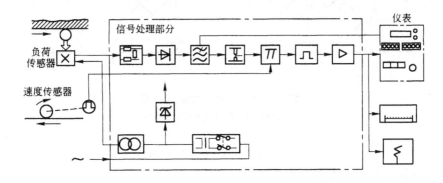

图 8-4　德国 Senke 公司配料秤控制系统方框图

配料皮带秤在称量皮带之下,设置附加称量漏斗,可对配料秤进行在线标定,这样可以保证称量精度。其缺点是厂房高度略有增加。

8.1.1.3　冲击秤计量

冲击秤是根据牛顿定律及能量守恒定律研制的。松散物料落到倾斜冲击板上的冲击力与物料的流量和冲击速度有关。目前研制的这种冲击秤的突出特点是杠杆系统的设计,使垂直方向的重力对测量没有任何影响。因此,不会由于冲击板上粘料而产生零点漂移,称量装置的重量不会影响冲击秤的灵敏度。目前生产的冲击秤对松散物料的称量精度能达到 ±0.5% ~ ±1.0%。

这种秤已应用于烧结厂和球团厂的返矿称量系统、圆盘造球机前混合料以及配料膨润土的称量等。图 8-5 为冲击秤示意图。

(1)冲击秤的构成。一般由箱体、冲击板、杠杆、弹簧片、弹簧、支承件、荷重传感器等组成。

(2)工作原理。在送料器出口的下方,安装一块与水平面成 θ 角的冲击板,冲击板与出料口相距高度为 h。

当粉状物料自由落在冲击板上时,对冲击板产生一个冲击力,图 8-6a 所示是作用力的分析,图 8-6b 是速度矢量分析。

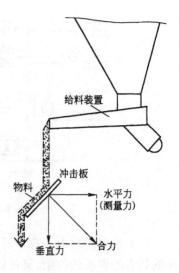

图 8-5　冲击秤原理图

设自由落下的物料瞬时流量为 M,由瞬时(Δt)动量变化引起的作用在冲击板上的力,可分解成垂直分力 F_1 和平行分力 F_2 两部分。

根据动量原理垂直分力 F_1 可用下式表达:

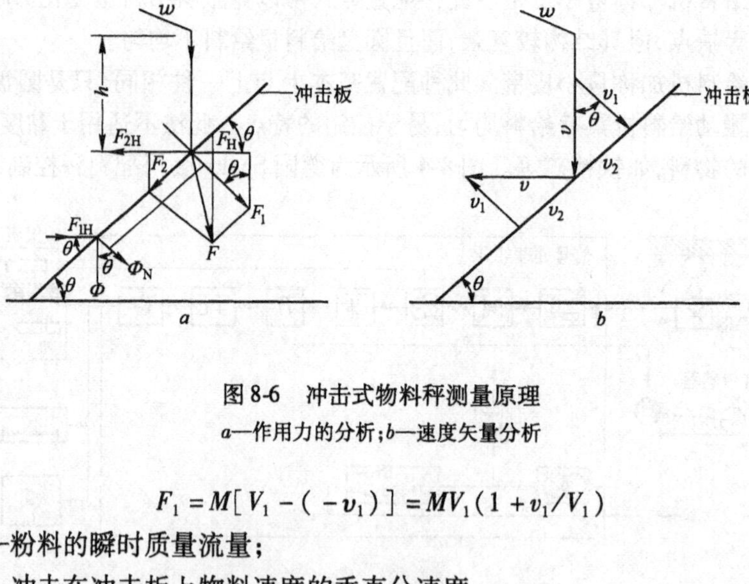

图 8-6　冲击式物料秤测量原理
a—作用力的分析;b—速度矢量分析

$$F_1 = M[V_1 - (-v_1)] = MV_1(1 + v_1/V_1) \tag{8-1}$$

式中　M——粉料的瞬时质量流量;

$\quad\quad V_1$——冲击在冲击板上物料速度的垂直分速度;

$\quad\quad v_1$——从冲击板物料反速度 v 的垂直分速度。

因为 $V = k\sqrt{2gh}$,其中 k 为物料自由落下时空气的阻力系数,$V_1 = V\cos\theta$;又令 $v_1/V_1 = e$ 称为反跳系数,代入式(8-1)得

$$F_1 = MV\cos\theta(1 + e) = k(1 + e)M\sqrt{2gh}\cos\theta \tag{8-2}$$

令 $k(1 + e) = A$,便得到 $F_1 = AM\sqrt{2gh}\cos\theta$

作用力 F_1 的水平分量 F_{1H} 为

$$F_{1H} = F_1 \sin\theta = AM\sqrt{2gh}\cos\theta\sin\theta \tag{8-3}$$

同理,作用于冲击板上的平行分力 F_2 可用下式表达

$$F_2 = MV_2(1 - v_2/V_2) \tag{8-4}$$

因为 $V_2 = V\sin\theta$,又令 $v_2/V_2 = \beta$ 称为摩擦系数,代入式(8-4)得

$$F_2 = k(1 - \beta)M\sqrt{2gh}\sin\theta \tag{8-5}$$

令 $k(1-\beta) = B$,便得 $F_2 = BM\sqrt{2gh}\sin\theta$

作用力 F_2 的水平分力 F_{2H} 为

$$F_{2H} = F_2\cos\theta = BM\sqrt{2gh}\cos\theta\sin\theta \tag{8-6}$$

作用在冲击板上的水平分力 F_H 为 F_{1H} 与 F_{2H} 的矢量和,即

$$F_H = F_{1H} - F_{2H} = \frac{A-B}{2}M\sqrt{2gh}\sin2\theta \tag{8-7}$$

自由落下的粉料介质一碰到冲击板就反跳起来,然后沿着板的表面向下流动。粉料在冲击板上滞留时期所呈现的重量 Φ(即滞留量),如图 8-6a 所示,可表达为

$$\Phi = MgL/V_m \tag{8-8}$$

式中 L——粉料在冲击板上流过的长度;

V_m——粉料群在冲击板上向下滑动时的平均速度。重量 Φ 所呈现的重力垂直作用在冲击板上的分力为 Φ_v,则粉料沿着冲击板向下流动时所产生的摩擦力

$$F_f = f\Phi_v$$

式中 f——摩擦系数。

F_f 的水平分力 F_{fH} 可用下式表达:

$$F_{fH} = F_f\cos\theta = f\Phi_v\cos\theta \tag{8-9}$$

由式(8-8),又因 $\Phi_v = \Phi\cos\theta$,代入式(8-9)后得:

$$F_{fH} = f\Phi_v\cos\theta = Mg\frac{Lf}{V_m}\cos^2\theta \tag{8-10}$$

因此,当考虑滞留量时,作用在冲击板上的总水平分力 F_{Hm} 应为:

$$F_{Hm} = F_{1H} - F_{2H} - F_{fH} = \left(\frac{A-B}{2}\sqrt{2gh}\sin2\theta - \frac{gLf}{V_m}\cos^2\theta\right)M = KM \tag{8-11}$$

式中 K——比例系数;$K = \dfrac{A-B}{2}\sqrt{2gh}\sin2\theta - \dfrac{gLf}{V_m}\cos^2\theta$

式(8-11)表明,当 h、L、θ 以及粉料的物理性质都不变时,K 便是一个常数,因此作用在冲击板上的总水平分力 F、H、m 将正比于粉料的瞬时质量流量 M。

8.1.1.4 漏斗秤计量

漏斗秤通过漏斗(或矿槽)上安装的测压元件测量料量。近年来,在料场及球团厂多利用此种称量装置测量矿槽重量并推算出料位。测量元件一般采用坚固和抗干扰性强的压磁传感器。安装测压元件前须将矿槽支起,测压元件可用两个或 4 个。测量元件的输出信号与矿槽中所装的料量成正比。

8.1.2　温度测量装置

8.1.2.1　热电偶测温

球团厂温度测量装置一般使用热电偶作为一次测量元件。

A　热电偶的工作原理

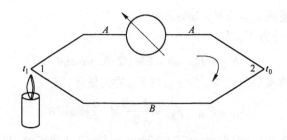

图 8-7　塞贝克效应示意图

在一个由不同金属导体 A 和 B 组成的闭合回路中，当此回路的两个接点保持在不同 t_1 和 t_0 时(见图 8-7)，只要两个接点有温差，回路中就会产生电流，即回路中存在一个电动势，这就是"塞贝克温差电动势"，简称"热电势"，记为 E_{AB}。导体 A、B 称为热电偶的热电极。接点 1 通常是用焊接法连在一起，工作时将它置于被测温的场所，称为工作端(热端)。接点 2 要求恒定在一定温度下，称为自由端(冷端)。

对于一定的金属时，总电势是温度的函数。如果热电偶的一端保持恒温 t_0，热电偶的热电势将随另一端的温度 t_1 而变化，一定的热电势对应一定的温度，所以用测量热电势的办法，可达到测温的目的。实验证明，当热电极材料选定后，热电偶的热电势仅与两个接点的温度有关，即

$$E_{AB}(t_1, t_0) = e_{AB}(t_1) - e_{AB}(t_0) \tag{8-12}$$

式中　$e_{AB}(t_1)$、$e_{AB}(t_0)$——分别为两个接点的分热电势。

对于一副选定的热电势，当自由端温度恒定时，$e_{AB}(t_0)$ 为常数，此时热电势就成为工作端温度 t_1 的单值函数，即

$$E_{AB}(t_1, t_0) = f(t_1)$$

故通过测量热电势即可达到测温目的。通常 t_0 保持在 0℃，$E_{AB}(t_1, 0)$ 的数值可由数字电压表读出，所对应的温度值可从"热电偶毫伏对照表"查出；所测的温度也可用温度显示仪直接显示。若冷端温度不为 0℃，则需对其进行修正。

B　球团厂热电偶的使用

在高温(1300～1600℃以下)、氧化性或中性气氛中，一般用铂铑-铂热电偶。在中温(600～800℃以下)、还原性或中性气氛中，一般用镍铬-烤铜热电偶。如工艺废气温度就用此种热电偶测量。在废气含尘量较大，热电偶磨损严重的情况下，应采用具有耐磨保护套管的热电偶或在热电偶上方加一防磨的保护管或角钢，以延长热电偶的使用寿命。

8.1.2.2　红外测温

红外测温技术具有非接触、快速并可成像等诸多优点，在工业、农业、国防领域有着广泛的应用，是其他测温技术所不可替代的，在球团厂也同样有着比较多的应用。

A 红外测温原理

自然界任何物体都有着热辐射,例如,物体在300℃时就有波长约5 μm红外光辐射。物体热辐射本领可用普朗克公式和基尔霍夫定律表达:

$$M_{\lambda T} = \alpha_{\lambda T} M_b(\lambda, T) = \alpha_{\lambda T} \frac{c_1}{\lambda^5} \cdot \frac{1}{e^{\frac{c_2}{\lambda T}} - 1} \tag{8-13}$$

式中　$M_{\lambda T}$——物体自身发出的辐射,W/m^2;

　　　　$\alpha_{\lambda T}$——辐射率;

　　$M_b(\lambda, T)$——黑体辐射,W/m^2;

　　　　c_1——第一辐射常数,其值为 $3.74 \times 10^{-16} W \cdot m^2$;

　　　　c_2——第二辐射常数,其值为 $1.44 \times 10^{-2} m \cdot K$;

　　　　T——温度,K;

　　　　λ——波长,nm。

实际应用中:测量出的总辐射值 $M_{\lambda T}(W/m^2)$ 在一定温度范围内正比于 $\frac{c_1}{\lambda^5} \cdot \frac{1}{e^{\frac{c_2}{\lambda T}} - 1}$

$$M_{反射} + M_{\lambda T} = \varepsilon \cdot \frac{c_1}{\lambda^5} \cdot \frac{1}{e^{\frac{c_2}{\lambda T}} - 1}$$

式中　ε——发射率。

确定发射率 ε 是红外测温技术中关键而又复杂细致的一步,它与被测材料的温度、表面状态密切相关。现场条件下,为确定发射率 ε 值,先用热电偶测出目标温度值,然后将红外测温仪对准目标调整 ε 值,让红外测温仪温度值等于热电偶的温度值,此时的 ε 即为所求的发射率。例如:钢坯拉出连铸机时,用热电偶测出铸坯表面温度为790℃,调整红外测温仪的读数也为790℃,于是可得到铸坯的发射率为0.85。确定铸坯的发射率 ε 之后,就可以用红外测温仪测定连铸坯的表面温度了。

红外测温仪由光学系统、红外传感器与微处理机组成,如图8-8所示。光学系统可由普通光学透镜、锗透镜甚至光导纤维组成,目的是把热辐射滤波(选择)后聚焦到传感器上,如果要得到热像图的话还会有两组同步旋转的多面镜装在传感器前。红外传感器有许多种,常见的有 HgCdTe 探测器、PbSnTe 探测器、InSb、肖特基势垒探测器、热敏电阻探测器、测辐射热电偶等,目的都是把热辐射($M_{反射} + M_{\lambda T}$)转化为电量。最后由微机把电量信号转为温度数值或热像图。

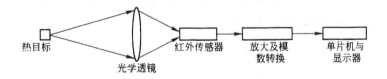

图8-8　红外测温原理图

B　球团厂红外测温的应用

红外测温技术应用很广泛,在冶金炉设备的热故障检测方面发挥着很重要的作用。红外测温技术在球团厂的主要用途有：

（1）燃烧火焰诊断。主要应用有回转窑火焰、带式焙烧机及竖炉燃烧室中燃烧情况的检测。

（2）回转窑窑外表面的温度检测。主要用来判断窑内窑皮结圈情况。

（3）电器设备的故障检测。应用于感应炉线圈、变压器、大电机等的局部过热检测等。

（4）成品球团出炉温度检测。

8.1.3　球团厂原料粒度的检测

球团工艺对原料粒度的要求严格，粒度不仅决定着原料的成球性，同时对成品质量也有很大影响。在线控制原料粒度必须首先解决粒度的连续检测。以下介绍日本的一种在线自动测量原料粒度的装置。

此装置以测定粉状物料的比表面积来反映粒度的大小。其测量原理是使空气通过一定断面和一定高度的物料并测定气流参数的变化，然后由式（8-14）求出物料的比表面积值（见图8-9）。

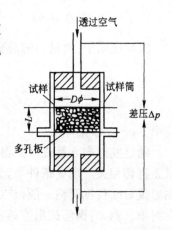

图 8-9　比表面积测量装置

$$S_{\mathrm{w}} = \frac{14}{\rho}\sqrt{\frac{\Delta p A^4 \varepsilon^3}{\eta L Q (1-\varepsilon)^2}} \qquad (8\text{-}14)$$

$$\varepsilon = 1 - \frac{W}{\rho A L} \qquad (8\text{-}15)$$

式中　S_{w}——粉料的比表面积，$\mathrm{cm^2/g}$；

　　　ρ——粉状物料的密度，$\mathrm{g/cm^3}$；

　　　ε——料层孔隙度；

　　　Q——在 t 秒内通过料层的流量，mL；

　　　η——流体黏度，$\mathrm{Pa \cdot s}$；

　　　Δp——气流通过 L 厘米厚料层时的压力损失，Pa；

　　　A——料层的断面面积，cm；

　　　W——粉料的质量，g。

该测定系统由 6 个基本工序组成，即试样接收、定量取样、试样充填、试样压缩、空气透过和回收清扫等。

图 8-10 所示为 KS-100 型粒度在线自动测定装置。从受料槽抽取 300 g 试样，通过自动取样装置取出 100 g ± 0.3 g 物料，装入试样筒，然后通入空气，测定气体参数的变化。每测定一次大约需要 5 min，每隔 10 min 测定一次。

8.1.4　生球和成品球团粒度自动检测装置

球团的粒径及其分布是质量检测中的重要指标。然而，目前该指标的在线检测主要是靠人工视觉，不仅粒径的检测不准，且对于粒径分布更无法估计，即便有自动控制，也是开环控制。而离线检测主要是靠筛分，它既存在检测结果不能实时反馈，又存在球筛的制造和安装精度要求高和维修频繁等缺点。球团粒度的自动检测，目前尚处于研究阶段。本节仅介绍目前国内外有关资料报道的几种方法。

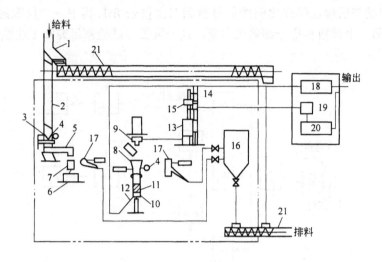

图 8-10　原料粒度在线测量系统

1—分料闸板；2—试样排放闸板；3—超声波料位仪；4—振动器；5—振动给料机；6—计量器；
7—试样筒；8—漏斗；9—往复式压缩机；10—推料器；11—试样测定筒；12—温度传感器；
13—稳压装置；14—磁性发生器；15—磁力传感器；16—净化器；17—降尘弯管；
18—数字温度计；19—探测器；20—数字计时器；21—螺旋运输机

8.1.4.1　TYK-1 型球状物料粒度自动检测装置

此装置原用于水泥工业,对回转窑冷却机排出的水泥熟料球的粒度组成进行无触点连续检测。此装置与普通工业电视机配合使用。被检测物料的粒径平均值为 2～70 mm,测量精度为 ±10% 。其工作原理是在冷却机卸料处安装电视,并将粒度组成的视频信息转变为与颗粒平均粒度成比例的信号,反映出物料的粒度。如果在显像管上看见移动的颗粒流并不断地通过荧光屏上某一区段,那么即可以明显地看出在这一区段中物料的颗粒数与粒径成反比。为了确定颗粒平均直径,就要先确定在固定长度的区段中平均颗粒数。此平均颗粒数是通过工业电视得到的视频信号,并将其输入到 TYK-1 型检测装置中进行放大、校正、鉴别等一系列处理后得到的。

8.1.4.2　Г. И. Гуленко 和 В. П. Мелведев 装置

这是一种测定生球粒度的新方法,其系统如图 8-11 所示。

取样机从造球机出口处将料流截取少部分,沿着流槽送往变送器。这个变送器是带有直线缝隙的磁感应装置,球团经过此处时产生脉冲。球团粒度不同,产生的电脉冲也不同。因此,只要装置结构参数、缝隙参数和变送器其他参数选择得当,便具有良好的选择性。变送器的输出信号经过放大,给到 3 个并联接通的触发器 T_{p_1}、T_{p_2} 和 T_{p_3} 上,它们对输入信号幅度的鉴别各有不同的界限。T_{p_1} 触发器输出端的脉冲数等于粗粒级（大于 20 mm）、中粒级（10～20 mm）和细粒级（小于 10 mm）球团的总数;T_{p_2} 触发器的脉冲数等于粗粒级和中粒级球团的总数;而 T_{p_3} 触发器的脉冲数等于粗粒级球团数。触发器的输出信号给到逻辑装置上。此装置包括两个系统 AC_1 和 AC_2,借助此系统可以从 T_{p_1} 触发器信号中把相应于中、粗粒级球团的脉冲去掉,也可以从 T_{p_2} 触发器信号中除去与粗粒级相应的脉冲。Б$_{01}$ 和 Б$_{02}$ 比例装置把与粗粒级和细粒级球团数量成比例的信号分成与中粒级球团数量成比例的信号。从比例装置发出的与所得比值成比例的信号给到二次仪表БП,其中一个仪表的读数相应于粗粒级含量,另一个读数相应于细粒级含量。这一装置经试验室研究和工业性试验,取得了较好效果。

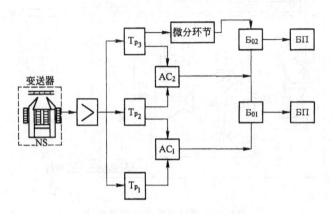

图 8-11　生球粒度分析装置系统

8.1.4.3　块状物料粒度自动测定装置

此装置是前苏联选矿设计研究院研制的,可用于检测成品球团的粒度。由取样机自动截取成品球团料流,流入测粒计中。该装置类似于小型振动筛,将给入的物料分成筛上物和筛下物两种,这两种料分别流入漏斗中,通过漏斗上的荷重传感器显示出重量。这样,某一粒级的百分比便被测定出来。这一测粒计从取样到物料各粒级比例的确定都是按规定的程序自动完成。

8.1.4.4　基于数字图像处理的球团矿粒度检测系统

用计算机自动检测球团粒度及粒度分布的系统大致可分为:球团图像采集、球团图像处理(包括预处理和分割)、球团粒度测量及粒径分布计算、结果输出等。

其检测原理就是:现场操作人员凭视觉可以估计料球的直径,但个人差异较大,且对料球粒径分布将无能为力。应用计算机视觉检测系统代替人的视觉系统,可以准确地检测视觉观测到的每一个料球的轮廓大小,且检测速度快。由计算机视觉系统观测到的料球,在计算机内形成一幅具有边框的图像:由于从成球盘卸入皮带输送机上的料球是堆积在一起的,因此由计算机视觉系统观测到的料球由 3 部分组成:第一部分是位于料球堆积体上层的完整的料球;第二部分是位于料球堆积体上层的被其他料球部分遮挡的不完整的料球;而另一部分则是位于图像边框的一部分没有观测到的不完整料球。不完整的料球不代表料球的真实大小,在检测结果中应该剔除。由于料球是一个近似的球体,视觉观测到的料球轮廓是一个近似的团,因此,通过计算料球轮廓的圆形度,可以判断料球的完整程度,从而剔除不完整料球。设料球轮廓周长为 L,料球轮廓面积为 S,则圆形度表示为:

$$p = L^3/4\pi S$$

适当选取圆形度 p,当圆形度小于设定值时,被当作不完整料球删除。然后用计算机计算每个料球的轮廓面积 S,按下式求出相应的料球直径 D:

$$D = \sqrt{4S/\pi}$$

然后统计不同料球直径的个数,从而得到料球的粒径分布。

8.1.5 自动取样、制样和 X 射线荧光分析装置

为了提高原料和球团质量控制效果,使过程控制计算机能及时地获得各项原始数据和质量指标,就需要快速准确地进行原料和成品矿的取样、制样、分析和检验。

8.1.5.1 球团自动取样、制样和检验

球团厂取样、制样和检验流程如图8-12所示。试样可供化学分析和抗压强度试验用。抗压强度试验结果及漏斗秤读数转化为反馈信号输入球团计算机。

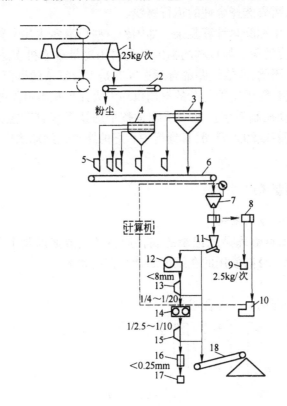

图 8-12 球团自动取样、制样和检验流程图

1—底开式取样器;2—可逆式给料机;3——次筛分(筛孔分别为 8 mm、5 mm);4—二次筛分
(筛孔分别为 15 mm、12.5 mm、10 mm);5—筛下物漏斗;6—皮带运输机;7—漏斗秤;
8—取样器;9—试样容器;10—抗压强度试验机;11—带漏斗的电磁给料机;12—二次
破碎机(颚式);13——次取样机;14—二次破碎机(对辊式);15—二次取样机;
16—水冷式圆盘磨矿机;17—试样容器;18—返料

8.1.5.2 X 射线荧光分析装置

X 射线荧光分析仪可对球团的原料及成品的化学成分进行快速检测。其检测原理是将被分析的物料制成规定的试样,通过 X 射线照射可以得到不同的光谱频率,也就得到与之相对应的不同化学元素。采用这一方法分析元素的范围广,如球团及原料中的 TFe、SiO_2、CaO、Al_2O_3、MgO、P、Mn、Cu、Zn、S 以及 TiO_2 等均可测定。而且对制好的试样只需几秒至几十秒即可分析完毕。若将制样时间计算在内,通常需 10~30 min。此仪器可以同时分析多种元素,并可将分析值转化为电信号,实现在线检测与控制。

8.2　料场自动控制

8.2.1　概述

通常大型料场有以下 3 个特点：

（1）料场既可以贮存原料又可以进行中和，机械化程度高，占地面积大，料场设备大、数量少。例如日本福山厂 3700 万 t 的大型料场中，各种大型设备仅 35 台。因此，大型设备所负担的料堆面积较大，需要选择合理的运行路线。

（2）原料品种多，中和配料计算复杂。如国外一些厂家多达几十种矿粉。

（3）皮带运输系统复杂。如日本的福山厂其料场皮带运输机多达 500 多台，组成的运输线路近 6000 余条。因此，运输线路的合理选择亦是十分复杂的事情。

从以上 3 个特点看，管理这种复杂的料场仅靠人力几乎是不可能的。因此，对于大型料场一般均采用各种自动控制系统。这一系统是整个炼铁系统自动控制的一个重要组成部分，包括由各种原料卸船或卸入料场，直到将中和好的原料送到球团厂配料槽的全部控制系统。

8.2.2　料场计算机控制系统

8.2.2.1　中和配料控制系统

计算机根据原料库存管理系统记录的现存原料各项数据以及中和后原料成分的目标值，计算各种原料配比。目前使用的在线控制计算方法如下：

成分式

矿石种类 j　　　　　配比　　　配合成分

$$成分数 i \begin{bmatrix} a_{11} & \cdots & a_{1n} \\ \vdots & & \vdots \\ a_{m1} & \cdots & a_{mn} \end{bmatrix} \begin{bmatrix} x_1 \\ \vdots \\ x_n \end{bmatrix} = \begin{bmatrix} b_1 \\ \vdots \\ b_n \end{bmatrix}$$

配比上下限 $x_j^- \leqslant x_j \leqslant x_j^+$ 　　　　　　$(j = 1, 2 \cdots, n)$

目标函数
$$J = \sum_i^m \frac{V_i}{C_i^2} \left(\sum_j^n a_{ij} x_j - C_i \right)^2$$
$$+ F_h \left(\sum_j^n x_j - 1 \right)^2 + F_e \left[\sum_j^n (x_j - x_{jo}) \right]^2 \tag{8-16}$$

式中　x_j^-——配比下限；

　　　　x_j^+——配比上限；

　　　　C_i——目标成分；

　　　　V_i——成分的加数；

　　　　x_{jo}——配比上、下限中间值；

　　F_h、F_e——补偿系数；

　　　　m——成分数；

　　　　n——矿石种类数。

式（8-16）中第一项用于评价配料成分计算值与目标值的差额；第二项用于限定各种矿

石配比总和为 100% ,即通过适当选择给定 F_h 值,使原先的制约条件为评价函数;第三项既可保证计算精度,又可使目标函数值收敛快。

根据计算结果编制中和配料计划,并指挥料场设备按计划进行工作。

8.2.2.2　皮带机运输线路控制系统

皮带机运输线路的控制系统如图 8-13 所示。原料控制中心的给定盘给出料场送出的矿石品种、取料设备名称、中间设备名称。以此为依据,由计算机选出可能的运输线路并在显像管中显示出来,然后通过人机对话,确定最终的线路。

此控制系统除了选择合理的运输线路外,还可以控制皮带机的运行、料仓料位以及检测运输量。

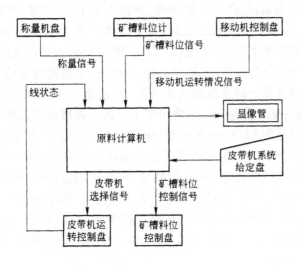

图 8-13　皮带运输机线路选择系统

8.3　球团质量要求及检验方法

8.3.1　生球质量标准及检验方法

生产实践表明,质量优良的生球是获得高产、优质球团矿的先决条件。优质生球必须具有适宜而均匀的粒度、足够的抗压强度和落下强度及良好的抗热冲击性。为了保证球团生产过程的顺利进行,并且获得良好的成品球团矿质量,对生球质量有一定的要求。主要指标有:落下强度、抗压强度、热稳定性、粒度组成和水分等 5 个方面。

8.3.1.1　生球落下强度

生球的落下强度是指:生球由造球系统运输到焙烧系统过程中所能经受的强度。生球要经过筛分和数次转运后才均匀地分布于台车上。因此,必须有足够的落下强度以保证生球在运输过程中既不破裂又很少变形。

(1)生球落下强度的测定方法。生球是指湿球和干球(系干燥以后未经预热的球团)落下强度的测定:检测用生球直径为 10 ~ 16 mm。数量:生产和一般试验,每次不少于 10 个球;重要试验,每次不少于 20 个球。落下高度为 500 mm,落到 10 mm 厚的钢板上,规定到它出现裂缝或破裂成块时落下的次数为落下强度指标(包括出现裂缝或破裂的这一次在内),取其算术平均值(单位:次/个)。

(2)生球落下强度的要求。生球落下强度的要求是因各球团厂的工艺配置方式不同而异的。一般要求的生球落下强度,湿球:不小于 3~5 次/个;干球:不小于 1~2 次/个。

8.3.1.2　生球抗压强度

生球抗压强度是指生球在焙烧设备上,所能经受料层负荷作用的强度。生球必须具有一定的抗压强度,以承受生球在热固结过程中的各种应力:料层的压力和抽风负压的作用等。

(1)生球抗压强度的测定方法。生球(湿球及干球)抗压强度的测定:检测用生球通常直径为 12.5 mm 左右,数量:生产和一般试验,每次不少于 10 个球;重要试验,每次不少于 20 个球。抗压强度就是垂直加负荷于生球,压下速度不大于 10 mm/min,当生球出现裂缝时所加负荷的力,取其算术平均值(单位:N/个)。德国 Luje 公司研究所除了检验生球平均强度外,还检验生球的残余抗压强度,其方法是:选取 10 个粒度均匀的生球,在事先选择好的高度上(生球自此高度落下既不破裂也不变形)自由落下 3 次,然后做抗压试验,破裂时的压力作为残余抗压强度。美国 Hanna 公司球团厂虽不做残余抗压强度检验,但做生球荷重变形试验,即选择直径为 12.5 mm 的生球,施加 4.45 N 的压力测定其变形率。

(2)生球抗压强度的要求。生球抗压强度的要求同焙烧设备的种类有关。目前,尚未有统一标准,一般带式焙烧机和链算机—回转窑,焙烧时料层较薄,生球抗压强度,湿球:不小于 8.82N/个;干球:前者不小于 35.28 N/个,后者不小于 44.1 N/个。竖炉焙烧料层较高,湿球抗压强度要求大于 9.8 N/个,干球抗压强度应大于 49.0 N/个。Luje 公司规定生球落下 3 次后的残余抗压强度应大于原有强度的 60%。Hanna 公司规定生球在 4.45 N 负荷下的变形率应小于 5%~6%。

实际上,对生球落下和抗压强度的要求,到目前还没有统一的标准。国内、外的球团厂均根据自身的工艺过程、焙烧设备、原料条件制定各自的标准要求。

影响生球落下和抗压强度的主要因素有:原料粒度和物料在造球机内的停留时间两个方面。一般来说,原料粒度越细,则生球落下和抗压强度都有增高趋势。但是如果造球时间短,尤其是原料黏性较大时,则原料粒度越细,不仅得不到较好的效果,强度反而会有所下降。这是因为原料粒度越细,越趋于均匀,且又无大颗粒作骨架。造球时间短,愈容易发生粒料充填的不均匀性。所以随着原料粒度的细化,必须加长造球时间。另外,生球强度与其本身的孔隙率也有明显的关系,生球孔隙率越小,则落下和抗压强度便增大。

8.3.1.3　生球热稳定性

生球的热稳定性,一般称之为"生球爆裂温度",是指生球在焙烧设备上干燥受热时,抵抗因所含水分(物理水与结晶水)急剧蒸发排出而造成破裂和粉碎的能力,或称热冲击强度。在焙烧过程中生球从冷、湿状态被加热到焙烧温度的过程是很快的,生球在干燥时便会受到两种强烈的应力作用——水分强烈蒸发和快速加热所产生的应力,从而使生球产生破裂式剥落,结果影响了球团的质量。

A　生球爆裂温度的测定方法

生球爆裂温度的测定:选用生球直径 10~16 mm,数量为 20 个,指标:产生裂缝球团的百分率,在管式炉中测定。

试验方法:

(1)静态法:在反应管中不通热风,只改变温度,所以得到的结果与生产实际相差较大,目前一般已不采用。

(2)动态法:在反应管中,通入不同温度的热风,所以在反应管中不仅有温度变化,而且有一定的气流通过。目前通过的气流速度有1.2 m/s、1.6 m/s、1.8 m/s、2.0 m/s等几种(试验时应固定某一种流速)。具体方法是将生球(大约20个)装在图8-14所示的容器里,然后以一定的气流速度(工业条件时的气流速度)向容器内球团层吹热风5 min。试验一般从250℃开始做起,根据试验中生球的情况,可以用增高或降低介质温度(±25℃)的方法进行试验。干燥气体温度可用向热气体中掺进冷空气的方法进行调节。破裂温度用试验球团有10%出现裂纹时的温度来表示。此种方法要求对每个温度条件都必须重复做几次,然后确定出破裂温度值。

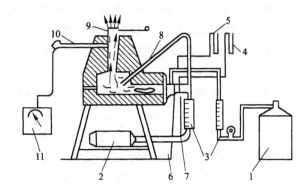

图8-14 生球破裂温度试验装置

1—丙烷;2—通风机;3—流量计;4—空气压力计;5—丙烷压力计;6—烧嘴;
7——次空气烧嘴;8—二次空气烧嘴;9—试样;10—高温计;11—温度测量仪

此外,另一种方法是把生球装入一个完全仪表化的烧结锅内(移动式烧结锅),其球层高度随焙烧设备不同而异,带式焙烧机为300~500 mm,链箅机—回转窑为150~200 mm。接着模拟实际工艺条件进行试验。最后观察确定在何种温度和风流下球团开始出现碎裂或剥落。生球的破裂温度除了与干燥介质状态有关外,还与原料的组成及理化性质有关。为了提高生球的临界破裂温度,通常是增加膨润土用量。

B 生球爆裂温度的要求

对生球的爆裂温度,虽无统一标准,一般总是要求越高越好。但对不同的焙烧设备,生球爆裂温度要求是不一样的,其中竖炉要求最高,详见表8-1。

表8-1 不同焙烧机对生球爆裂温度的要求

焙烧设备	竖炉	带式焙烧机	链箅机—回转窑
爆裂温度($v=1.6$ m/s)/℃	>550	>400	>350

生球的热稳定性差,在干燥过程中易引起爆裂,则会使料层透气性恶化,导致焙烧机生产率降低和成品球质量下降,返矿增加。因为生球受到热稳定性的限制,不能用通常的提高干燥温度和干燥介质流速的方法来强化干燥过程。因此,提高生球的爆裂温度,可强化或简

化干燥过程,是提高焙烧机生产率和成品球团矿质量的关键。

8.3.1.4　生球粒度

生球的粒度组成也是衡量生球质量的一项重要指标,合适的生球粒度会提高焙烧设备的生产率,降低单位热耗。近年来球团粒度逐渐变小,生产实践表明,粒度为 6.4～12.7 mm 的球团较理想。它可使干燥温度由 315℃ 降低到 204℃,从而延长炉算的寿命,提高产量,燃料用量减少。在高炉中由于球团粒度均匀、孔隙度大、气流阻力小、还原速度快,为高炉高产低耗提供了有利条件。故目前大多数生产厂家都以生产 6～16 mm 的球团为目标。生球粒度组成,国外使用计算机模型求出:10 mm 直径球团的焙烧时间为最短;12 mm 直径的球团所需冷却时间最短;11 mm 直径的球团整个焙烧过程所需的时间最短。这是因为球团的氧化和固结时间与球团直径的平方成正比。但直径很小的球团会增加料层的阻力,当压差不变时,气流量下降,所需的焙烧过程将延长。当球团直径较大时,比表面积下降,需要较长的焙烧周期。球团直径对焙烧单位热量的影响:焙烧直径为 8mm 球团需要的单位热耗约为 1758 kJ/kg;焙烧 16 mm 直径的球团单位热耗上升到大约 2345 kJ/kg。所以从生产能力方面而言,最佳的球团直径为 11 mm,而从单位热能消耗方面来看,球团直径应尽可能小。

A　生球粒度的检测方法

我国规定大于 5 mm 以上粗粒级的筛分测定采用方孔筛,规格有:5 mm × 5 mm;6.3 mm × 6.3 mm;10 mm × 10 mm;16 mm × 16 mm;25 mm × 25 mm;80 mm × 80 mm 七个级别,对球团来说,6.3 mm、10 mm、16 mm、25 mm 为必用筛。筛底的有效面积有 400 mm × 600 mm 和 500 mm × 800 mm 两种。筛分方法和设备,可用人工筛分和机械筛分,但机械筛分应保证精确度与严格手筛的结果相差不大于手筛结果的 1%。

B　最佳生球粒度的确定

从生产实践可知,对球团矿的还原性,在达到相同的还原度情况下,大球团所需的一定强度的生球,必须保持物料在造球机内的停留时间与原料的特性和粒度相适应。还原时间比小球团要多得多。也就是说,小球团的还原性比大球团好。这意味着在高炉炉身上部可比的停留时间内,较小的球团比较大的球团更早地达到一定的金属化率。由于较高的金属化率意味着有较高的熔化温度,所以由此而产生一种有利于在高炉中形成良好软熔带的重要条件。根据已有的试验结果,最佳的球团直径约为 10 mm 左右。鉴于球团厂现有的机械设备、操作条件,不可能得到统一的生球粒度,一般按照下列原则:

10～16 mm 的粒级含量最低不少于 85%。

-6.3 mm 的粒级含量最高不超过 5%。

+16 mm 的粒级含量最高不超过 5%。

在 10～16 mm 的粒级含量中,10～12 mm 粒级含量应占 45% 以上。球团粒度的平均直径不应超过 12.5 mm。

8.3.1.5　生球水分

生球水分主要对干燥和焙烧产生影响。生球水分过大,往往表面形成过湿层,容易引起生球之间的粘结,降低料柱的透气性,延缓生球的干燥和焙烧时间;过湿的生球在运输过程中还会粘结在胶带上。以上情况对黏性较大的生球更为严重。如果生球的水分偏低,会降低生球的强度,特别是落下强度。所以应有适宜的生球水分。适宜的生球水分与矿石的种类和造球料特性有关,对磁铁矿球团的生球水分,一般在 8%～10% 为宜。

生球水分的测定方法,目前在我国还没有统一规定要求,现在一般的做法为:称取试样 200 g(准确到 0.01 g),放入干燥器内(干燥器有普通烘箱、鼓风干燥箱和红外线干燥箱等),干燥温度 105℃,连续干燥到恒重。干燥时间:普通烘箱 2 h,鼓风干燥 1.5 h,红外线干燥 30 min 左右。干燥后立即称其全部重量。水分值:

$$生球水分(\%) = \frac{W - W_1}{W} \times 100\%$$ (8-17)

式中 W——干燥前试样质量,g;

  W_1——干燥后试样质量,g。

8.3.1.6 生球质量对成品球质量的影响

生球质量对成品球质量的影响很大,往往只有高质量的生球,才能生产出优质的成品球团矿。

A 生球强度

生球强度,一方面对成品球强度有影响,也就是说,生球强度高,成品球的强度也高。这是因为:一般来说,强度高的生球都比较致密,气孔率较低,故焙烧后成品球也较致密,成品球强度也高。但是生球的强度太高,会使成品球的气孔率大为减小,而使成品球的还原性降低。所以美国汉纳公司规定,直径 12.5 mm 的生球落下强度,从 457 mm 落下时,次数不小于 6~8 次,不大于 10 次。

另一方面,如果生球强度低劣,在转运、干燥和焙烧过程中会产生碎裂,粉末增多,阻碍料柱(或料层)的透气性,使焙烧不透不匀,结果造成成品球强度低而不均,焙烧机产量下降。

B 生球爆裂温度

生球爆裂温度对成品球的影响是在生球的干燥和焙烧阶段。生球爆裂温度低,在干燥过程中,极易引起破损,料柱阻力增加,风量减少,生球干燥速度降低,导致焙烧机的生产率和成品球的质量下降。

C 生球粒度

生球粒度与成品球强度的关系密切,特别是对赤铁矿球团,因为生球焙烧的全部热量都需要由外部供给。由于生球的导热性小,如果生球粒度太大,会使焙烧和固结发生困难,使成品球强度降低。而对磁铁矿球团,主要是影响 Fe_3O_4 的氧化速度,生球粒度越大,氧气越难进入球团内部,致使球团的氧化和固结进行得越慢,越不完全,在焙烧时,极易产生外层为 Fe_2O_3 晶体,内核是 Fe_3O_4 再结晶的层状结构。这样的成品球团,将会降低抗压强度 20%~90%。

此外,生球粒度对成品球的还原速度也有影响,生球粒度大,还原度就低,因为球团的还原时间与球团直径的平方成正比。所以,生球粒度达到小而均匀,无论对造球,还是成品球的质量都是有利的。

8.3.2 成品球团质量要求及标准

球团矿质量应包括化学成分、物理性能和冶金性能等三方面。

目前,世界各国在球团的质量要求方面尚无完全统一的规定标准。各个国家或各生产厂家根据各自原料的特性、产品生产方式和用途规定出了相应的质量标准及检验方法。总的来说,目前国内外应用的球团质量标准大致有:国际标准化组织(ISO)标准;各个国家的标准如:美国材料试验协会(ASTM)标准、日本工业标准(JIS)、德国钢铁研究协会(VDE)标准、英国标准协会(BSI)标准、前苏联国家标准(OCT)、中国国家标准(GB)等;其他标准如:比利时国家冶金研究中心(CRM)标准、德国伯格哈特法标准等。

我国现行球团矿质量标准是由包头钢铁稀土公司冶金研究所起草制定,1992 年 1 月执行。同时包头钢铁稀土公司冶金研究所等 8 个单位参照相对应的 ISO4695、ISO4696、ISO/DP4698 3 个国际标准起草制定了符合我国国情的铁矿石还原性检验方法、静态法低温还原粉化性能检验方法、铁矿球团还原膨胀检验方法等三项国家标准。1990 年通过冶金部的审定,1992 年 3 月由国家技术监督局批准颁布实施。我国具体质量标准见表 8-2,但实际执行中各厂不尽一致。

表 8-2　中国球团矿质量标准

项目		化学成分/%				物理性能				冶金性能		粒度(10 ~ 16 mm)/%
名称	品级	TFe	FeO	碱度 $R = \frac{CaO}{SiO_2}$	S	抗压强度/N·个$^{-1}$	转鼓指数(ISO)/%	抗磨指数(<0.5 mm)/%	筛分指数(<5 mm)/%	膨胀率/%	还原度指数(RI)/%	
指标	一级品	—	<1	—	<0.05	≥2000	≥90	<5	<5	<15	≥65	>90
	二级品	—	<2	—	<0.08	≥1500	≥86	<8	<5	<20	≥65	>80
允许波动范围	一级品	±0.5	—	±0.05	—	—	—	—	—	—	—	—
	二级品	±1.0	—	±0.1	—	—	—	—	—	—	—	—

8.3.3　成品球团质量检验方法

8.3.3.1　化学成分

成品球团矿的化学成分主要检测:TFe、FeO、CaO、SiO$_2$、MgO、Al$_2$O$_3$、MnO、TiO$_2$、S、P 等。要求有用成分要高,脉石成分要低,有害杂质(如 S、P)要少。

入炉矿石含铁品位与高炉冶炼的关系,提高含铁品位 1%,高炉焦比下降 2%,产量可提高 3%。同时要求各成分的含量波动范围要小,根据国家标准规定:TFe ±0.5%,碱度 R ±0.05。S 和 P 是钢与铁的有害元素,矿石中含硫升高 0.1%,高炉焦比升高 5%。而且硫会降低生铁流动性及阻止碳化铁分解,使铸件易产生气孔。硫会大大降低钢的塑性,在热加工过程出现热脆现象。因此,要求成品球团矿的 S 和 P 含量越小越好。此外,Cu,Pb,Zn,As,F 及碱土金属对钢铁质量和高炉生产也有不良影响。化学成分按铁矿石化学分析方法 GB6703—1986 标准执行。

8.3.3.2　物理性能

球团矿物理性能检验方法为了保证高炉料柱具有良好的透气性,对炉料的强度和粉末含量应有严格要求。球团矿作为理想的高炉炉料结构组成之一,物理性能是评价其质量的重要指标之一。球团矿物理性能检验指标包括抗压强度、转鼓指数、抗磨指数、筛分指数和孔隙率等。

A　抗压强度

抗压强度是表示球团矿强度的重要指标,通常用 N/个来表示。我国球团矿抗压强度的检测标准和国际标准 ISO4700 相同。把球团矿置于两块平行钢板之间,以规定速度把压力负荷加到每个球团上,直到球团矿被压碎时的最大负荷,其值为一批试验中所测试球的算术平均值。检测方法的主要参数:压力机的最大压力 10 kN 或更大一点;压杆加压速度在(10~20)mm/min 内取一定值;试样粒度 10.0~12.5 mm;每次随机取样 60 个球做检验,也可取更多的球。每次取球团矿数量亦可用下式计算:

$$n = \left(\frac{2\sigma}{\beta}\right)^2 \tag{8-18}$$

式中　n——每次测试球团矿个数;

　　　σ——若干次预备试验的标准离差;

　　　β——所要求的精确度(β = 95% 可信度下的标准离差)。

抗压强度指标以算术平均值计,或用标准离差来表示。对氧化球团矿而言,合格球的抗压强度不小于 2000 N/个,小高炉不小于 1500 N/个。

B　转鼓强度

转鼓强度是评价球团矿抗冲击和耐磨性能的一项重要指标。目前世界各国的测定方法不统一,表 8-3 列出各主要国家的转鼓强度测定方法。其中,国际标准 ISO3271—1975 获得广泛使用,我国的测定方法是根据这一国际标准制订的。

GB8209—1987 标准采用转鼓内径为 1000 mm、宽 500 mm,转鼓内侧有两个成 180° 相互对称的提升板(50 mm × 50 mm × 5 mm),长 500 mm 的等边角钢焊接在转鼓的内侧。转鼓试验机示于图 8-15。在实验室条件下,为适应试样量少的特点,可缩小转鼓宽度(1/2 或 1/5),同时按比例减少装料量(7.5 kg 或 3 kg),测得数据同样具有可比性。

表 8-3　各国转鼓强度的测定方法

项　目	标　准	中国 GB8209—1987	国际标准 ISO3271—7S	日本 JIS-M3712—77	前苏联 ГОСТ-15137—77
转　鼓	尺寸/mm × mm 挡板/mm × mm 转速/r·min⁻¹ 转数/r	ϕ1000 × 500 500 × 50,两块, 180° 25 ± 1 200	ϕ1000 × 500 500 × 50,两块, 180° 25 ± 1 200	ϕ914 × 457 457 × 50,两块, 180° 25 ± 1 200	ϕ1000 × 600 600 × 50,两块, 180° 25 ± 1 200
试　样	球团矿粒度/mm 质量/kg	6.3~40 15 ± 0.15	10~40 15 ± 0.15	>5 23 ± 0.23	5~25 15
结果表示	鼓后筛/mm 转鼓指数 T/% 抗磨指数 A/% 双样允许误差: 　ΔT/% 　ΔA/%	6.3,0.5 >6.3 <0.5 ≤1.4 ≤0.8	6.3,0.5 >6.3 <0.5 ≤3.8 + 0.03T ≤0.8 + 0.03T	10,5 >10 <5 6.6,0.8 6.2	5,0.5 >5 <0.5 2,3 2,2

本试验方法规定,取粒度为 6.3~40 mm 球团矿(15 ± 0.15)kg 放入转鼓内,在转速为 25 r/min,共转 200 r,然后将试样从转鼓内取出,用机械摇筛分级。机械摇筛为 800 mm × 500 mm,筛框高 150 mm,筛孔为 6.3 mm × 6.3 mm,往复次数为 20 次/min,筛分时间为 1.5 min 共往复 30 次。如果使用人工筛,所有参数与机械筛相同,其往复行程规定为 100~150 mm。

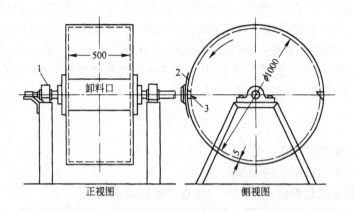

图 8-15　转鼓试验机基本尺寸示意图
1—计数器;2—卸料口盖板;3—提升板

测定结果表示如下:

$$转鼓指数\ T = \frac{m_1}{m_0} \times 100\% \tag{8-19}$$

$$抗磨指数\ A = \frac{m_0 - (m_1 + m_2)}{m_0} \times 100\% \tag{8-20}$$

式中　m_0——入鼓试样质量,kg;

　　　m_1——转鼓后 +6.3 mm 粒级质量,kg。

　　　m_2——转鼓后 −6.3 ~ +0.5 mm 粒级质量,kg;

　　　m_3——转鼓后 −0.5 mm 粒级质量,kg。

T、A 均取两位小数,要求 $T \geqslant 90.00\%$,$A \leqslant 6.00\%$。

误差要求:入鼓试样量 m_0 和转鼓后筛分分级总出量($m_1 + m_2 + m_3$)之差不大于 1.0%,即 $\frac{m_0 - (m_1 + m_2 + m_3)}{m_0} \times 100\%$ 不大于 1.0%,若试样损失量大于 1.0%,试样作废。

双试样:$\Delta T = T_1 - T_2 \leqslant 1.4\%$(绝对值);

$\Delta A = A_1 - A_2 \leqslant 0.8\%$(绝对值)。

为了进一步评定成品球团的机械强度,美国近年又提出一个"Q"指数,用以衡量成品球团在转运过程中的强度特性。"Q"指数的定义为:转鼓试验前与转鼓试验后大于 6.3 mm 物料质量分数的乘积。现在北美各球团厂已经把"Q"指数列为评价成品球团的质量指标。

C　筛分指数

筛分指数的测定方法:取 100 kg 试样,分成 5 份,每份 20 kg,用 5 mm × 5 mm 的筛子筛分,手筛往复 10 次,称量大于 5 mm 筛上物出量 A,以小于 5 mm 占试样的质量分数作筛分指数(%)。

$$筛分指数 = \frac{100 - A}{100} \times 100\% \tag{8-21}$$

我国要求球团矿筛分指数不大于 5%。

D　孔隙率

实践证明,球团孔隙率高,有利于还原气体向内渗透,有利于还原反应的进行。孔隙率通常受熔化程度的影响。当熔化程度大时,则气孔生成量较少且小,并且 FeO 含量增加;在正常温度下球团矿则多生成微细气孔非常发达的结构,FeO 含量也较低。在部分过熔而熔化程度不大时,则易生成封闭性大气孔的产品,这种气孔对还原气体的渗透并无大的作用。因此,对于球团矿而言应保证不发生过熔并呈微孔结构。

孔隙率的测定通常用石蜡法进行。其堆密度测定的操作过程如图 8-16 所示。

孔隙率计算式如下:

$$\rho = \frac{\gamma_0 - \gamma_1}{\gamma_0} \times 100\% = \left(1 - \frac{\gamma_1}{\gamma_0}\right) \times 100\% \tag{8-22}$$

式中　ρ——试样孔隙率,%;

γ_0——试样真密度(磨细小于 0.1 mm 的粉末),g/cm³;

γ_1——试样块状时的视密度,g/cm³。

试样的真密度(γ_0)的测定,是将试样磨细成粒度小于 0.1 mm,取重 50 g,并放入盛水的比重瓶中(用酒精代替水更易润湿物料)。试样的质量与排出水量之比即为试样的真密度。其计算式为:

$$\gamma_0 = \frac{q}{V} \tag{8-23}$$

式中　q——试样细粉(小于 0.1 mm)质量,g;

V——试样排除水的体积,cm³。

试样的堆密度(γ_1)的测定,按图 8-16 中程序操作即可。即取球团矿试样 4~5 个,以绳

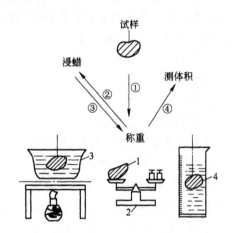

图 8-16　堆密度测定程序

1—试样;2—天平称重;3—石蜡浴锅;4—1000 mL 量筒

系吊,称重后即为原试样质量。然后放入石蜡浴锅内浸蜡 1~2 min,使试样表面完全涂上一层薄蜡后再行称量,此即为涂有石蜡表面层的试样质量。随即置于量筒内测定所排出水的体积,则原试样质量与排水量之比即为球团试样的堆密度(假密度)。其计算式为:

$$\gamma_1 = \frac{q_1}{V_0 - V_n} \tag{8-24}$$

$$V_n = \frac{q_2 - q_1}{\gamma_n} \tag{8-25}$$

式中 V_0——涂石蜡后球团试样体积,cm^3;

  V_n——石蜡涂层占有的体积,cm^3。

  γ_1——试样的堆密度,g/cm^3;

  q_1——未涂石蜡时,球团试样质量,g;

  q_2——涂石蜡后,球团试样质量,g;

  γ_n——石蜡密度,g/cm^3,取 $0.85 \sim 0.93 g/cm^3$;

获得试样的真密度和堆密度之后,即可计算试样的孔隙率。这里计算出的气孔包括与外界相通的气孔和包含在试样内部的闭口气孔。显然,有利于还原的是开口气孔,它越多则越利于还原。

8.3.3.3 冶金性能

随着炼铁技术的发展,不仅要求球团矿具有好的冷态强度,而且要求具备良好的热态性能,因此除了对球团矿的物理性能和化学成分进行常规检验外,还需对热态性能进行检测。主要检测内容包括:还原性、低温还原粉化性能、还原膨胀性、高温软熔特性等。

A 还原性

球团矿还原性是模拟炉料自高炉上部进入高温区的条件,用还原气体从烧结矿中排除与铁结合氧的难易程度的一种度量。它是评价球团矿冶金性能的主要质量标准。测定炼铁原料的还原性方法,目前有许多种类,由于所用的方法不同,使得还原研究的结果难以进行相互比较。还原度的计算是依据还原过程中失去的氧量与试样在试验前氧化铁所含的总氧量之比的百分数表示,据此原则有以下4种计算方法:

(1) 按还原过程中试样的失重;

(2) 按试验后试样中Fe的增量;

(3) 按还原后废气中CO_2的含量;

(4) 按试样在试验前后化学分析成分的变化。

经实验和分析认为:第2、3种计算方法的误差大,第4种方法所得结果较精确,第1种方法比较简便。工业生产测定中多用第1种计算法。

以下介绍3种模拟高炉还原过程的原料还原性测定方法:

(1) 国家标准(GB)检测方法。球团矿还原性标准检验方法(GB13241—1991)是一种称重测定还原度的方法。将一定粒度范围的试样置于固定床中,用CO和N_2组成的还原气体,在900℃下等温还原,以三价铁状态为基准,即假设铁矿石的铁全部以Fe_2O_3形式存在,并把这些Fe_2O_3中的氧算作100%,以还原180 min的失氧量计算铁矿石还原度(RI),以及当原子比O/Fe =0.9时的还原速率(RVI)来表示。

1) 还原装置。如图8-17所示,主要由还原气体制备、还原反应管、加热炉及称量天平四部分组成。还原气体是按试验要求在配气罐中配气,若没有瓶装CO气体,则可采用甲酸(HCOOH)法或高温(1100℃)碳转化法制取CO气体。反应管置于加热炉内,加热炉应保证900℃高温恒温区长度(高度)不小于200 mm,反应管为耐热不起皮的双壁管(图8-18),试样在反应管内,还原过程的失氧量通过电子天平称量(感量1 g)求得。

2) 试验条件。试验条件见表8-4。

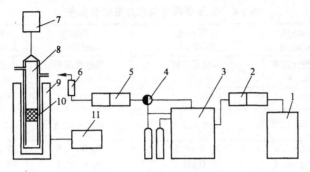

图 8-17 铁矿石还原装置

1—CO 发生器;2,5—气体净化器;3—配气罐;4—三通开关;6—流量;7—称量天平;
8—反应器;9—加热炉;10—试样;11—温度控制器

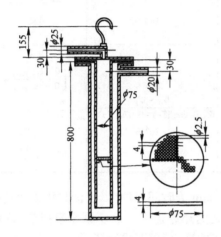

图 8-18 GB13241—1P91 双壁反应管

3）试验结果表示。

① 还原度计算。用下式计算时间 t 后的还原度 R_t。还原度指数 RI 是以三价铁状态为基准,t 为 180 min,用质量分数表示。

$$R_t = \left[\frac{0.11w(\text{FeO})}{0.43w(\text{TFe})} - \frac{m_1 - m_t}{m_0 \times 0.43\, w_{\text{TFe}}} \times 100 \right] \times 100\% \qquad (8\text{-}26)$$

式中 R_t——还原时间 t 的还原度,%；

     m_0——试样质量,g；

     m_1——还原开始前试样质量,g；

     m_t——还原 t 后试样的质量,g；

$w(\text{FeO})$——还原前试样中 FeO 的质量分数,%；

$w(\text{TFe})$——试验前试样的全铁质量分数,%；

     0.11——使 FeO 氧化到 Fe_2O_3 时,所必需的相应氧量的换算系数；

     0.43——TFe 全部氧化为 Fe_2O_3 时,含氧量的换算系数。

作还原度 $R_t(\%)$ 对还原时间 $t(\min)$ 的还原曲线图。

表 8-4　各国还原性测定方法的有关参数

项　目		国际标准 ISO4695	国际标准 ISO7215	中国标准 GB13241	日本 JIS-M8713	前联邦德国 V·D·E
设　备		双壁反应管 $\phi_内 75$	单壁反应管 $\phi_内 75$	双壁反应管 $\phi_内 75$	单壁反应管 $\phi_内 75$	双壁反应管 $\phi_内 75$
试样	质量/g	500 ± 1	500 ± 1	500 ± 1	500 ± 1	500 ± 1
	球团矿粒度 /mm	$10.0 \sim 12.5$	$10.0 \sim 12.5$	$10.0 \sim 12.5$	12.0 ± 1	$10.0 \sim 12.5$
还原气体	成分 $\varphi(CO)/\%$	40.0 ± 0.5	30.0 ± 0.5	30.0 ± 0.5	30.0 ± 1.0	40.0 ± 0.5
	$\varphi(N_2)/\%$	60.0 ± 0.5	70.0 ± 0.5	70.0 ± 0.5	70.0 ± 1.0	60.0 ± 0.5
	流量(标态)/ $L \cdot min^{-1}$	50	15	15	15	50
还原温度/℃		950 ± 10	900 ± 10	900 ± 10	900 ± 10	950 ± 10
还原时间/min		直到还原度60%最大240 min	180	180	180	直到还原度60%最大240 min
还原性表示方法		1. 失氧量-时间曲线 R_t 2. $\left(\dfrac{dR}{dt}\right)_{40}$	$R = \dfrac{W_0 - W_F}{W_1[0.43w_{(TFe)} - 0.112w_{(FeO)}]} \times 10^4\%$	$R_t = \left[\dfrac{0.11w_{(FeO)}}{0.43w_{(TFe)}} + \dfrac{m_1 - m_t}{m_0 + 0.43w_{(TFe)}} \times 100\right] \times 100\%$ $RVI = \left(\dfrac{dR}{dt}\right)_{40}$	同 ISO7215	同 ISO4695

② 还原速率计算。以 1 min 为时间单位,以三价铁状态为基准,球团矿在还原过程中单位时间内还原度的变化,称之为还原速率。而还原速率指数 RVI,是指原子比 O/Fe 为 0.9(相当于还原度 40% 时)的还原速率,用下式计算:

$$RVI = \frac{dR_t}{dt}(O/Fe) = \frac{33.6}{t_{60} - t_{30}} \qquad (8-27)$$

式中　t_{30}——还原度达 30% 时的时间,min;

　　　t_{60}——还原度达 60% 时的时间,min;

　　33.6——常数。

在某种情况下,试验达不到 60% 的还原度,此时用下式计算较低的还原度

$$RVI = \frac{dR_t}{dt}(O/Fe) = \frac{k}{t_y - t_{30}} \qquad (8-28)$$

式中　t_y——还原度达到 $y\%$ 时的时间,min;

　　　k——取决于 $y\%$ 的常数:

　　　　$y = 50\%$ 时,$k = 20.2$;

　　　　$y = 55\%$ 时,$k = 26.5$。

GB13241 国家标准规定,以 180 min 的还原度指数(RI)作为考核指标,还原速率指数(RVI)作为参考指标。还原度指数(RI)允许误差,对同一试样的平行试验结果的绝对值差,球团矿小于 3%。若平行试验结果的差值不在上述范围内,则应按 GB13241 标准方法中的附录所规定的程序重复试验。

（2）国际标准（ISO）检测方法。有 ISO4695 及 ISO7215 两种方法，ISO4695 采用双壁反应管、CO/N_2—40/60、流量 50L/min。ISO7215 采用单壁反应管（见图 8-19）、CO/N_2—30/70、流量（标态）15L/min。各国对铁矿石还原性测定方法并不完全相同。几种主要测定方法及有关设备、试验参数及指标见表4。

（3）Linder 法。20 世纪 50 年代末，R. Linder 提出模拟高炉还原过程测定矿石还原性及还原时强度的方法。该试验装置如图 8-20 所示。

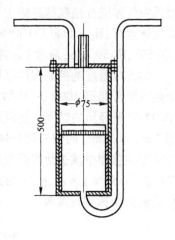

图 8-19 ISO7215 单壁反应管

还原罐置于卧式管炉中，将 500 g 的球团矿试样和 200 g 焦炭（粒度 30~40 mm）放入还原罐内。球团矿粒度则与高炉使用的相同。罐的转速为 30 r/min，还原气体的用量为每分钟 15 L。每一试验的还原气体总需要量为 4.5 m³。开始以高炉煤气经洗涤清除 CO_2 后作为还原气体，后改用 CO 气体发生器产生还原性气体。在还原

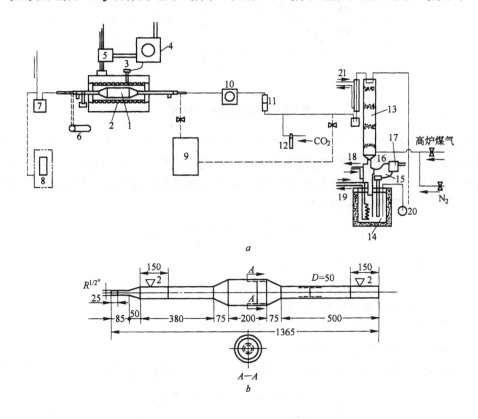

图 8-20 Linder 还原装置图

a—设备装置图；b—还原罐的尺寸（φ130 mm×200 mm）

1—还原罐；2—温度 1100℃（15 kW 电炉）；3—热电偶；4—温度调节器；5—0~380 V 继电器；
6—链式传动电动机；7—除尘器；8—自动气体分析器；9—奥氏气体分析器；10—气体总流量计；
11—气体瞬间流量计；12—毛细管式 CO_2 总流量计；13—洗涤器；14—绝缘容器；15—浸入式加热器；
16—接触温度计；17—离合替续器；18—倒流冷却器；19—冷却管；20—泵；21—煤气冷却器

过程中气体成分是模拟高炉上部不同高度水平面煤气中成分的变化而变化的。前2 h内还原气体含有：H_2 0.5%，CO 30%，CO_2 10%，N_2 59.5%；紧接的2 h内为：H_2 0.5%，CO 35%，CO_2 5%，N_2 59.5%；最后1 h内为：H_2 0.5%，CO 38%，CO_2 2%，N_2 59.5%。

试验时温度的控制程序见图8-21所示。从室温开始2 h升温到700℃，接着以较慢的加热速度升温到1000℃，总的还原时间为5 h，这相当于炉料在高炉内从加料到升温至1000℃时所经历的时间。还原冷却后将试样从罐中倒出，拣出焦炭，并求出它的质量损失。用3 mm和1 mm的筛子筛分试样，将除尘器中增加的质量加到小于1 mm的粒级中去，而后再从这一总和中减去焦炭质量的损失，作为小于1 mm的试样量。以小于3 mm和1 mm质量的产出率（%）表示还原时的粉碎程度。产出率可按试样中的总含Fe量或还原后的试样总质量为计算基础来表示。

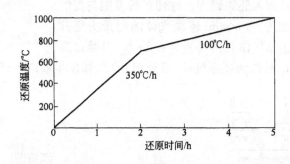

图8-21　还原试验升温特性

然后测定试验后试样的氧化度和在还原过程中形成小于1 mm和小于3 mm的细粒量。细粒量用以表示试样的机械强度，这样就可以了解高炉内炉尘的产出量。必要时可进行还原后出口气体中CO_2含量的连续自动分析，以检定沉析炭的生成和在不同温度下试样的还原速度。还原后试样氧化度的计算式为：

$$D = \left(1 - \frac{w(Fe^{2+})}{3w(TFe)} - \frac{w(MFe)}{w(TFe)} \right) \times 100\% \tag{8-29}$$

式中　　　　D——在1000℃时的氧化度，%；

　　$w(Fe^{2+})$——试验后试样中亚铁质量分数，%；

　　$w(TFe)$——试验后试样中全铁质量分数，%；

　　$w(MFe)$——试验后试样中金属铁质量分数，%。

若计算出的氧化度高，表示还原性差；反之，则表示还原性好，与前面所讲产品氧化度的意义相反。采用Linder法对几种球团试验的结果见表8-5。按Linder数据评价炉料的标准见表8-6。

表8-5　Linder法对几种球团试验的结果

产　品	还原后氧化度/%	还原时粉碎程度/%			
		按Fe重		按矿重	
		< 3 mm	< 1 mm	< 3 mm	< 1 mm
带式机球团矿（φ10 mm）	60	60	30	—	—
竖炉球团矿（φ20 mm，致密）	65	19	16	13	11
竖炉球团矿（φ20 mm，多孔）	47	50	48	34	33

表 8-6　Linder 数据评价炉料的标准

评　　价	还原后的氧化度/%	还原时粉碎程度(<1mm)/%	
		按 Fe 重	按矿重
最　优	<35	<40	<20
很　优	35～40	40～50	20～25
优	40～45	50～60	25～30
一　般	45～50	60～70	30～35
较　差	50～55	70～80	35～40
差	55～60	80～90	40～45
最　差	>60	>90	>45

B　还原粉化性能

球团矿进入高炉炉身上部在 500～600℃ 区间,由于受气流冲击及 $Fe_2O_3 \rightarrow Fe_3O_4 \rightarrow FeO$ 还原过程发生晶形变化,导致其粉化,直接影响炉内气流分布和炉料顺行。低温还原粉化性能的测定,就是模拟高炉上部条件进行的。低温还原粉化性能测定有静态法和动态法两种。测定还原粉化的方法,根据还原温度可分为低温(500℃)和高温(900～1000℃)两种。根据还原时物料的状态又有动态和静态之分。

(1)国家标准 GB13242 检测方法(静态法)。该方法是参照国际标准 ISO4696《铁矿石低温粉化试验——静态还原后使用冷转鼓的方法》制定的。将一定粒度范围的试样,在固定床中(500℃)用 CO,CO_2 和 N_2 组成的气体等温还原 60 min,经冷却后用转鼓(130 mm × 200 mm)转 10 min,从转鼓中取出试样,用 6.3 mm,3.15 mm,0.5 mm 的方孔筛筛分。用还原粉化指数表示铁矿石的粉化程度。

1)试验设备。本试验设备包括还原装置和转鼓两部分组成。还原装置同 GB13241,转鼓是一个内径为 ϕ130 mm、长 200 mm 的钢质容器,鼓内有两块沿轴向对称配置的提料板(200 mm ×20 mm ×2 mm),转鼓转速 30 r/min。

2)试验条件见表 8-7。

表 8-7　低温还原粉化率测定方法

项　　目		国际标准 ISO4696	国际标准 ISO4697	中国 GB13242	日本 JIS-M8714	美国 ASTME1072
设备	还原反应管/mm	双壁管 $\phi_内$ 75		双壁管 $\phi_内$ 75	双壁管 $\phi_内$ 75	双壁管或单壁管 $\phi_内$ 75
	转鼓尺寸/mm × mm	ϕ130 ×200	ϕ130 ×200	ϕ130 ×200	ϕ130 ×200	ϕ130 ×200
	转速/r · min⁻¹	30	10	30	30	30
试样	数量/g	500	500	500	500	500
	球团矿粒度/mm	10.0～12.5	10.0～12.5	10.0～12.5	12±1	9.5～12.5
还原气体	组成/% $CO/CO_2/N_2$	20/20/60	20/20/60	20/20/60	26/14/60,30/0/70	20/20/60
	流量(标态)/L · min⁻¹	20	20	15	20 或 15	
	还原温度/℃	500±10	500±10	500±10	550 或 500	500±10
	还原时间/min	60	60	60	30	60
	转鼓时间/min	10		10	30	10
	结果表示	RDI$_{+6.3}$ RDI$_{+3.15}$ RDI$_{-0.5}$	同 ISO 4696	RDI$_{+3.15}$考核指标 RDI$_{+6.3}$、RDI$_{-0.5}$ 参考指标	RDI$_{-3.0}$ RDI$_{-0.5}$	LTB$_{+6.3}$ LTB$_{+3.15}$ LTB$_{-0.5}$

3）试验结果表示。还原粉化指数（RDI）表示还原后球团矿通过转鼓的粉化程度。分别用转鼓后筛分得到大于6.3 mm、大于3.15 mm和小于0.5 mm的质量分数表示，用下列公式计算：

$$\text{RDI}_{+6.3} = \frac{m_{D_1}}{m_{D_0}} \times 100\% \tag{8-30}$$

$$\text{RDI}_{+3.15} = \frac{m_{D_1} + m_{D_2}}{m_{D_0}} \times 100\% \tag{8-31}$$

$$\text{RDI}_{-0.5} = \frac{m_{D_0} - (m_{D_1} + m_{D_2} + m_{D_3})}{m_{D_0}} \times 100\% \tag{8-32}$$

式中　m_{D_0}——还原后转鼓前试样的质量，g；

　　　m_{D_1}——转鼓后大于6.3 mm的质量，g；

　　　m_{D_2}——转鼓后3.15～6.3 mm的质量，g；

　　　m_{D_3}——转鼓后0.5～3.15 mm的质量，g。

本规定以大于3.15 mm粒级的含量$\text{RDI}_{+3.15}$作为低温还原粉化的考核指标，$\text{RDI}_{+6.3}$和$\text{RDI}_{-0.5}$为参考指标。

表8-7列出各国有关低温还原粉化测定的试验设备、试验参数和结果表示方法，与国际标准ISO4696比较，我国国家标准GB13242，仅还原气体流量由20 L/min变为15 L/min，其他参数完全相同。日本工业标准JIS-M8714时采用单壁还原管，在(500±10)℃下恒温还原30 min，以小于3 mm的粒度质量分数表示（$\text{RDI}_{-3.0}$）。

（2）国际标准ISO4697检测方法（动态法）。本试验方法是将试样直接装入转鼓内，在升温同时通入保护性气体（如N_2），转鼓转速10 r/min，当温度升至500℃时，改用还原性气体（$CO/CO_2/N_2$，20/20/60），恒温还原60 min，经冷却后取出，分别用6.3 mm、3.15 mm、0.5 mm的方孔筛分级，测定各粒度含量。试验结果表示同ISO4696标准。

试验结果表明，静态法与动态法都可用于评价铁矿石低温还原粉化性能，而且两种方法的测定结果，存在良好线性关系。

静态法与动态法比较具有如下优点：

1）静态法的还原可与还原性测定使用同一装置，气流分布均匀，测温点更接近试样的实际温度，误差小；

2）转鼓试验在常温下进行，密封性好，操作方便，试验结果稳定。

因此大多数国家采用静态还原后使用冷转鼓的方法（简称静态法）评价低温还原粉化性能。

C　还原膨胀性能

球团矿在还原过程中，由于Fe_2O_3-Fe_3O_4时发生晶格转变，以及浮氏体还原可能出现的铁晶须，使其体积膨胀。球团若出现异常膨胀将直接影响炉料顺行和还原过程，目前球团矿的还原膨胀指数已被作为评价球团矿质量的重要指标。

以相对自由膨胀率表示的球团矿膨胀性能的测定方法有多种，但无论哪种测定方法都应满足如下要求：(1)试样在还原过程中应处于自由膨胀状态；(2)应在900～1000℃下还原到浮氏体，进而还原成金属铁；(3)应保证在密封条件下，还原气体与球团矿试样充分反应；(4)能充分反应还原前后球团矿总体积的变化。世界各国球团矿自由膨胀率的测定方法列于表8-8。

表8-8 球团矿还原膨胀率测量方法

项　目		国际标准 ISO4698	中　国 GB13240	日　本 JIS-M8715	瑞　典 LKAB法	德　国 Lussion
装　置		竖式加热炉 反应管 $\phi_内$ 75 mm×800 mm 3层容器	竖式加热炉 反应管 $\phi_内$ 75 mm×800 mm 3层容器	卧式加热炉 反应管 ϕ 30 mm×360 mm 石英舟760 mm× 20 mm×5 mm	竖式加热炉 反应管 $\phi_内$ 75 mm×640 mm 3层容器	反应管 ϕ 60 mm×650 mm
试样	球团粒度/mm	10.0~12.5	10.0~12.5	>5	10.0~12.0	10.0~12.0
	球团数量/个	3×6	3×5	2×3	3×6或60 g	60 g
还原 气体	组成/% CO/N_2	30/70	30/70	30/70	40/60	40/60
	流量/L·min^{-1}	15	15	0	20	15
还原温度/℃ 还原时间/min		900±10 60	900±10 60	900±10 60	1000±5 15,40,70,120	900,950,1000 15,30,45,60,90
球团体积测定法		OKG法 排汞法	OKG法 排水法	排汞法	排汞法	直径法
试验结果表示		还原膨胀率/% $S_W =$ $\dfrac{V_1 - V_2}{V_0} \times 100\%$	还原膨胀率/% $RSI =$ $\dfrac{V_1 - V_2}{V_0} \times 100\%$	S_W	S_W	S_W

国家标准 GB13240 的检测方法是参照国际标准 ISO4698 拟定的。将一定粒度 10.0~ 12.5 mm 的铁矿球团矿,在 900℃下等温还原,球团矿发生体积变化,测定还原前后球团矿体积变化的相对值,用体积分数表示。测定步骤分为球团矿还原和球团矿体积测定两部分。

(1) 球团矿还原试验。采用 GB13241 还原性测定同一装置,同时,为保证球团矿在还原过程处于自由状态,管内分 3 层放置由不锈钢板制作的试样容器。随机取 10.0~12.5 mm 的无裂缝球 18 个,每层 6 个成自由状放在容器上(见图 8-22)。试验条件见表 8-8。还原结束后,用 N_2 冷却球团矿至 100℃以下,从反应管内取出还原球团矿,测定球团矿体积。

(2) 还原球团矿的体积测定。常用的有 OKG 法、排汞法、排水法。

1) OKG 法。先使球团矿表面形成一层疏水的油酸钠水溶液薄膜,并用煤油稳定这层薄膜后,分别测定球团矿在空气中和水中的质量,计算球团矿体积。这一测定方法按图 8-23 中的顺序进行。

① 把球团矿装在吊篮内,放入油酸钠的水溶液(浓度为 0.1mol/L)中浸泡 30min,然后取出球团矿用泡沫塑料吸去粘附在球团矿表面的残留物;

② 将已形成油酸钠薄膜的球团矿放入吊篮内,在煤油中浸泡 10s,以稳定油酸钠薄膜。自煤油中取出球团矿,同一方法除去球团矿表面的煤油残留物;

③ 将经油酸钠和煤油处理后的球团矿试样,在水中称出其质量 m_1 从水中取出球团矿试样,用同一方法除去表面的残留水,称出球团矿在空气中的质量 m_2,吊篮的质量为 m_3。

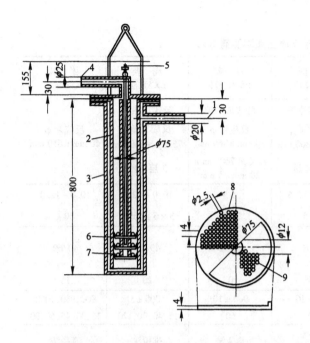

图 8-22　还原膨胀率的检验装置

1—气体入口;2—反应管内管;3—反应管外管;4—气体出口;
5—热电偶;6—支架;7—试验样品;8—放置钢丝
篮的多孔板设计;9—放置支架的多孔板设计

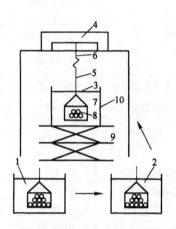

图 8-23　OKG 法操作程序

1—油酸钠水溶液;2—煤油;3—水;
4—天平;5—沉锤;6—钓鱼线;7—吊篮;
8—球团矿;9—支架;10—烧杯

用下式计算球团矿的体积 V:

$$V = \frac{m_2 - (m_1 - m_3)}{\rho} \tag{8-33}$$

式中　V——球团矿试样的体积,cm^3;

　　　m_1——吊篮和球团矿试样在水中的质量,g;

　　　m_2——球团矿试样在空气中的质量,g;

　　　m_3——吊篮在水中质量,g;

　　　ρ——测量温度下水的密度,g/cm^3。

OKG 法测量精度高,但操作比较复杂。

2)排水法。将球团矿试样直接浸泡在水中 20 min 后,称出球团矿试样在水中的质量 m_1。从水中取出球团矿试样用吸收器除去表面的残留水,然后称出球团矿试样在空气中的质量 m_2。用下式计算球团矿体积 V:

$$V = \frac{m_2 - m_1}{\rho} \tag{8-34}$$

式中　V——球团矿试样体积,cm^3;

　　　m_1——球团矿试样在水中的质量,g;

　　　m_2——浸水后球团矿试样在空气中的质量,g;

　　　ρ——测量温度下水的密度,g/cm^3。

3)排汞法。排汞法有容积法和重量法。容积法是以球团矿试样排除相同体积的水银计算球团矿的体积。重量法则是以球团矿试样在水银中所受浮力的大小计算体积。实践证明,排汞法和水浸法测定结果相近,但对于含有裂纹的球团矿,由于水银渗入会影响测定的准确性,而且水银对人体有害,排汞法逐渐被淘汰。

D 高温还原软化及熔融特性

球团矿和其他炉料一起降至高炉炉身下部受到煤气的还原,温度升高直至熔化。为了避免黏稠的熔化带扩大,造成煤气分布的恶化及降低料柱的透气性,应尽可能避免使用软化区间特别宽及熔点低的球团矿及其他炉料。高炉内软熔带的形成及其位置,对炉内气流分布和还原过程都将产生明显影响。为此,许多国家对铁矿石的软熔性能进行了广泛深入的研究。各种有关软熔性的测定方法相继出现。但到目前为止都还没有统一的标准,对软熔性的评价指标也不尽相同。一般以软化温度及软化区间、软融带的透气性、滴下温度及软融滴下物的性状作为评价指标。

(1)荷重软化——透气性测定。本试验方法模拟炉内的高温熔融带,在一定荷重和还原气氛下,按一定升温制度,以试样在加热过程中的某一收缩值的温度表示起始的软化温度,终了温度和软化区间,以气体通过料层的压差变化,表示熔融带对透气性的影响。

表 8-9 列出了各国软熔性的测定装置、试验参数和结果表示方法。这些方法共同特点是将试样置于底部带孔的石墨坩埚中,在规定的荷重条件下,在加热炉内按一定的升温程序加热,同时从下部通入还原气体至软化—熔融滴落状态。试验最高温度可达 1600℃,直至滴落终止。试验测定温度与收缩率、软融带的压力损失 Δp,还原度 R 的关系;测定滴落的温度区间以及收集滴落物进行化学成分和金相结构分析。

表 8-9 几种铁矿石荷重软化及熔滴特性测定方法

项　目		国际标准 ISO/DP7992	中　国 马钢钢研所	日　本 神户制钢所	德　国 亚琛大学	英　国 钢铁协会
试样容器/mm		ϕ125 耐热炉管	ϕ48 带孔石墨坩埚	ϕ75 带孔石墨坩埚	ϕ60 带孔石墨坩埚	ϕ90 带孔石墨坩埚
试样	预处理	不预还原	预还原度 60%	不预还原	不预还原	预还原度 60%
	质量/g	1200	130	500	400	料高 70 mm
	粒度/mm	10.0 ~ 12.5	10 ~ 15	10.0 ~ 12.5	7 ~ 15	10.0 ~ 12.5
加热	升温制度	1000℃恒温 30 min >1000℃,3℃/min	1000℃恒温 30 min >1000℃,3℃/min	1000℃恒温 60 min >1000℃,6℃/min	900℃恒温 >900℃,4℃/min	950℃恒温 >950℃
	最高温度/℃	1100	1600	1500	1600	1350
还原气体	组成/% CO/N$_2$	40/60	30/70	30/70	30/70	40/60
	流量/L·min^{-1}	85	1、4、6	20	30	60
荷重/98 kPa		0.5	0.5 ~ 1.0	0.5	0.6 ~ 1.1	0.5
测定项目		ΔH、Δp、T	ΔH、Δp、T	ΔH、Δp、T	ΔH、Δp、T	ΔH、Δp、T
评定标准		R = 80% 时 Δp R = 80% 时 ΔH	$T_{1\%,4\%,10\%,40\%}$ T_s、T_m、ΔT	$T_{10\%}$ T_s、T_m、ΔT	T_s、T_m ΔT	Δp-T 曲线 T_s、T_m、ΔT

注:$T_{10\%,40\%}$——收缩率 10%、40% 时的温度;T_s、T_m——压差陡升温度及熔融开始温度;ΔT——软熔区;Δp——压差;ΔH——形变量;R——还原度。

图 8-24 为荷重软化—熔滴试验装置简图。该装置包括如下主要组成部分:

1)反应管为高纯 Al_2O_3 管,试样容器为石墨坩埚,其底部有小孔,坩埚尺寸取决于试样质量,从 ϕ48 ~ ϕ120 mm,推荐尺寸 ϕ70 mm。装料高度 70 mm;

2)加热炉使用硅化钼或碳化硅等高温发热元件,要求最高加热温度可达 1600℃,并采用程序升温自动控制系统；

　　3）上部设有荷重器及荷重传感器记录仪；

　　4）底部设有集样箱，用于接受熔滴物；

　　5）设有温度、收缩率及气体通过料层时的压力损失等自动记录仪。

　　比较有代表性的是德国奥特福莱森研究院伯格哈特（O. Burghardt）等人研制的高温还原荷重——透气性测定装置（图 8-25）。该装置由加热炉、荷重器、反应管及料层压力差、料层收缩率记录仪组成。该装置采用带孔板的 $\phi125$ mm 的反应管，试样置于孔板上的两层氧化铝球之间，荷重通过气体活塞传给试样，还原气体经双壁管被预热后从孔板下部进入料层。反应管吊挂在天平上，还原过程的质量变化可以从天平称量读出。

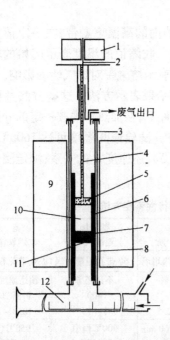

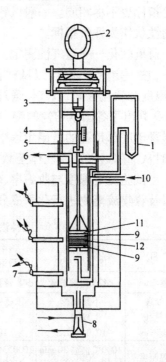

图 8-24　铁矿石熔融特性测定的试验装置
1—荷重块；2—热电偶；3—氧化铝管；4—石墨棒；
5—石墨盘；6—石墨坩埚，$\phi48$ mm；
7—焦炭（10～15 mm）；8—石墨架；9—塔墁炉；
10—试样；11—孔（$\phi8$ mm×5 mm）；12—试样盒

图 8-25　伯格哈特的高温还原荷重条件下料层
的透气性测定装置
1—压力表；2—秤；3—活塞气缸；4—料层高度；
5—活塞杆；6—气体出口；7—热电偶；8—活塞气缸；
9—氧化铝球；10—煤气入口；11—带孔压板；12—试样

　　测定条件：试样 1200 g，粒度 10.0～12.5 mm，还原气体 CO/N_2—40/60，流量 85 L/min，荷重 5 N/cm²，等温还原温度 1050℃（1100℃）。

　　试验结果表示方法：1）以还原度 80% 时收缩率（ΔH）和压差（Δp）作软化性评定标准；

2）以 $\left(\dfrac{\mathrm{d}R}{\mathrm{d}t}\right)_{40}$ 作为还原性的评定标准。

　　本试验能较好地模拟高炉生产，已由国际标准化组织修改，于 1984 年拟定 ISO/DP7992 铁矿石荷重还原——软化性的检测方法试行草案，其流量为 85 L/min，温度（1050±5）℃。

（2）荷重软化——熔滴特性测定。当炉料从软化带进入熔融状态时，试验温度仅为1050℃（或1100℃），已不能真正反应高炉下部炉料的特性。要求在更高温度（1500～1600℃）下，把测定熔化特性与熔融滴落特性结合起来考虑。

一般实验步骤如下：

1）将粒度合格的1000 g试样放在烘箱内于（105±5）℃烘120 min后放入干燥器备用。

2）先将焦炭装入石墨坩埚（高15 mm），称200 g矿样装入石墨坩埚（高50 mm）。再装一层焦炭（高25 mm）在矿样上。下焦层的目的是防止滴下孔被堵，便于铁水渗透；上焦层的作用是使荷重均匀分布，防止石墨压块上的出气孔被堵。将石墨坩埚放在石墨底座上。装好石墨塞压杆，压块，调整至石墨压块能顺利地在石墨坩埚内上下移动，装好滴落报警器。封好窥孔。

3）装上压杆及砝码。安装电感位移计并将电感位移计的输出毫伏调整到零（用数字万用表）。

4）接通气体管路及密封环圈的冷却水。检查空压机，煤气发生炉洗气系统，流量计，气体出口等是否正常，各部位密封是否良好。

5）开电源，开计算机，调32段可编程温度控制仪升温，500℃时开始通 N_2（5 L/min），900℃时通还原气体并点燃出口煤气。

6）计算机自动记录压缩量为10%，40%，ΔH_s 时相对应的温度及压差值。注意记下试样开始滴下时对应的温度及压差值。

7）听到滴落报警器报警后，将熔滴炉的电源切断。将压杆上提40 mm并加以固定。换气时先通 N_2（3 L/min），后停还原气体。冷却后旋转取样盘盖，收集滴落物。

8）取出压杆及石墨坩埚，观察滴落物的情况，记下观察结果。用磁铁将滴落物的渣、铁分离。

9）取出取样盘，观察滴落物情况，记下观察结果。用磁铁将渣铁分离并分别称重。

熔融滴落特性一般用熔融过程中物料形变量、气体压差变化及滴落温度来表示。暂时用下列指标来评价熔滴实验结果：

T_a：试样线收缩率达到4%时对应的温度（℃）称为矿石软化开始温度。

T_s：试样线收缩率达到40%时对应的温度（℃）称为矿石软化结束温度。

T_m：试样渣铁开始滴落时的温度（℃）称为矿石滴落温度。

Δt_{sa}：矿石软化温度区间，$\Delta t_{sa} = T_s - T_a$

ΔT_{ma}：矿石软熔温度区间，$\Delta T_{ma} = T_m - T_a$

Δp_{max}：实验过程中出现的最大压差。

这样便可根据温度的高低，相对比较各种矿石在高炉内形成软熔带的部位及各种矿石形成软熔带的厚度，从而比较各种矿石软熔性能的好坏。由此分析出各种矿石对高炉软熔带透气性的影响。

（3）其他方法简介。比利时对已知还原度的球团矿进行软化性能测定时，是将合格粒度的球团矿装入坩埚内，用标准法压紧。以50 mm直径的硅碳棒作压杆，荷重为2 kg/cm²。试样在通氮条件下加热到800℃，然后缓慢的升温。开始以每分钟5℃，然后升温速度下降到每分钟0.5℃而到达1350℃。图8-26为标准升温曲线。

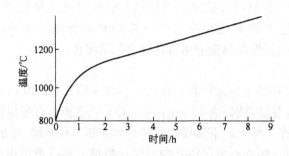

图 8-26　比利时实验室测定球团矿软化区间的标准升温曲线

规定收缩率 3% 及 25% 作为物料软化的开始及软化终点温度的收缩率。其收缩率或膨胀率均按照原始试样装入坩埚中的高度计算。由于软化温度随着还原度变化而变化，通常要绘出还原度与软化温度的曲线。

图 8-27 为两种球团矿的软化性能。a 球团矿较低的软化温度及较宽的软化区间导致高炉内较宽的黏稠熔化带，使炉身下部或炉腰部分产生较大的压降，这会使高炉悬料及结瘤。而 b 球团矿如还原时没有热裂或过分热膨胀则对高炉没有上述影响。

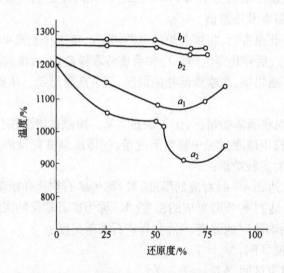

图 8-27　两种球团矿的软化温度与还原度的关系
a_1, b_1—软化开始温度；a_2, b_2—软化终了温度

瑞典 Linder 在对冷粘结球团及其他球团矿的软化温度进行比较时，采用的软化测定设备见图 8-28。

升温制度以每小时 400℃ 上升到 1000℃，然后以每小时 150℃ 进行测定。当收缩达 3% 时的温度为软化开始温度（$t_{30\%}$），一般要求 $t_{30\%}$ 愈高愈好，而 $t_{30\%} - t_{3\%}$ 越小越好。

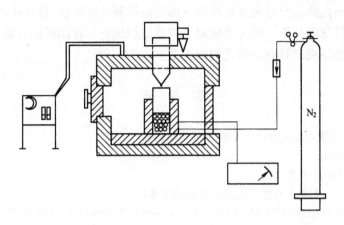

图 8-28　Linder 法球团矿软化温度测定装置

　　日本在研究烧结矿与球团矿超过 1100℃的软化及熔化性能时,使用 ϕ75 mm 氧化铝管,试验最高温度为 1400℃。试样放入石墨坩埚内,样重为 500 g,粒度为 10.0～12.5 mm,煤气成分 40% CO、60% N$_2$,在流量为 15 L/min,荷重 1.0 kg/cm^2 下按高炉相似条件加热。试样的收缩和膨胀及压降变化均自动记录。试验结果表明,自熔性烧结矿在 1400℃收缩率仍很小,随碱度的提高,收缩率及压降减小至碱度 1.5 以后不变。收缩率与脉石的熔点有密切关系。同时证明预还原对原料的软化性能有十分显著的影响。烧结矿及球团预先还原不好,含有较多的 FeO,将降低软化温度及透气性。图 8-29 为测定矿石熔融试验设备示意图。该装置采用高 110 mm、ϕ48 mm 的石墨坩埚,底部有 5 个 ϕ8 mm 孔。试样按照 JIS 测定还原度试验方法准备,还原时间分别为 1 h、1.5 h、3 h,取 120 g 放入坩埚内,试样底层及顶层放入粒度为 10～15 mm 的焦炭 40 g。坩埚坐在石墨支架上,放入整个反应器内,由汤姆炉加热。加热及荷重曲线见图8-30。坩埚保持中性气氛(每分钟1 L N$_2$)直到1200℃,超过此温度通以

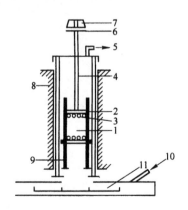

图 8-29　熔化温度测定装置
1—试样;2—石墨坩埚;3—焦炭粒;4—石墨杆;
5—气体出口;6—热电偶;7—荷重;8—汤姆炉;
9—石墨支架;10—气体入口;11—取样盘

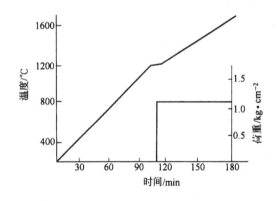

图 8-30　加热及荷重曲线

还原气体(2 L/min),熔化产品由放在坩埚下部的集样器分别接收,将试样冷却、破碎、磁选,对非磁性产品进行化学分析。通过本试验可以确定烧结矿和球团矿的开始熔化温度以及熔化温度与它们的还原度和脉石成分之间的关系。

<h1 align="center">思 考 题</h1>

1. 球团生产中,需要测量的工艺参数有哪些,一般如何测量?
2. 简述核子秤工作原理。
3. 如何实现球团配料的自动控制?
4. 铁矿球团质量检测一般包含哪些内容,具体指标有哪些?
5. 试述我国球团矿质量标准 GB13240—1991、GB13241—1991 和 GB13242—1991 的主要工艺参数及检测结果的表示方法。
6. 简述球团矿软熔性能测定主要指标及测量方法。

9 二次含铁原料球团技术

9.1 硫酸渣球团

随着我国经济的快速增长,冶金、化工工业发展迅猛,各种固体废弃物的产出量也随之增加。累积库存和新增的可利用含金属固体废物量日益增大。不仅占地多、严重污染周边环境,而且浪费了大量二次资源。据统计,我国历年堆放的各种黑色金属冶金渣一项即约有2亿多吨,占土地近2万亩,每年仍有近几千万吨的新渣弃置渣场。而且废渣中尚含有5%~10%的废金属资源。因此,含金属固体废物的综合利用意义重大、影响范围广,有良好的社会效益和经济效益。虽然近年来我国在该类固体废物的综合利用方面取得了较大进展,但同发达国家相比仍有较大差距,需加强这一领域的技术研究与开发。

硫铁矿是我国生产硫酸的主要原料,硫酸工业产生的主要固体废物有硫铁矿烧渣、水洗净化工艺废水处理后的污泥、酸洗净化工艺含泥稀硫酸以及废催化剂,由于技术工艺水平落后,小型生产企业多,致使硫酸工业成为我国化工污染较重的行业之一。

9.1.1 硫酸渣来源及化学组成

A 硫铁矿烧渣的来源

硫铁矿烧渣是生产硫酸时焙烧硫铁矿产生的废渣,当前采用硫铁矿或含硫尾砂生产的硫酸约占我国硫酸总产量的80%以上。以硫铁矿为原料接触法生产硫酸,主要有原料、焙烧、净化、转化、吸收五道工序,按照净化工艺流程分为干法、湿法两大类。硫铁矿主要由硫和铁组成,伴有少量有色金属和稀有金属,生产硫酸时其中的硫被提取利用,铁及其他元素转入烧渣中,烧渣是用来炼铁、提取有色金属和制造建筑材料的重要资源。此外,生产废水中还含有大量的矿尘及As、F、Pb、Zn、Hg、Cu等物质,酸洗工艺还排出少量含泥污酸。目前,我国硫酸工业中采用的硫铁矿原矿,含硫量多低于35%,由于含硫量低,杂质含量高,给工业生产带来了较大的困难。

B 硫铁矿烧渣的组成

不同来源的硫铁矿焙烧所得的矿渣组分不同,但其组成主要是三氧化二铁、四氧化三铁、金属硫酸盐、硅酸盐和氧化物以及少量的铜、铅、锌、金、银等有色金属。表9-1给出了我国部分硫酸企业硫铁矿烧渣的化学组成。

表 9-1 我国部分硫酸企业硫铁矿烧渣的化学组成 （%）

企业名称	TFe	Cu	Pb	S	SiO_2	Zn
大连化工化肥厂	35.0			0.25		
铜陵化工总厂	59.0~63.0	0.20~0.35	0.015~0.04	0.43	10.06	0.04~0.08
吴泾化工厂	52.0	0.24	0.054	0.31	15.96	0.19

企业名称	TFe	Cu	Pb	S	SiO$_2$	Zn
四川硫酸厂	53.7		0.054	0.51	18.50	
杭州硫酸厂	48.8	0.25	0.074	0.33		0.72
衢州化工厂	42.0	0.23	0.078	0.16		0.095
广州氮肥厂	50.0			0.35		
宁波硫酸厂	37.5			0.12		
厦门化肥厂	36.0			0.44		
南化氮肥厂	45.5			0.25		
广东南海化工厂	34.19			1.59		
杭州某硫酸厂	51.99			2.59		
湛江某化工厂	40.62			1.24		
山东某化工厂	51.00			1.14		
马鞍山某化工厂	39.70			0.45		
苏州硫酸厂	53.00	0.46	0.076	0.77	12.06	0.20
淄博硫酸厂	52.35			1.88	11.03	
荆襄磷化工公司	45.87				27.16	
南京化工公司	54.98			1.11	8.25	
宝鸡地区	38.0~47.0	0.18~0.50	0.12~0.20	1.0~2.2	25.0~37.0	0.02~0.60

单位硫酸产品的排渣量与硫铁矿的品位及工艺条件有关。在相同的工艺条件下，硫铁矿品位越高，排渣量越少，反之则高。当其含硫量为30%左右时，生产1 t硫酸的矿渣约为0.7~1.0 t。

9.1.2　硫酸渣综合利用状况

硫铁矿烧渣相对于一些含重金属剧毒物的铬渣及某些有机废渣，对环境的危害程度较小。但在堆积过程中，其细微粉尘遇风飞扬，形成红灰四处弥漫，污染空气；下雨时，废渣中的粉尘随雨水淋洗进入河道，形成铁锈红色带。硫铁矿烧渣在水溶液中浸泡后的组分，对环境所造成的危害并不太大，其原因是由于在硫铁矿烧渣中，对环境构成威胁的有害组分含量甚微，且大多为不溶物。但某些高砷硫铁矿生产硫酸时所得的烧渣含有较高的砷，必须进行妥善的堆存处理，以免对环境造成危害。

据统计，目前我国硫酸工业排放的硫铁矿烧渣每年在1300万t左右，除了总量的10%左右供水泥及其他工业作为辅助添加剂外，大部分未加利用，占用了大量的土地，造成环境污染。国外黄铁矿年产量约为1000万~1200万t，主要用于生产硫酸。

目前对硫酸渣的综合利用主要有以下几个方面：

（1）硫铁矿烧渣制矿渣砖。将消石灰粉（或水泥）和烧渣混合成混合料，再成型，经自然养护后即制得矿渣砖，其成本比黏土砖低20%，质量相近。硫铁矿烧渣制砖方法，分蒸养制砖和非蒸养制砖，主要取决于原料烧渣和辅料特性。上海硫酸厂使用含氧化铝活性组分较低的矿渣，配以煤渣、煤灰和石灰石等辅料，采用蒸汽养护技术，制成蒸养砖。

（2）磁选、重选铁精矿。磁选铁精矿其生产工艺过程为：将矿渣收集到储料仓，经圆盘给料机自动计量后加入球磨机，同时加水研磨至一定粒度，料浆流到缓冲槽，同时控制不间断的搅拌，再以适当流量送入磁选机进行磁选，铁精矿中夹带的泥渣经水力脱泥后，送至成品堆场。尾矿和冲泥水送污水处理站处理，废渣可送水泥厂作为原料使用。其工艺控制条件为：原矿渣含铁量为 42% ~ 48%，原矿渣含硫量小于 0.5%，配浆浓度为 10% ~ 20%，料浆粒度小于 200 目占 80%，成品铁精矿含铁量为 55% ~ 60%，成品铁精矿含硫量小于 0.3%，成品铁精矿收率大于 60%。

磁选硫铁矿烧渣回收其中铁的工艺成本较高，且产量受矿种及操作条件影响较大，因此采用重选方法综合利用硫铁矿烧渣更具有一定的意义。烧渣经过重选，可将精铁矿含铁量提高到 55% ~ 60%，而且含磷在 0.04% 以下，含 SiO_2 在 10% ~ 16%。其产品供炼铁厂使用，重选尾矿送水泥厂做添加剂。

（3）回收硫酸渣中有色金属。该法的基本原理是将硫酸渣与氯化钙均匀混合制成球团，在高温下焙烧，废渣中的有色金属生成金属氯化物，以蒸气形式随烟气排出，然后用水吸收，回收有色金属氯化物，回收有色金属后的硫铁矿烧渣可作为炼铁原料。经过氯化焙烧处理，硫铁矿烧渣中的有色金属的回收率可达到 90% 左右。

（4）其他综合利用途径。利用硫酸渣代替铁矿粉作为水泥烧成的助熔剂。用硫铁矿烧渣代替铁矿粉作为水泥烧成的助熔剂时，烧渣中铁和硫的含量均能满足工业的要求，可有效降低水泥成本，水泥生料的烧渣掺入量约为 3% ~ 5%。

此外，世界各国如西班牙、德国、意大利、日本、葡萄牙、捷克斯洛伐克等均十分重视对硫酸渣的综合利用，并有专门处理厂，西班牙和日本等国对硫酸渣的综合利用率达到 100%。国外对硫铁矿烧渣综合利用的方法主要有：磁化焙烧—磁选—球团法；中温氟化—浸出—烧结法；盐酸浸出—氟还原—铁粉法；还原挥发—金属化球团法；氯化挥发—沸腾炉法等。

9.1.3 硫酸渣球团工艺

硫酸渣球团是当前国内外积极发展的一种硫酸渣综合利用技术。为保证球团质量，在对硫酸渣进行分选提纯的基础上，生产出铁、硫含量等符合冶炼要求的硫酸渣精矿，而后再将其成型、焙烧成为可供高炉冶炼用的球团矿。该项技术通常由两部分组成。

9.1.3.1 硫酸渣分选提纯

硫酸渣分选提纯及其球团工艺技术，目前国内具有代表性的是武汉科技大学于 2000 年开发出的硫酸渣综合利用新工艺以及与该工艺相匹配的专用设备——超极限螺旋溜槽。该项技术已于 2001 年投入工业化应用，显示出了良好工业生产效果。其主要技术特点是：

（1）分选提纯工艺特点。硫酸渣分选工艺由单一的超极限(h/D)螺旋溜槽构成。其具体工艺过程是：首先将硫酸渣制备成浓度为 15% ~ 25% 的悬浮矿浆，直接给入第一段粗选作业，获得的尾矿直接抛尾，粗精矿则进入第一次精选，一次精选的精矿进入第二次精选，获得最终精矿，其尾矿进入扫选，扫选尾矿和第一次精选尾矿与粗选尾矿合并成为最终尾矿，最终尾矿送水泥厂作水泥掺和料使用。工艺流程如图 9-1 所示。该工艺具有以下明显特点：1）工艺流程简单，操作简便，运行成本低，所获产品指标稳定；与传统方法相比，精矿品位可提高 3% ~ 5%，金属回收率提高 10% ~ 15%；2）可有效排除精矿产品中的 S 含量，当原渣中 S 含量为 1% ~ 2.5% 时，最低可降至 0.13%；3）不涉及高温热工；4）能实现无尾生产,不产生二次环境污染。

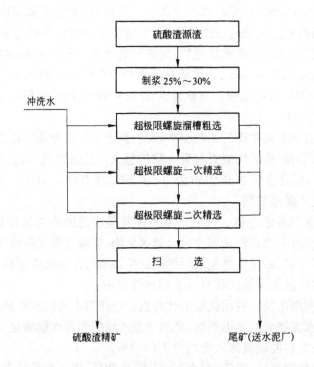

图 9-1　硫酸渣分选工艺流程

（2）主体设备超极限（h/D）螺旋溜槽的技术特点:1）采用了 0.36 的超极限距径比设计。设计上突破了距径比不能小于 0.45 的传统理论极限,具有操作便利,低耗、高效特性,在增大螺旋槽直径后仍可对微细粒物料进行有效回收,提高了小密度差硫酸渣的分选效率;2）增加了横向冲洗水的设计。采用该设计后提高了单机富集比,更适合于处理硫酸渣和其他低品位尾渣的资源化处理;3）采用了 1500 mm 的大直径设计。单机设计处理能力是传统 LL 螺旋溜槽最大规格 1200 mm 螺旋溜槽处理能力的 2 倍。超极限螺旋溜槽如图 9-2 和图 9-3 所示;硫酸渣精矿产品指标见表 9-2。

表 9-2　硫酸渣精矿产品指标　　　　　　　　　　　　　（%）

名　称	产率	TFe/品位	TFe 回收率	硫品位	硫回收率
金　矿	53.00 ~ 63.50	61.50 ~ 63.10	64.03 ~ 79.86	0.15 ~ 0.20	15.90 ~ 6.83
尾　矿	47.00 ~ 36.50	37.42 ~ 29.91	35.97 ~ 20.14	0.89 ~ 4.75	84.10 ~ 93.17
原　矿	100.00	48.90 ~ 54.20	100.00	0.50 ~ 1.86	100.00

9.1.3.2　硫酸渣球团工艺

A　造球原料

硫酸渣球团生产的主要原料是:硫酸渣精矿、钢渣超细粉以及膨润土。其原料的物化指标见表 9-3。

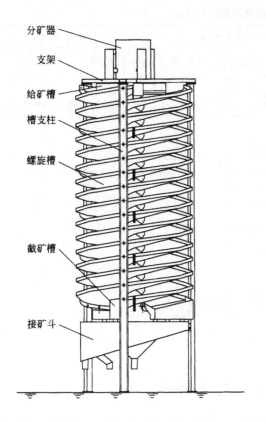

图 9-2 超极限 (h/D) 螺旋溜槽结构图

分矿器
支架
给矿槽
槽支柱
螺旋槽
截矿槽
接矿斗

图 9-3 超极限 (h/D) 螺旋溜槽工业机

表 9-3 原料的物化指标 (%)

原料名称	TFe	FeO	SiO$_2$	Al$_2$O$_3$	CaO	MgO	S	P	烧损	粒度
硫酸渣精矿	64.27	2.59	15.67	2.91	3.61	1.90	0.21	0.048	0.59	(-200目)85
超细钢渣	63.18	26.17	5.28	0.80	3.10	2.17	0.19	0.02	—	(-650目)100
膨润土	—	—	52.95	36.14	3.62	3.51	0.012	0.033	4.92	(-200目)95

上述原料中的硫酸渣精矿是对硫酸渣原渣进行分选提纯后获得的产品;超细钢渣是冶金企业处理钢渣过程中的副产品,钢渣经 JFM 飓风自磨机磨矿后,得到细度为 -650 目达100%的超细微粉,可作为提高水泥标号的添加剂;黏结剂是经改性后的钠基膨润土。后两者的使用比例分别为 5.0% 和 2.5%。

B 硫酸渣球团工艺

硫酸渣在经高温焙烧后,其表面活性降低,成球性低于普通铁精矿。为解决这一问题,该球团技术中采用超细钢渣作为添加剂,采用经改性的钠基膨润土作为黏结剂进行造球。实践表明,这一措施是可行的。在添加适量超细钢渣和膨润土后,可明显改善生球的成球性及生球和成品球的强度,同时球团的焙烧性能和冶金性能均得到改善。硫酸渣球团工艺流程示意图见图 9-4,产品各项指标见表 9-4。

表9-4　硫酸渣精矿球团的性能指标

物理性能					冶金性能						化学成分			
焙烧温度/℃	焙烧时间/min	抗压强度/N·个$^{-1}$	转鼓(+6.3 mm)/%	转鼓(-0.5 m)/%	RI/%	RDI$_{-3}$/%	RDI$_{-0.5}$/%	T_s/℃	T_d/℃	ΔT/℃	TFe/%	FeO/%	S/%	P/%
1200	45	3500	95.00	3.39	71.50	6.60	6.30	1050	1160	110	62.10	1.87	0.009	0.016

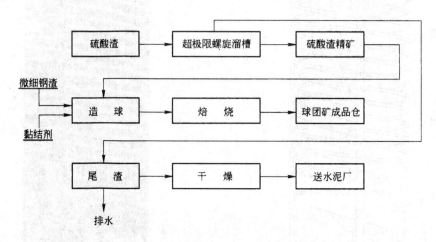

图9-4　硫酸渣精矿球团工艺流程示意图

　　在上述工艺过程中,超细钢渣对硫酸渣球团质量有着至关重要的影响。其影响有两个方面:(1)微细颗粒的填隙、架桥作用提高了生球落下和干球抗压强度。经检测,超细钢渣比表面积高达7000 cm^2/g,具有极高的表面活性。在硫酸渣球团中适量加入,具有很好的填隙作用。当球粒随造球机运动产生颗粒间位移时,这些微细颗粒的润滑作用稳定了造球,提高了干球的抗压强度。(2)超细钢渣晶体缺陷引起的系统自由能降低,促使形成大而稳定的晶体聚集体,提高了成品球抗压强度。超细钢渣进入球团后,高度分散且具有严重晶体缺陷和极大表面能的晶体粉末处于不稳定状态,具有极强的降低其能量的趋势,当达到某一温度后,便呈现出强烈的扩散位移,使晶体缺陷得以矫正,微小晶体粉末聚集成较大的晶体颗粒,而成为活性较低和稳定的晶体,球团致密化程度加强,成品球的抗压强度明显提高。当焙烧温度为1200℃时,成品球的抗压强度可达到3500 N/个以上。从上述结果还可看出,超细钢渣对改善硫酸渣球团的冶金性能同样具有重要作用。其还原率(RI)大于71.5%,并有较窄的软化温度区间,完全能满足高炉生产要求。

9.2　电炉尘冷压团

　　国外电弧炉炼钢发展很快,本世纪将有取代转炉炼钢的趋势。尽管如此,电弧炉炼钢粉尘的处理却是长期困扰该工艺发展的一大难题。通常对电弧炉粉尘的处理是采用传统的填埋弃置,这种方法易被雨水或地下水侵蚀,对环境造成污染。碳钢粉尘的处理方法已有资料较多,主要集中于粉尘中铅锌的回收,而不锈钢和特种钢粉尘处理的资料极少,它们除含铅锌外还含有大量的镍铬,这使有价金属的综合处理回收复杂化。

　　我国电弧炉炼钢起步较晚,从20世纪90年代初开始从国外引进技术,目前仍不具备大型直流电弧炉炼钢的开发和设计能力,许多设备和材料仍需从国外进口。另一方面,在电弧炉粉尘的环保立法上也不及国外完善。我国于1999年底已完成平炉改转炉即所谓的"平改转"工程,但转炉炼钢与电弧炉炼钢相比,无论在技术、经济或产品质量上均有很大差距,尤其在不锈钢和特种钢方面差距更为明显。因此,电弧炉炼钢取代转炉炼钢又将成为新一轮的炼钢工艺革命。显然,随之而来的对电炉粉尘的处理问题也将成为新的研究热点。

9.2.1　电炉尘的来源及化学成分

A　电炉尘的来源

　　电炉尘是电弧炉炼钢过程中产生的粉尘,通常粉尘的产出量是电弧炉炼钢装炉量的1%~2%。粉尘中除含铁外,还含有铅、锌、铬和镍等金属元素。这些元素一般以氧化物的形式存在,含量则由冶炼钢种而定,碳钢或低合金钢冶炼过程中产出的粉尘主要含有铅和锌,不锈钢或特种钢冶炼粉尘主要含铬和镍。美国环保局(EPA)曾对电弧炉粉尘进行过有关毒性的浸出试验(TCLP),其中铅、镉和铬不能通过环保法标准。因此,电炉粉尘被分类为有害废物。

B　电炉粉尘的化学组成

　　电炉粉尘成分波动较大,不同来源不同时间,其成分有不同的变化,主要取决于电炉熔炼物料的成分。表9-5给出了我国几个典型企业的电弧炉粉尘化学组成。

表9-5　电弧炉粉尘化学成分　　　　　　　　　　　　　　(%)

元　素	厂例一	厂例二	厂例三	厂例四	厂例五
Al	2.39	0.31	0.21	0.32	0.81
Ca	10.60	4.03	0.29	0.50	3.85
Cu	0.24	0.16	0.26	0.10	0.19
Cr	5.99	10.93	10.88	10.61	9.60
Fe	25.17	37.96	35.80	36.65	33.86
K	0.29	0.36	0.58	0.60	0.46
Mg	1.51	1.53	2.15	1.21	1.60
Mn	2.07	3.32	4.73	3.06	3.30
Na	2.04	1.18	3.34	0.45	1.75
Ni	1.71	3.77	2.67	3.89	3.01
P	0.02	0.03	0.27	0.13	0.11
Pb	0.11	0.07	0.52	0.28	0.24
Si	9.31	2.29	2.20	2.40	4.05
Ti	0.58	0.17	0.04	0.07	0.21
Zn	0.87	1.20	3.86	0.77	1.67
Cd	37.50×10^{-4}	107.50×10^{-4}	43.75×10^{-4}	350.00×10^{-4}	134.69×10^{-4}

9.2.2　电炉粉尘综合利用状况及措施

　　电弧炉粉尘的处理和综合利用一直受到世界各国的关注,希望开发出经济环保型的实用技术。国内外处理电弧炉粉尘的方法主要是针对碳钢粉尘,它们可分类为火法、湿法和火法与湿法相结合,以及固化或玻化等处理方法,其中IMS、Elkem、Hi-Plas和Oregon现已淘汰。IMS 技术为美国开发的一种提取金属锌的火法过程,但因技术经济问题而使已生产的厂家关闭。Elkem 和 Hi-Plas 因技术不成熟难以投入实际应用,Oregon 因运行费用过高均已停止使用。固化法是处理电炉粉尘的一种直接、简单和较为奏效的方法,并能满足环保要求。但粉尘中的有用金属资源并未实现综合利用,且会在一定程度上造成二次污染。目前研究较多的方法是直接将粉尘返回电弧炉冶炼中,将粉尘中金属还原,以合金元素回收于钢液中,即直接还原回收。

目前对电炉粉尘的综合利用主要有以下一些方法。

A　已成熟的技术

两段和一段 Waelz 窑　两段 Waelz 窑技术在美国和墨西哥等地被采用,它是一种标准的处理粉尘的生产过程,可处理 80% ~ 85% 的碳钢冶炼粉尘。生产中首先将粉尘加入第一段窑,锌、铅、镉和一些氯化物被分离,而产出的无毒产品如铁等返回电弧炉,第一段窑产出的尘送入第二段窑产出低纯度氧化锌和铅、镉氯化物。欧洲和日本采用一段 Waelz 窑,实际上它与两段 Waelz 窑的第一段相同,产品为铅和锌金属或锌化合物作肥料添加剂,在日本还增加了一段去氟、氯过程。

火焰反应器　火焰反应器为一旋风炉,将细小干燥的电弧炉粉尘加入炉内,并鼓入氧气燃烧炉内的焦炭或煤粉,产出含铅、镉和卤化物的氧化锌初级产品,同时产出满足环保要求的富铁玻璃炉渣。这一反应器因运行费用较高,难以推广。

ZTT　Babcock Internetional 公司在原有 ZIA 基础上开发设计出 ZTT 技术。ZTT 为一回转窑,经制粒后的电弧炉粉尘加入窑中并同时加入焦炭或煤作为锌氧化物的还原剂,含铅、镉和卤化物的氧化锌于炉尾收集后去除卤化物,得低等级氧化锌出售给炼锌厂,所得的副产品复合盐可作润滑液添加剂,产出的金属铁返回电弧炉回收。这一技术比 Waelz 窑经济合理,它产出的是金属态铁和高附加值的副产品,而 Waelz 窑只能产出弃渣。

MR/Electrothermic　日本利用原有的炼锌设备开发了这一技术,产品为含锌中间产物氧化锌,进一步冶炼回收锌。MR/Electrothermic 并未得到推广应用,主要原因是要求昂贵的特殊冶金设备。

MRT　MRT 是北美的第一个湿法冶金处理过程,采用氯化氨溶液浸出粉尘使大部分锌、铅、镉溶解进入溶液,含铁浸出渣经洗涤过滤后回收,用锌粉置换浸出液获铅和镉初级金属产品,纯净溶液送结晶器产出高纯氧化锌,氯化氨结晶母液浓缩后返回浸出。1995 年后,MRT 进一步改善,加入了火法流程,回收电弧炉粉尘中的铁。

Laclede　Laclede 过程十分简单,将电弧炉粉尘和还原剂加入一密封电炉,在金属还原蒸气的不同阶段回收锌、铅和镉,铁渣可达环保标准填埋弃置。这一方法主要存在的问题是产出的金属锌质量较差。

BZINEX　意大利开发一湿法流程处理电弧炉粉尘,采用氯化氨溶液浸出粉尘中的锌、铅和镉等氧化物,用锌粉置换浸出液获铅和镉,电积溶液得电锌,浸出渣干燥后配入煤粉制粒加入电弧炉回收铁,钾、钠氯盐蒸发结晶后出售,整个过程无任何废料弃置。

Super Detox　1995 年美国环保局声称经 Super Detox 处理的电弧炉粉尘可填埋弃置。Super Detox 过程是将粉尘与铝和硅氧化物、石灰以及其他添加剂混合,使重金属离子沉积于铝和硅氧化物之中。处理后的粉尘可通过浸出试验,这一技术现已在 Ohio 和 Idaho 州被采用。

Ausmelt　Ausmelt 为流态化床技术,熔点、氧气和煤粉直接注入液态炉渣,第一炉中熔化电弧炉粉尘,第二炉中还原铅、锌、镉等氧化物并使之进入烟气后在布袋收集,产出的最终炉渣达环保标准弃置。

B　新开发的技术

MetWool　MetWool 是一种火法冶金过程。首先混合电弧炉粉尘、其他废料和熔体后压团,球团经干燥后与还原剂一同加入冲天炉,从气相中收集铅、锌、镉的氧化物,并产出白口铁和低铁炉渣。此方法已完成实验室和小型工业实验。

Enviroplas　电弧式等离子炉和浓缩器是这一技术的关键设备。湿法冶金去除氟、氯后的电弧炉粉尘经干燥与焦炭一同从空心石墨电极加入等离子电弧炉,铅、锌、镉等氧化物还原后挥发,经浓缩得金属锌,无害炉渣可弃置。现已完成实验室实验并设计了小型工厂,但浓缩器效率存在某些问题仍需进一步研究。

AllMet　AllMet 是又一种等离子技术的应用,它可产出高附加值的产品。电弧炉粉尘以及其他钢铁厂的废料与还原剂混合后制粒,采用回转窑预还原产出金属铁和碳化铁以进一步回收。锌同时被还原与再氧化为含铅和卤的氧化物,这一氧化物与碳一同加入等离子炉还原为锌、铅和镉金属以及含卤蒸气,蒸气经浓缩后得金属锌和钾、钠、氯盐熔体。这一方法已完成技术经济评价,正在协商投入运行。

IBDR—ZIPP　IBDR—ZIPP 采用与前述的不同形状和类型的等离子炉。压团后的电弧炉粉尘与焦炭一同加入炉中,铁的氧化物还原为生铁回收,锌从烟气中回收出售,炉渣达环保标准弃置。这一方法已于 1997 年在加拿大投入生产,可年处理 77000 t 粉尘。

ZINCEX　西班牙在传统的锌电积技术基础上开发了 ZINCEX 湿法冶金处理电弧炉粉尘,采用硫酸浸出锌、镉氧化物和卤化物,经净化后电积得产品电锌,从净化渣中提镉,从浸出渣中提铅,电解废液可返回浸出。这一方法已在西班牙北部投入运行,可年处理 80000 t 电弧炉粉尘。

Rezade　法国采用湿法冶金方法处理电弧炉粉尘,强酸浸出后用锌粉沉积除去铅、镉,电积产出锌粉,浸出渣返回电弧炉回收金属,卤盐混合物出售。现已完成实验工作,生产车间正在设计和建设中。

Cashman　Cashman 为盐酸高压浸出湿法流程,这一方法借用于处理含砷矿和炼铜粉尘,浸出液经锌粉除杂后产出高纯氧化锌,浸出渣除锌后生产氧化铁或金属铁,净化渣用于回收铅和镉。现已完成实验室和小型中试,处于设计阶段。

Terra Gaia　加拿大开发出三氯化铁高压浸出电弧炉粉尘的湿法流程,往浸出液中鼓入 H_2S 使锌以 ZnS 沉淀送锌冶炼,含铁浸出渣回收铁,铅以 $PbCl_2$ 或 PbS 结晶回收,浸出液可循环使用。这一方法现已完成实验研究和中试。

以上所有处理电弧炉粉尘的方法主要是针对碳钢生产过程产出的粉尘。不锈钢和特种钢粉尘中主要含镍、铬,而铅、锌的含量较低,而上述诸方法并不适用。

9.2.3　不锈钢电炉尘冷压球团工艺

不锈钢和特种钢电弧炉粉尘的处理方法通常有以下几种:

(1) 等离子法。等离子炉加热迅速并可达到相当高的温度,10000 K 或更高。将电弧炉粉尘与碳加入炉中,超过 90% 以上的金属氧化物可迅速还原。目前世界上仅有几台这样的等离子炉,如瑞典 Scandust 仍在运行,此方法的缺点是生产成本高、电能消耗大。

（2）电炉间接回收法。间接回收电弧炉粉尘可生产镍铬合金。美国 Bureau of Miners 将粉尘与还原剂碳混合制粒,采用感应电炉还原并在还原后期加入硅铁,铁、铬、镍、钼回收率达95%,另外也采用小型电弧炉进行了实验。

（3）流态化床技术。Kawasaka Steel 公司应用流态化床技术处理吹氧炉粉尘,还原剂焦炭置于炉床,铁和镍的回收率达100%,铬的回收率达98%,这一技术1994年投入生产。

（4）直接回收。直接回收是将电弧炉产出的粉尘与还原剂混合后制粒,然后直接返回电弧炉,粉尘中的镍、铬还原后进入钢液。它的最大优点是流程简单,不需新增设备,生产成本相对较低。该方法研究初期,有人曾做过将粉尘直接加入电弧炉的尝试,但未获成功。其原因主要有两方面,一是粉尘颗粒细小,容易被热气流带入出炉尾气而重新形成炉尘;二是返回的粉尘进入炉渣,使炉渣性能恶化,干扰正常冶炼过程,并且有价金属很难从炉渣中还原而最终残留在炉渣中,仍然损失了这部分金属资源。为使粉尘直接还原回收并能在电弧炉中顺利进行,首先必须将粉尘与还原剂混合制粒,这样可避免粉尘重新进入炉尘,而且可保证粉尘与还原剂的充分接触,同时使金属还原后不停留在电弧炉渣中而直接进入钢液。显然,将粉尘制粒成球并使球团具有良好的强度、还原性、孔隙率和高温软化及熔融特性是这一工艺成功的关键。

上述处理不锈钢和特种钢电弧炉粉尘的处理的方法,有其成功和合理的一面,但运行成本高,过程复杂。近期由武汉科技大学研究的不锈钢电炉尘及 AOD 炉尘冷压球团工艺,获得成功。其主要工艺技术条件如下。

A　不锈钢电炉尘化学组成（表 9-6）

表 9-6　不锈钢电炉尘及 AOD 炉尘化学组成　　　　　　　　　　（%）

组 成	TFe	NiO	Cr$_2$O$_3$	MnO	CaO	SiO	MgO	Zn	其他
电炉尘	27.2	2.5	11.3	5.5	26.7	1.9	2.4	1.0	9.8
AOD 炉尘	30.0	1.7	11.8	3.6	7.0	7.2	3.2	8.0	14.2

B　不锈钢电炉尘冷压球团工艺

（1）原料配比。电炉粉尘50% + AOD 粉尘50%（经消解处理）+ 外配3% ~5%的 BYS + 外配约2% ~4%的 KD-3 黏结剂。

（2）压制参数（常温）。压力:约120~150 t 左右。

（3）成球率。成品球比例约80% ~85%。

C　压团强度

经8 h 以上常温养护,球团强度可达1500N/个以上。

D　工艺流程

不锈钢粉尘压球工艺流程如图9-5 所示。

整个工艺从原料开始,采用一次混合直接冷压成球的简单工艺流程。除尘灰经配加武汉科技大学自行研制的黏结剂 KD-3,冷粘结效果明显,产品可满足炼钢化渣剂用球团的强度要求。该黏结剂添加时,以液态方式给入,添加简便。此外,考虑到实际生产过程中压球水分含量较低,不设置专门干燥工艺,整个生产流程紧凑,易于实施、操作和管理。

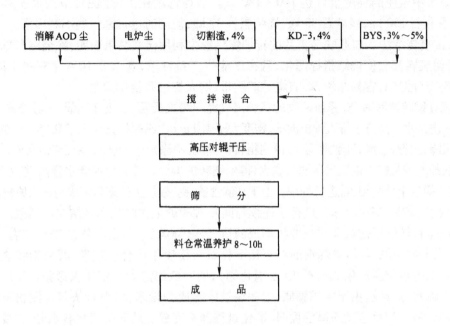

图9-5 不锈钢粉尘压球工艺流程图

9.3 转炉尘冷压团

目前国内外转炉煤气回收方式多以湿法为主,转炉烟尘以尘泥形式产出。根据我国各大钢铁企业的统计资料,我国近年约年产9000万t转炉钢,而每生产1t转炉钢产生尘泥约15~25 kg,尘泥中含325目的颗粒占60%~65%,全铁含量为35%~41%,相当于37.25~92.25万t的含铁资源。如果这些尘泥不加以回收利用,不仅浪费资源,而且严重污染环境。

9.3.1 转炉尘的化学组成

表9-7为通常情况下的转炉尘化学组成及粒度。

表9-7 转炉尘的主要化学成分及粒度

成分/%	SiO_2	Al_2O_3	CaO	MgO	TFe	FeO	Fe_2O_3	S	粒度/目
转炉尘泥粗	5.06	1.22	32.48	4.95	36.85	18.27	9.89	0.094	20
转炉尘泥细	2.94	0.31	14.50	1.95	51.09	38.67	27.6	0.12	40
尘泥平均值	4.00	0.765	23.49	3.45	43.97	28.47	18.745	0.107	—

9.3.2 转炉尘泥综合利用概况

从20世纪70年代起,冶金行业的科研及工程技术人员一直致力于转炉炼钢尘泥的处理和利用工作。转炉炼钢尘泥的处理方法很多,有走大循环道路的处理方法,例如加石灰消化处理法、泥浆泵送法、粉尘预造球法、冷态粘结球团法、压块法;有走小循环回到转炉使用的方法,例如湿法回转窑制粒、碳酸化球团法、轮窑法等。

A 国内外转炉尘泥处理方法

(1)直接作烧结生产的原料配料。把转炉炼钢尘泥与石灰粉混合消化后,使水分下降3%~11%,再与烧结矿配料一起烧结后作为高炉原料,许多国家均采用此种方法。该方法每吨烧结矿中尘泥的利用量可达 140~180 kg。平均每利用 1 t 尘泥可节约铁矿和精矿石 740 kg，石灰石 150 kg，锰矿石 33 kg，烧结燃料 37 kg，但同时也带来一些不利因素。

1）直接烧结法。前苏联乌克兰的转炉炼钢粉尘利用研究结果表明，除烧结和球团筛下物外，任何废料都会使烧结指标恶化，且在工业生产条件下，含水分 10% 左右的尘泥，不易与烧结料充分混匀，容易结块，影响烧结矿质量，增大烧结系统排尘量。

我国首钢转炉炼钢 OG 系统回收的转炉煤气经一级文氏管、二级文氏管、水雾分离器洗涤，烟尘进入洗涤水。洗涤水排入预沉淀池，密度大于 1.0 g/m³ 或颗粒直径大于 0.06 mm 的烟尘颗粒产生沉降，用耙式分离机刮到池外，得到粗转炉尘泥，洗涤水中的颗粒在沉淀池沉降。用泵将沉淀池底部的泥浆打入板框式压滤机脱水，得到细转炉尘泥。转炉尘泥含水量高、粒度细、黏度高，自然干燥后十分坚硬，需进行处理。由于其富含铁、钙，故加工处理后可成为炼铁原料。

首钢于 1993~1996 年间，进行了连续与间断式转炉尘泥消化和烧结应用试验。其主要处理方法是将转炉通过板框式压滤机制成滤饼，经过倒运后，形成水分在 25% 左右、粒度在 100 mm 以上的尘泥，与转炉炼钢的石灰筛下物石灰粉使用混合机混匀，石灰粉吸收转炉尘泥中的水发生消化反应生成消石灰（氢氧化钙），同时放出热量产生体积膨胀。反应产生的热量使尘泥水分蒸发，由于体积膨胀，尘泥块被胀碎成为粉末，将消石灰与尘泥粉末的混合物称为消化料。当反应到最高温度时，消化过程基本完成。此时的消化料水分、粒度等性能可以满足铁矿粉烧结的要求。试验表明，加入转炉尘泥消化料后料层的透气性变差，烧结时间延长，垂直烧结速度降低，烧结段的利用系数也略有下降；另外转炉尘泥中 FeO 高、细粒度颗粒反应速度快，烧结过程中容易形成低熔点化合物，使熔融时的液体量增加，但可提高烧结矿的强度。

大量生产实践表明，加入转炉尘泥后，将恶化烧结矿指标，可使烧结矿一级品率下降 5%，产量也将有一定下降。

上海宝钢近年采用将转炉尘泥泥浆利用管道直接输送至烧结厂作为一混的配加水加入烧结原料，能将转炉产生的尘泥泥浆部分回收利用。但是该工艺受到天气制约较大，阴雨天时，配入转炉尘泥泥浆量锐减，甚至不配入，回收的连续性不强。

2）小球烧结法。转炉炼钢尘泥配入烧结的另一种方法是小球烧结法。其工艺是将湿泥浆在料场经天然干燥后送入料仓，湿泥浆与黏结剂混匀送入圆盘造球机造成 2~8 mm 的小球，送到成品槽作为烧结原料。该工艺由我国宝钢从日本新日铁引进，目前有许多钢铁企业在使用。

据有关研究表明，烟尘制成小球后加入烧结混合料，烧结机产量可提高 5%，烧结矿质量也有提高。我国东北大学在试验室条件下，研究了配加尘泥小球对烧结的影响，小球在二混前加入，实验结果表明：尘泥小球加入量对烧结速度、转鼓指数影响不大，但随着物料含碳量与含水量的增加，氧化亚铁含量有所上升。由于尘泥小球改善了烧结料的粒度组成，有利于烧结料层的透气性，因而可提高烧结效果。配入烧结的尘泥小球一般占烧结料的 3% 左右。

（2）直接还原法。直接还原法是将转炉炉尘先制备成球团，再在回转窑中用固体还原剂进行还原处理，用于处理含锌、铅量较高的炉尘。

在回转窑中的高温环境下，绝大部分锌、铅还原并挥发出来，再在环境中氧化后由收尘器捕集到，同时得到的金属化球团可送高炉冶炼，也可直接送炼钢处理。

1）直接利用回转窑废气用于入窑炉料的预热。该过程是将球团在链算机上用回转窑出来的热废气预热，再送入回转窑中进行直接还原处理。预热后的废气经布袋除尘器捕集

ZnO、PbO 等粉尘。这种方法仅可处理含锌、铅量低于 2% 的物料。这是因为含锌、铅高时，废气中的 ZnO 等在预热物料时会发生冷凝，从而造成锌的循环和产品球含锌量的增加。

2）Krupp-Recyc 过程。该工艺是将球团经圆筒干燥器干燥后直接送入回转窑中进行直接还原。回转窑中的含 ZnO、PbO 废气经冷却、布袋除尘等过程得到富集的锌、铅氧化物粉尘，这种粉尘容易被有色金属冶炼的鼓风炉等过程进行处理。显然，由于窑中热废气未用来预热物料，所以不会造成锌、铅在料中循环，因此该工艺可用于处理含锌、铅高的炉尘料。同时，由于该过程还可以去除 75% ~ 85% 的 K、Na 等碱金属有害元素，所以适应性较强。

3）预还原球团法。该方法采用固体还原剂进行还原，不同的是，它用细焦粉作为球团内配还原剂的同时，在球团料中外配高反应性的褐煤等反应剂，以降低还原温度，加快还原速度，提高窑炉产量和有色金属的除去率。

预还原球团矿依靠还原过程中所产生的金属铁相互连接，形成网状骨架而得到固结。当温度较高（1150 ~ 1200℃），体积收缩率增大，总的孔隙减少，散点的金属铁兼并长大，形成粗壮的金属铁骨架，抗压强度提高。

东北大学用瓦斯灰、瓦斯泥、转炉尘泥等按一定比例混合后，加水成球。为有效利用混合尘中的炭，防止在焙烧时烧损，选用较低的焙烧温度 700 ~ 750℃。焙烧球团的还原模拟回转窑在外热式回转管中进行。在一系列工艺条件下，可得到含硫小于 0.1% 的还原性球团。

（3）直接压块法。

直接压块法有以下两种：

1）冷固结球团。冷固结球团法是用 5% ~ 10% 的水泥熟料制成球团后混在精矿粉中养护 5 天，再于堆放场存放 2 周后使用。为保证球团质量，需对一些粗颗粒如氧化铁皮进行预先细磨，且要求锌与油含量要低，以防止它们阻碍水泥固结，影响球团强度。该法得到的球团强度可达到 1000N/个以上，能直接进入高炉。

2）热压块法。热压块法是将原料加热至一定温度，然后再通过机械力作用加压成形，根据加热方式可分为外部添加燃料和自身氧化放热两种。

外部添加燃料热压块法有 Ferro-Carb 工艺方法，该法已运用于生产，可处理不含锌的废料，其产品用于高炉冶炼。工艺流程如图 9-6 所示。

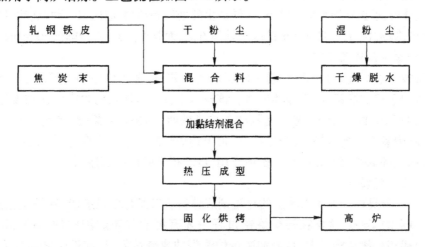

图 9-6　Ferro-Carb 工艺流程

自身氧化放热热压块法——粉尘热压球团工艺。该工艺将炼钢厂常用的湿法除尘改为干法除尘,回收的粉尘金属铁含量高,具有可燃性。利用粉尘的可燃性将原料加热到600~700℃,然后加压成型。根据不同的收尘位置,可将粉尘分为粗尘和细尘,由于两者不同的化学成分和金属含量,细粉尘压块入高炉替代矿石使用,而粗粉尘压块用于转炉代替废钢使用。

9.3.3　转炉尘冷压球团工艺

A　各种转炉尘泥处理方法的评价

在上述各种转炉尘泥的处理方法中存在如下一些不足:

(1) 转炉尘泥直接用于烧结。

1) 烧结矿质量的好坏及烧结操作的稳定直接取决于烧结原料成分的稳定、粒度的均匀、适宜的水分。转炉尘泥水分一般难以控制,生产中当通过真空过滤脱水更换滤布时,随真空度的变化,尘泥含水量变化,经板框式压滤机脱水的尘泥,其含水量也将产生波动。

2) 转炉尘泥的颗粒度细、分散度高,直接用于烧结作原料,与烧结原料粒度差别过大,配料时容易产生偏析,难以混匀,进而影响烧结料的透气性和烧结产品的质量。

3) 小球烧结虽然改善了烧结料的透气性,但走的是大循环道路,从能耗和工序而言均欠合理。

(2) 直接还原法。高温还原法虽能得到直接还原铁,但投资大,能耗高。回转窑是一种理想的均匀加热的高温焙烧设备,但投资大,建设周期长、能耗大、操作维护复杂,且要求球团有较高的强度和还原性,否则易使回转窑结圈。

轮窑是可均匀加热的高温设备,但投资大、能耗大,且需配备一定的挤压设备,烧结后的产品也需要破碎成一定粒度后才能入转炉使用。

竖炉具有结构简单、热效率高等优点,但烟尘渣化温度低,一般为1150℃,软化区间狭窄,熔化速度快,超过1200℃就严重结瘤,操作上的困难和质量均很难保证。

(3) 直接压块法。水泥固结球团法的特点是适用于高炉,走大循环的道路,而未见应用于转炉。

热压块法一般用于生产高炉用块料,未见生产用于转炉炼钢的化渣剂。

据以上分析,根据转炉粉尘的特点,对转炉尘的处理和利用,应选取一种既能降低能耗,又可降低转炉炼钢成本,工艺相对简单的冷压处理方法,而其产品则应用作转炉炼钢的化渣剂。

B　转炉尘冷压球团工艺:

武汉科技大学新近研究的转炉粉尘冷压球团工艺,是将转炉炼钢尘泥冷压处理后制成化渣剂直接用于转炉炼钢,走小循环道路。该技术不仅可以回收粉尘中的铁和氧化钙,且因其含有较高的FeO而在转炉造渣中起到改善炉渣性能,加快石灰熔化,提高脱磷效率,缩短吹氧时间,减少氧气消耗,提高转炉生产率,延长转炉炉龄及氧枪寿命,降低金属消耗和石灰用量,部分或全部取代萤石和矿石等多项作用,可取得良好的冶炼效果。

(1) 主要性能要求:

1) 化学成分要求。为使入转炉的化渣剂成分符合转炉炼钢的要求,转炉尘化渣剂应含有25%~30%的FeO。这样在转炉炼钢过程中才有可能与转炉渣中的CaO、MnO、MgO、SiO_2形成低熔点的钙镁橄榄石,从而加速转炉炼钢的成渣过程,且在返干之前加入,可以有效地防止"返干"的发生,同时起到一定的供氧作用。要求碱度$CaO/SiO_2 > 3.5$,$S < 0.01\%$,

以保证转炉钢水的纯净度。

2）熔化性能。炉渣的熔化性能主要包括熔化性温度（半球温度）与全熔时的熔化温度。对转炉尘化渣剂要求熔化温度低，熔化速度快，入炉即熔，促进化渣。通常，当转炉冶炼开始时需加入大量冷态石灰，石灰块表面立即生成渣壳，渣壳的加热与熔化需要一定时间，一般不超过50 s。因此，化渣剂的熔速应相应较快，才可有效地促进化渣。

3）抗压强度。转炉尘球团化渣剂的机械强度，一般要求常温抗压强度500 N/个即可满足转炉炼钢使用要求，即保证化渣剂的运输、贮存过程不破碎、不粉化。

4）水分要求。转炉化渣剂含水量应不高于1%，以避免水在转炉冶炼过程中分解成氢和氧被钢水吸收影响钢水质量。

（2）冷压球团工艺：

1）原料配比。转炉一次尘50% + 二次尘50%，外配3% ~5%的BYS（粒度1~4mm），外配约2% ~4%的KD-3黏结剂。

2）压制参数（常温）。压力：约120 t，压力可视具体压球情况进行调整。

3）成球率。成品球比例约80% ~85%。

4）球团强度。经8 h以上常温养护，球团强度可达1500N/个以上。

5）工艺流程。转炉粉尘冷压球工艺流程见图9-7。

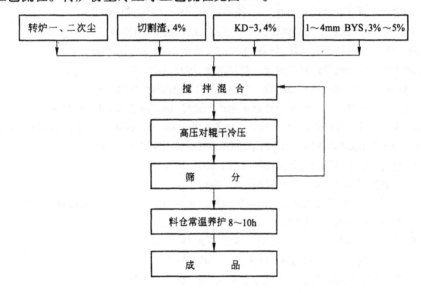

图9-7 转炉粉尘冷压球团工艺流程图

该工艺从原料卸料点开始，采用一次混合直接冷压成球的简单工艺流程。压球效果良好，产品可满足转炉炼钢化渣剂的质量要求。

思 考 题

1. 二次含铁资源有哪些特点，对我国钢铁工业原料的潜在意义是什么？
2. 简述二次含铁资源造块技术的特点。

参考文献

1　张一敏. 球团理论与工艺. 北京:冶金工业出版社,1997

2　傅菊英,姜涛,朱德庆. 烧结球团学. 长沙:中南工业大学出版社,1996

3　余永富. 我国铁矿资源有效利用及选矿发展的方向. 金属矿山,2001,(2),总第 296 期

4　俞守淦. 铁矿球团生产. 北京:冶金工业出版社,1987

5　Meyer K. 铁矿石球团法　杉木译. 北京:冶金工业出版社,1980

6　荒井康夫. 粉体的力学化学性能　王成华译. 武汉工业大学译丛,1980

7　杨大兵,张一敏等. WKD 型黏结剂对大冶铁精矿球团性能的研究. 武汉科技大学学报,2003(2)

8　许海法,陈铁军,张一敏. 混匀数据管理系统的开发. 中国锰业,2003(2)

9　陈铁军,张一敏等. 程潮铁精矿添加新型 Wkd 系列黏结剂的氧化球团性能研究. 烧结球团,2002(4)

10　傅菊英,朱德庆. 球团工艺与设备　长沙:中南工业大学出版社,2002

11　肖琪. 团矿理论与实践. 长沙:中南工业大学出版社,1991

12　崔艳. 竖炉球团工艺技术调研. 重钢技术,2002(1)

13　叶匡吾. 我国球团生产的现状和展望. 烧结球团,2003,28(1)

14　郝素菊等. 我国竖炉球团生产技术进步. 钢铁,2002,37(12)

15　王昌安,朱德庆. 润磨活化机理初探. 钢铁研究,2003,31(6):23~28

16　周曲波. 我国铁矿业产品结构调整的方向. 金属矿山,2001,(8)总第 302 期

17　乔庭明,赵忠文. 球团原料结构的优化及生产实践　山东冶金,1999,6:37~39

18　潘宝巨,张成吉　中国铁矿石造块适用技术. 北京:冶金工业出版社,2000

19　黄天正. 球团添加物的研究现状与发展　烧结球团,1997,5：1~7

20　国外铁矿粉造块组编. 国外铁矿粉造块. 北京:冶金工业出版社,1981

21　叶匡吾. 述评强化链算机—回转窑氧化球团生产的途径. 烧结球团,2004(2):23~26

22　Jay B. Gassel, David W Rierson, Mark Cross etc. Development of Ported Kiln Technology for Iron Ore Pellet-izing, 1998 ICSTI/IRONMAKING CONFERENCE PROCEEDINGS,923~935

23　张一敏等. 精选硫酸渣球团试验研究,烧结球团,2002,27(2)

24　刘福来等. 链算机温度的自动控制. 烧结球团, 2000.3

25　徐瑞图,吴胜利. 中国铁矿石烧结研究周取定教授论文集. 北京:冶金工业出版社,1997

26　张一敏. 硫酸渣应用技术. 研究报告,2000

27　江巨贞等. 球团开炉过程中应注意的问题. 烧结球团,1996,21(6)
　　　　　　　外燃式圆形球团焙烧竖炉. 河南冶金,1997. 5(2)

28　张汉泉. 武钢程潮氧化球团链算机工艺参数研究. 钢铁研究,2003(6)

29　张冠林. 球团竖炉齿辊密封改造. 山东冶金,2001 23,(6)

30　明平洋,王泽生. 链算机—回转窑抽风干燥烟气的净化　工业安全与环保,2003.(8)

31　李兴凯. 链算机—回转窑法焙烧球团矿　球团技术,2000.1~2

32　杨彬等. 新兴铸管 70 万 t/a 链算机—回转窑氧化球团厂的设计及生产实践. 2004 年全国球团技研会,大连,2004.8

33　张汉泉. 回转窑结圈结块原因分析及预防. 2004 年全国球团技研会,大连,2004.8

34　温春友等. 基于数字图像处理的球团矿粒度检测. 烧结球团,2004(2):38~40

35　郑耀东,范晓慧. 球团生产计算机控制现状. 球团技术,2004(2):23~26

36　苟卫东. 鞍钢球团自动控制系统的改造. 烧结球团,2001(6):25~27

37　王锋,王庆河. DCS 系统在球团竖炉中的应用. 球团技术,2003(2):15~17

38　Louis Barrette, Simon Turmel, On-line iron-ore slurry monitoring for real-time process control of pellet making processes using laser-induced breakdown spectroscopy: graphitic vs. total carbon detection, Spectrochimica Acta Part B,2001:715～723

39 Englund, D J, Davis, R A, Murr, D L, Application of computational fluid dynamics modeling at National Steel Pallet Company,58th Ironmaking Conference,1999:545～557

40 AJ Marques, H Guzzo, H A M Avila, M C Mendes,Pelletizing Plant Automation and Optimization,The 3rd International Conference On Intelligent Processing and Manufacturing of Materials,July 29～August 3, 2001

41 铁矿石冶金性能检测方法国家标准起草小组．中华人民共和国国家标准——铁矿石还原性的测定方法．烧结球团,1991,16(3)

42 冶金工业信息标准研究院标准化研究所,中国标准出版社第二编辑室编.矿产品、原料及其实验方法标准汇编(第二版).北京:中国标准出版社,2003

冶金工业出版社部分图书推荐

书　名	作　者
微波助磨与微波助浸技术	刘全军　等编著
磁电选矿	王常任　主编
高炉炼铁理论与操作	宋建成　编著
铁矿含碳球团技术	汪　琦　著
炉窑衬砖尺寸设计与辐射形砌砖计算手册	薛启文　等著
烧结设计手册	冶金部长沙黑色 冶金矿山设计研究院　编
冶金职业技能培训丛书:	
高炉生产知识问答(第2版)	王筱留　修订
球团矿生产知识问答	张一敏　主编
高炉喷吹煤粉知识问答	汤清华　等主编
烧结生产技能知识问答	薛俊虎　主编
球团理论与工艺	张一敏　编著
煤的综合利用基本知识问答	向英温　等编著
矿业权估价理论与方法	刘朝马　著
高炉布料规律	刘云彩　著
高炉炼铁设计原理	郝素菊　等编著
炼铁节能与工艺计算	张玉柱　等编著
干熄焦技术	潘立慧　等编著
新型实用过滤技术	丁启圣　等编著
炼铁计算	那树人　编著
冶金炉料手册	刘麟瑞　等编
超细粉碎设备及其应用	张国旺　编著
材料环境学	潘立慧　等编著
硫化锌精矿加压酸浸技术及产业化	王吉坤　等编著
特种耐火材料实用手册	胡宝玉　等编著
常用有色金属资源开发与加工	董　英　等编著
耐火材料新工艺技术	徐平坤　等编著
振动粉碎理论及设备	张世礼　编著
ISO14001(新版)标准在企业中的贯彻实施	孙永军　编著
环境保护法律法规(第二版)	任效乾　等主编